오나미 아츠시 저

헤비암즈란?
「비중이 무거운 재질로 만들어진 비교적 대형의 탄두를, 대량의 발사약을 사용하여 발사하여, 총구활력이 크고, 저지력이 강하며, 타의 추종을 불허하는 제압력으로 적의 의도를 꺾고, 강도나 방열성이 뛰어난 헤비배럴이나 강력한 반동과 총구 화염을 억제하는 머즐 디바이스와 같은 부품을 장착하고, 여기에 텅스텐으로 만든 탄 심지를 이용하여 뛰어난 관통력을 자랑하는 철갑탄이나, 명중하면 내장되어 있던 작약에 의하여 폭발하는 작열탄과 같은 특수한 탄약을 사용할 수 있다. 과열한 총열을 간단히 교환할 수 있는 퀵 체인지기구와 탄띠 급탄 방식으로 장시간 연속 사격이 가능한 범용기관총이나 분대지원화기, 1km를 가볍게 넘기는 긴 사정거리로 원거리에 있는 목표를 저격하는 안티 머티리얼 라이플, 산 모양과 같은 곡사탄도 덕분에 산 너머나 참호 안에 숨어 있는 적을 공격할 수 있는 박격포, 코끼리나 사자나 멧돼지와 같은 대형 짐승을 한방에 쓰러트리는 위력을 가진 탄환을 발사할 수 있는 매그넘 라이플이나 매그넘 권총, 차량의 엔진 블록까지도 날려버릴 정도의 힘을 숨긴 슬러그 탄을 사용하는 샷건, 파편과 폭풍을 넓은 범위에 퍼트리는 그레네이드탄을 발사하는 그레네이드 런처, 전차를 움직일 수 없게 만드는 로켓탄, 포탄을 쏘는 로켓 런처와 무반동포, 고속으로 비행하는 항공기를 격추시키는 휴대형 대공미사일, 목표를 산산조각 내는 수류탄이나 플라스틱 폭약과 같은 각종 폭발물, 겔 상태의 연료를 사용하여 대상을 불살라버리는 화염방사기 등」…… 이와 같은 무기류의 관용적 통칭이다.

요컨데 「두껍고 길고 속이 꽉 차서 튼튼한」 무기.

시작하며

이 책에서 다루는 것은 "혼자서 강대한 적에 대항하는 복수귀"라던가 "단신으로 공격 헬리콥터나 장갑 차량을 상대해야 하는 영웅"들—말하자면 원 맨 아미 류에서 빠지지 않는「무식하게 크고」,「압도적인 파워를 자랑하는」화기류입니다.

구체적으로는「기관총」이나「대구경 권총&라이플」을 비롯하여「그레네이드 런처」,「소형 박격포」,「휴대용 로켓 런처」,「폭발물」등등. 주문서를 본 무기 상인이「어이 이봐, 전쟁이라도 하려고?」라며 기가 막혀 할 물품들입니다.

이런 것들을 전문적으로 구분하자면, 원래「경병기(라이트 웨폰)」나「소화기(스몰 웨폰)」와 같은 카테고리로 분류됩니다. 그러나 이렇게 분류를 하면 이전에 도해 시리즈로 발간된『도해 핸드웨폰』과 같은 제목이 되어버리네요 같은「냉정하면서 매우 옳은 지적」이 들어 왔기 때문에, 일반적인 (이름을 들었을 때 느껴지는) 이미지를 우선으로 하여『헤비암즈』라는 제목을 지었습니다.

「위력이 강하다=중화기라는 기준은 군사 용어로서는 이상하다」는 지적을 하실 전문가나 팬 여러분께는 죄송하지만, 이 점에 있어서는 양해를 부탁 드리겠습니다(Heavy Arms=중화기의 원래 의미는「캐넌포」나「유탄포」와 같은, 포병이 사용하는 대형 화포류를 지칭하는 것이지만 이 책에서는 이러한 병기가 나오지 않습니다. 거듭 양해의 말씀을 드리겠습니다).

또한 이 책에서는「적은 지면으로 간략하게 설명을 해야 한다」는 제약이 있기 때문에 총의 모델명을 최대 공약수와 같은 느낌으로 집약하거나, 매우 다양하게 존재하는 베리에이션 모델을 언급하지 않거나, 개발 경위나 기능, 용법 등을 생략한 부분이 상당수 존재하는 점 역시 양해를 해주셨으면 합니다.

총의 세계는 그 깊이가 매우 깊습니다. 어떠한 책이라도 "한 권으로 모든 것을 이해할 수 있다"는 것은 불가능합니다. 총에 관련된 지식이 어느 정도 있으신 분도 그렇지 않은 분도「이 책에 써있는 내용이 전부는 아니다」는 것을 염두에 두고서, 일단은 가벼운 마음으로 읽어주시기 바랍니다.

오나미 아츠시

목 차

제4장 익스플로시브 웨폰

제 1 장
기초 지식

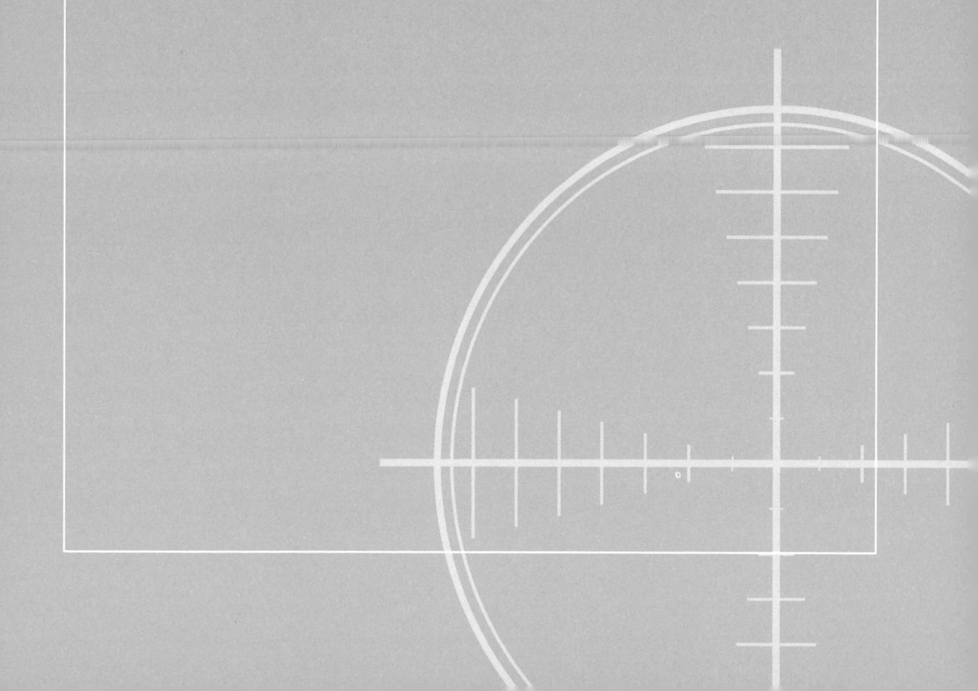

No.001

총의 「위력」이란 무엇인가?

「어떤 총이 위력이 있는가?」 라는 것은, 꽤나 어려운 문제이다. 게임의 무기표에서라면 「공격력」 칸을 보면 간단하게 알 수 있겠지만, 총의 성능표에는 위력에 관련된 항목은 실려있지 않다.

● 총구 활력

게임에서 나오는 「공격력」이나 「데미지」를 결정할 때, 그나마 참고를 할 수 있을 만한 것이 「총구 활력」이라는 요소이다. 총구 활력은 총에서 발사되는 탄이 가지고 있는 운동 에너지를 수치화 한 것으로, 총구에서 나온 그 순간의 에너지를 계측하기 때문에 「초활력初活力」이라고도 불린다.

활력은 탄두의 무게와 속도에서 산출되며 「kg/m」이라 표기한다. 즉, 1kg의 물체를 몇 m 움직이게 할 수 있는 에너지(혹은 거리 1m를 몇 kg의 무게까지 움직일 수 있는가)인가 라는 것으로, 이 수치가 크면 클수록 위력이 강하다는 것을 의미한다. 이것은 크고 무거운 「탄두」와 탄두를 날릴 수 있는 대량의 「발사약(탄을 가속 시키는 화약)」, 그리고 연소 가스의 에너지를 탄두에 충분하게 전달해 줄 수 있는 「긴 총열」이 갖춰져야 가능한 것으로, 위력이 강한 총은 이러한 요소를 균형 있게 겸비하고 있다.

활력=운동에너지가 큰 탄은 위력이 줄어들지 않고 멀리 있는 목표까지 도달한다. 그러나 위력이 강력한 총—대형에 강력한 탄약을 사용하는 총은, 화약의 추진력을 탄에 충분히 실어줘야 하기 때문에 기관부를 복잡한 형태로 제작할 수 없다. 그렇기 때문에 연사 성능에도 한계가 있고, 탄약의 사이즈가 대형이라 장탄수도 많지 않다. 즉, 「위력은 강하나 화력은 부족하다」는 경우가 발생하기도 한다.

화력이란 것은 제압력과 같은 말이라 할 수 있겠다. 예를 들어, 1명의 적에 3명이서 대항, 총격전을 벌이면 당연히 3명이 유리하다. 또한 이쪽 총의 탄수가 상대의 3배라면, 상대가 탄을 보급할 때에도 계속 사격을 할 수 있다. 상대가 한 발을 쏘는 동안 세 발을 쏜다면, 상대는 옴짝달싹 못할 것이다.

화력이 뛰어난 총이라면 기관총이 대표적이지만, 강력한 위력을 유지하면서 화력까지 동시에 갖추려면 무겁고 덩치가 큰 구조가 되는 단점이 있기 때문에 주로 군대와 같은 조직에서만 사용한다.

총의 위력을 나타내는 요소로는

총구 활력(머즐 벨로시티)

1kg의 물체를 몇 m 움직일 수 있는 에너지인지 나타낸 것.
탄두 중량과 속도로 계산한다.

속도=초속(初速)

총구를 빠져 나온 시점에서 탄의 속도. 아래와 같은 요소의 영향을 받는다.

- 탄두의 재질과 형태
- 발사화약의 양과 성질
- 총열의 길이

화력(제압력)

**적의 의지를 꺾어, 반격이나 행동을 하지 못하게 만드는 힘.
사정거리나 연사 능력, 장탄수에 영향을 받는다.**

관통력

**차폐물이나 인체를 관통하는 힘.
탄두의 재질과 형태, 속도에 영향을 받는다.**

저지력

**인체에 충격을 가하여 활동을 정지시키는 힘.
탄두의 재질과 형태, 속도에 영향을 받는다.**

원포인트 잡학상식

총의 위력을 수치화 하는 것은 어려우나, 과거에 「줄리안 해처」나 「에드워드 매튜너스」와 같은 인물이 총(탄)의 위력을 비교하기 위한 계산식을 고안했다.

No.002

총의 위력은 사용하는 탄약에 따라 결정된다?

총의 위력을 알고 싶은 경우, 그 총이 어떤 탄을 쏘기 위한 것인가—즉, 사용 탄약을 확인하는 것이 위력을 확인할 수 있는 가장 빠른 방법이다. 탄약은 「구경(탄두 직경)」, 「탄피 사이즈(길이)」, 「장약의 양과 종류」, 「탄두 형태」와 같은 요소로 구성된다.

● 탄피(케이스) 사이즈와 형태

총의 위력을 나타낼 때 자주 사용되는 것이 「구경」이라는 수치이다. 이 수치는 총에서 총열의 내구경을 나타내는 것과 동시에, 탄의 탄두 사이즈를 나타내는 것이다. 총열의 내구경이 「12.7mm」인데 탄두 사이즈가 「7.62mm」인 경우는 없으며, 반대의 경우도 마찬가지이다.

총열의 내구경과 탄두의 직경이 일치하는 한, 극히 일부의 예외를 제외하면 「구경=사용탄약」이라 생각해도 무방하다. 구경 7.62mm의 총은 7.62mm탄을 사용하는 것이 일반적이라는 것이다. 그러나 같은 7.62mm 구경의 총이라도, 전부 같은 7.62mm탄을 사용하는 것은 아니다. 탄약에는 같은 구경이라도 여러 가지 베리에이션이 있어서, 탄피(카트리지 케이스) 안에 채워져 있는 발사약(탄환 발사용 화약)의 양에 따라 탄의 파워도 변하는 것이다.

즉, 총의 위력을 빨리 파악하고 싶다면, 사용 화약의 종류를 확인하는 것이 확실하면서 알기 쉬운 방법이다.

기본적으로, 탄의 위력은 구경의 숫자가 커질수록 강력해진다. 구경 5.56mm탄보다 7.62mm탄, 7.62mm탄보다 12.7mm탄이 더욱 강력하다. 이것은 사이즈가 커질수록 탄두의 중량이 늘어나서 그만큼 운동에너지도 늘어나기 때문이다.

그러나 무거운 탄두를 날리기 위해서는 그만큼 대량의 발사약이 필요하기 때문에 탄피의 사이즈도 커지게 된다. 예를 들어 7.62mm탄의 경우, 탄피의 길이가 **어설트 라이플용**인 39mm와 권총용인 25mm는 위력이 전혀 다르다.

권총용 11.43mm(45구경)탄은, 탄두의 직경은 크지만 탄피의 길이는 23mm밖에 되지 않기 때문에 라이플탄보다 위력이 떨어진다. 그리고 발사약의 종류 역시 중요하다. 라이플용 발사약과 권총용 발사약은 연소 시간이 크게 차이가 나는데 대량의 발사약을 장시간 연소시켜 탄을 가속시키는 라이플탄이 권총탄보다 위력이 강력하다.

총의 위력과 탄약

원칙1

총의 구경은 「총신의 내구경」, 「탄두의 직경」과 같다.

구경 12.7mm 의 총은,

총열의 내구경이 12.7mm 이고, 12.7mm

12.7mm탄 을 사용한다.

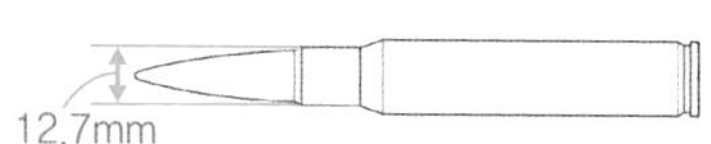

원칙2

구경이 같더라도 「탄약의 종류」에 따라 위력에 차이가 있다.

7.62mm×39R탄	AK47 어설트 라이플용 탄약. 발사약의 양이 많아서 강력하다.
7.62mm×25R탄	토카레프 권총용 탄약. 라이플탄보다 발사약의 양이 적다.

원칙3

탄약의 종류가 같더라도 「탄두 형태」에 따라 위력이 다르다.

- 탄두의 형태는 「목표」에 따라 그에 적합한 모양이 있다.
- 대인용이나 수렵용으로는 끝 부분이 평평하거나 둥근 모양의 탄이, 관통하지 않으면서 운동에너지를 직접 전달한다.
- 장갑이 있는 목표의 경우에는 끝 부분이 뾰족한 쪽이 좋지만, 표면에서 튕겨나가지 않도록 납으로 된 뚜껑을 씌운다.

원포인트 잡학상식

군이나 총기 제조사는, 총을 개발하고 나서 「이 총에서는 어떤 탄을 쏠 수 있을지」 생각하는 게 아니라, 처음부터 탄약의 사양을 결정하고 나서 「이 탄약을 쏠 수 있는 총」을 개발한다.

No.003

강력한 파워를 가진 총은 수명도 짧다?

강력한 파워를 가진 총이란, 무거운 탄두를 대량의 화약(발사약, 장약)으로 발사하는 총을 가리킨다. 몇 백m 앞에 있는 목표를 파괴할 수 있는 에너지가 실린 총탄을 쏘는 것이다. 당연히, 총 본체에는 상당한 부담을 주게 된다.

● 총열 수명(배럴 라이프)

대량의 발사 가스에 영향을 가장 강하고, 심각하게 받는 것이 바로 총열이다. 총열은 탄약을 발사할 때 생기는 고압, 고열의 발사 가스에 의해 안쪽 부분(총강면銃腔面)이 타들어가며 작은 균열이 발생하고, 최종적으로는 강선rifling(탄이 직진하도록 회전을 실어주는 홈)이 없어져 버린다. 이러한 현상을 「이로젼erosion(소손焼損)」이라 한다.

총열은 차로 비유하면 타이어와 같은 것으로, 계속 사용하는 한 소모는 피할 수 없다. 일반적인 총이라 하더라도 언젠가는 총열이 수명을 다할 때가 오지만, "무거운 물건을 실어 나르는 트럭의 경우 일반적인 차에 비하여 타이어가 빨리 마모되는 것"과 같은 이유로 강력한 파워를 가진 총의 총열은 그만큼 한계가 빨리 찾아온다. 그러나 강선은 탄과 마찰로 소모되는 것뿐만 아니라, 고압가스의 입자가 격렬하게 움직임으로서 더욱 많은 데미지를 입게 된다.

총열의 수명을 「총열 수명(배럴 라이프barrel life)」이라 부르는데, 몇 발 정도를 사격하면 수명이 다하는지는 총의 사용 목적에 따라 다르다. 일단 "탄이 똑바로 날아가서 맞추면 된다"는 수준이라면 군용으로는 충분하겠지만 사냥이나 경기용, 저격용과 같이 정밀도를 요구하는 용도로는 사용할 수 없는 경우가 많다. 반대로 저격용으로서는 총신의 수명이 다한 총이라도, 사냥용으로는 사용할 수 있는 경우도 있다.

강력한 탄약을 연속으로 사격하면 사격 가스의 열이나 탄과의 마찰로 총열이 과열되어, 탄두의 납이 녹아서 총열 안에 늘어붙게 된다. 이것은 「파울링fouling」이라는 현상으로, 탄두에 구리와 같은 금속으로 "피막jacket" 처리가 되어 있지 않은 경우가 많은 권총탄에서 흔히 일어난다. 내부에 탄이 막혀서 폭발하는 일은 없지만, 계속 사격하면 총열에 데미지를 주는 것은 자명한 일이다.

내부의 자잘한 부품이나 외장 부분이 반동이나 충격으로 부서지는 일은 기본적으로는 일어나지 않지만, 설계 시점에서 상정하지 않았던 탄약을 사용하였을 경우에는 「권총의 슬라이드가 뒤쪽으로 날아가는」 사고가 일어나는 경우도 있다.

총열의 데미지

강력한 파워를 가진 총은 각 부분에 매우 큰 부담을 받게 된다.
그 중에서도 특히 심각한 영향을 받는 것이 총열이다.

총열의 「이로젼(소손)」

고온의 발사 가스가 강선의 홈을 태워서,
결국에는 강선을 없애 버리는 현상. 열 부식이라고도 한다.

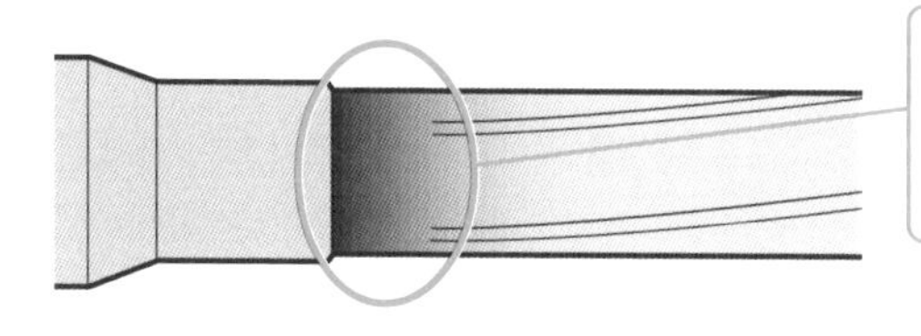

가스의 온도나 압력이 높은 이 부분(스로틀)이, 이로젼 현상이 일어나기 가장 쉬운 부분이다.

짧은 시간에 대량의 탄을 발사하는 기관총 등은, 이로젼 현상의 진행 속도가 매우 빠르다.

총열의 「파울링」

가열된 총열을 통과하는 탄두의 납이 녹아서, 총열 안쪽에 늘어붙는 현상.

납이 그대로 노출되어 있는 「홀로우 포인트」를 사용하는 대구경 권총에서 일어나기 쉽다. 발사약 찌꺼기 제거를 포함하여, 정기적으로 손질을 해주어야 한다.

총열 수명이란……

총의 용도에 따른 「정밀도」를 유지할 수 있는 최대 발사탄수이다.
총열 수명이 긴 것으로는 군용 총기를, 짧은 것으로는 사격경기용 총기를 들 수 있다.

원포인트 잡학상식

이로젼 현상은 총열에 크롬 도금 처리를 하면 진행을 늦출 수 있다.

No.004

헤비 배럴이란 어떤 총열인가?

강력한 파워를 가진 총으로는, 일반적인 크기보다 "두껍고, 무식한" 총열이 장착되어 있는 경우가 많다. 라이플이나 기관총은 물론이고, 권총까지도 보통 총에 비해 두꺼운 총열을 장착하고 있는 종류가 있다. 이러한 총열에는, 어떤 기능적인 특징이 있는 것일까?

● 겉모습이 두꺼우면 헤비 배럴

「배럴」이란 총열을 가리키는 말이다. 발사한 탄을 가속시키는 것과 동시에, 조준한 대로 총알을 날릴 수 있도록 방향을 결정하는 중요한 부품이다. 두껍게 만들어진 총열을 가리켜 「헤비 배럴heavy barrel」이나 「불 배럴buil barrel」이라 부른다.

헤비 배럴은 장시간 연속 사격을 전제로 한 기관총이나, 강화 **어설트 라이플**인 **중돌격총(헤비 어설트 라이플)** 등에 사용된다. 그 이유로는 "충격을 입어도 비뚤어지지 않게 하려고"라던가 "총열을 무겁게(앞 부분을 무겁게) 하여 반동을 분산시키려고"와 같이 다양하지만, 그 중에서도 중요한 것이 총열의 과열을 막기 위한 방열 대책이다.

총열은 계속 사격을 하게 되면, 마찰과 발사 가스로 인하여 가열된다. 이 열이란 것이 꽤나 만만치 않은 존재여서, 수십 발을 사격한 후의 총열은 맨손으로 잡을 수 없을 정도로 뜨거워진다. 화상의 위험만 있다면 **배럴 재킷**과 같은 커버를 씌우면 해결되겠지만, 이 열은 「**이로젼**」 현상을 일으켜서 총열 내부에 새겨진 강선을 못쓰게 만들어 버린다.

배럴이 두꺼워지면 그만큼 열이 확산되어 총열이 치명적인 데미지를 입을 때까지 시간적 여유가 생긴다. 연속해서 사격할 수 있는 시간도 일반적인(두께가 얇은) 총열보다 길어져서, 사격하는 중간에 휴식을 취하지 않아도 된다. **풀 오토(자동)** 사격을 전제로 한 총에 헤비 배럴을 채용하고 있는 경우가 많은 것은 이러한 이유가 있기 때문이다.

또한 군용 총기만큼 연속 사격을 할 필요가 없는 경기용 라이플이나 권총에도 두꺼운 배럴을 사용하는 경우가 있는데, 이 경우는 열에 의해 발생되는 총열의 데미지를 조금이라도 줄이기 위한 목적으로 사용하는 것이다.

헤비 배럴이나 불 배럴의 두께에 명확한 기준은 없다. 라이플이나 권총과 같은 총의 종류나 구경 등, 그 카테고리 안에서 표준이라 인식되는 총열의 두께보다 두껍게 만들어졌다면 그것이 헤비 배럴인 것이다.

두껍고 튼튼한 배럴=헤비 배럴

두꺼운 배럴을 이용하는 이유

- 방열대책
- 총의 균형을 잡기 위하여
- 강도의 향상

일반적인 배럴

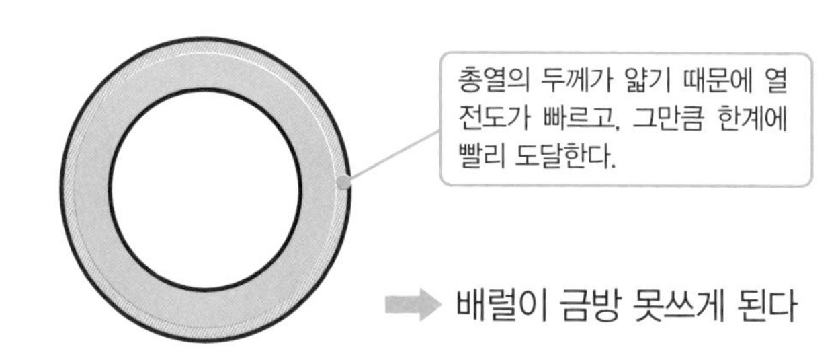

헤비 배럴

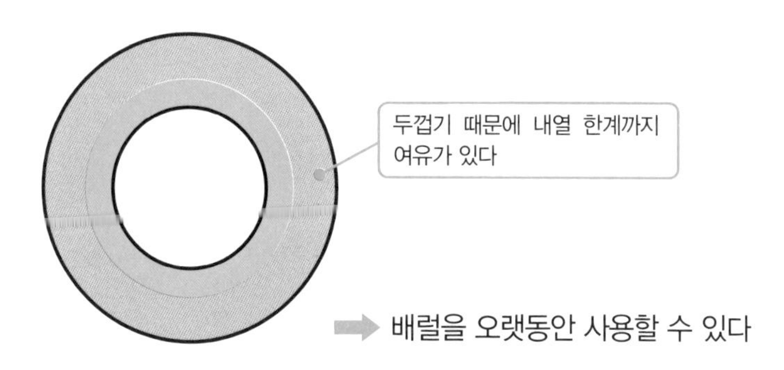

연속 사격이 요구되는 기관총에서는
헤비 배럴+총열 교환 기능이 필수이다.

원포인트 잡학상식

일반적인 어설트 라이플이더라도, 강력한 탄약인 SS109를 사용하는 「M16A2」와 같은 총은 헤비 배럴이 장착되어 있다.

No.005

철갑탄은 어떤 것도 꿰뚫을 수 있다?

철갑탄이란 "무지하게 단단한" 탄두를 사용하여 힘으로 밀어 붙여서 목표를 관통, 파괴하는 탄약이다. 일반 사용자가 시중의 총포상에서 구입하는 경우는 없고, 일반적으로는 군대나 경찰과 같은 공공기관에서 한정적으로 사용된다.

● 관통력은 높으나 도탄에 주의

일반적으로 총탄에는 「납」이 사용된다. 그 이유는 가공이 간단하며 비중이 무겁고 가격이 싸기 때문이다. 그러나 납 탄환은 부드럽기 때문에, 딱딱한 목표에 부딪히면 목표를 관통하지 못하고 찌그러진다. 무방비의 인간을 상대로 사격할 때에는 문제가 없지만, 목표가 장갑으로 방어를 하고 있을 때는 상대하기가 어렵다. 그래서 고안된 것이, 납보다 더욱 단단한 소재를 탄의 심지로 사용한 「철갑탄」이다.

철갑탄의 탄 심지에는 매우 단단한 「강철」이나 「탄화텅스텐tungsten carbide」이 사용된다. 경도가 높은 탄화텅스텐은, 명중한 곳에 운동에너지를 손실 없이 집중시킬 수 있다. 이 경우, 탄의 운동에너지가 크면 클수록 관통력도 같이 증가하게 된다. 즉 탄의 속도가 느린 권총 같은 것보다 라이플 같이 탄의 속도가 빠른 총에서 사용하는 편이, 철갑탄의 위력을 더욱 효과적으로 발휘할 수 있다.

물론 탄두의 크기(=탄의 질량)가 어느 정도 이상 되지 않는다면, 아무리 단단한 심지를 사용하더라도 관통을 하지 못하고 튕겨나갈 뿐이다. 이러한 이유도 있기에, 무겁고 큰 탄약을 사용하는 대구경 라이플이 철갑탄을 사격하기 적합한 총이라 하겠다.

철갑탄은 관통력을 가지고는 있지만, 인체나 동물과 같은 부드러운 목표(소프트 타깃)에 사용할 경우 "명중했을 때의 충격을 목표에 전달하기 이전에 관통"하기 때문에 충분한 효과를 얻을 수 없다. 또한 목표를 관통하고 나서도 에너지가 남아있는 경우에는 주변에 맞아서 튕기거나, 인질이나 동료와 같은 「맞으면 안 되는 목표」에 맞을 가능성도 있다. 그렇기 때문에 충분하게 훈련을 한 군대나 법 집행기관의 인간이 사용하거나, 자동차의 엔진 블록과 같이 관통이나 탄이 튕길 위험성이 적은 목표의 파괴에 한정적으로 사용된다.

또한 철갑탄은 탄두 안에 소이제를 채워 넣어서 목표에 불을 붙이는 「소이탄」과 결합시킨 「소이철갑탄」 같은 특수탄의 베이스로서도 많이 사용된다.

납에서 텅스텐으로

철갑탄=Armoer Piecing
주로 장갑으로 덮혀있는 목표를 관통하기 위한 탄환.
관통력을 발휘하기 위해서는 충분한 탄두 사이즈가 필요하다.

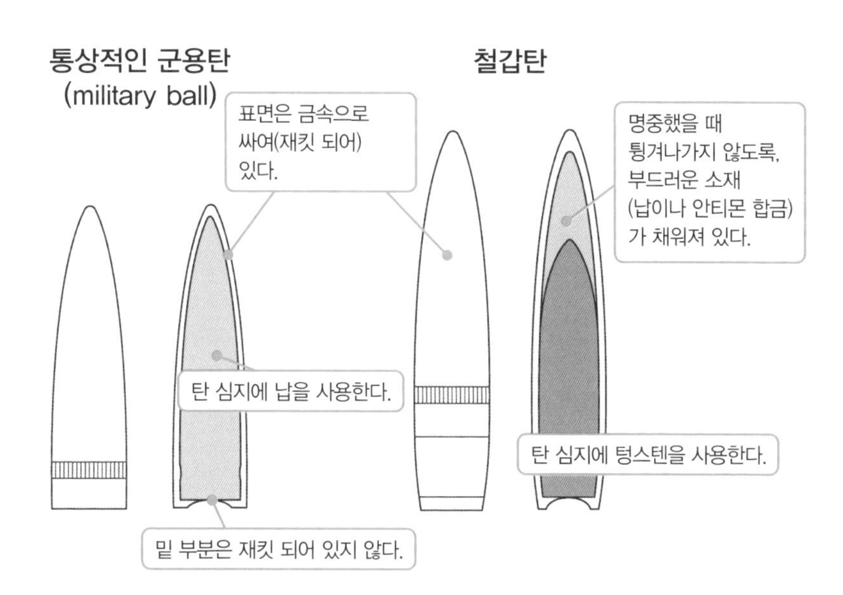

군용탄 이외에도, 납으로 된 탄두가 변형하지 않도록 얇게 금속으로 코팅한 것을 「풀 메탈 재킷탄(FMJ)」이라 한다.

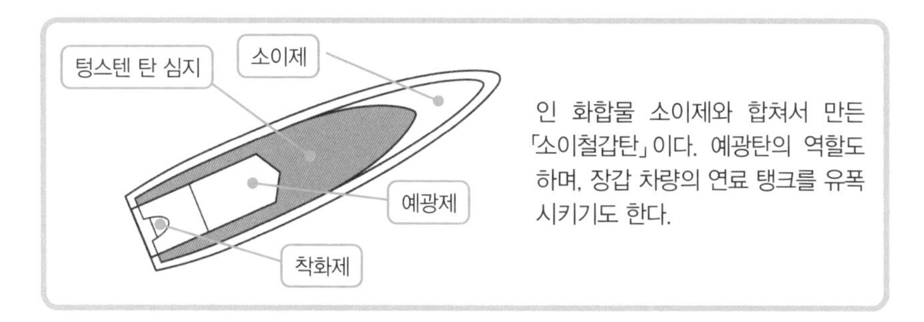

원포인트 잡학상식

철갑탄은 영어 '아머 피어싱'의 약자인 「AP」라는 기호로 불리기도 한다.

No.006

권총용 작열탄은 어디까지 사용할 수 있는가?

작약이 들어있어 목표의 내부에서 폭발해, 목표를 산산조각 내버리는 탄……. 픽션의 세계에서는 「폭렬탄」과 같은 이름으로도 불리는 작열탄이지만, 어느 정도까지 사용할 수 있는 탄약일까?

● 개발 동기는 비행기 납치범 제압용

작약의 폭발에 의해 목표에 데미지를 주는 작열탄은, 당연히 내장된 작약의 양에 따라 위력이 결정된다. 그렇기 때문에 탄두 사이즈가 큰 군용 기관포탄에 주로 사용되고, 그것도 "항공기의 장갑을 관통시키기 위하여" 라기 보다는 "파편으로 흡배기 장치에 피해를 주거나, 파일럿을 위협"하는 측면이 강하였다.

기관포의 탄보다 크기가 매우 작은 권총탄에서는, 영상이나 만화에 나오는 것과 같은 화려한 폭발은 기대할 수 없다. 「조준한 곳까지 도달한다」는 탄환의 기본적인 성능을 유지하기 위해서도, 작약을 너무 많이 채워 넣을 수 없기 때문이다.

권총은 군용 총기로는 중요하게 여겨지지 않아, 말하자면 최후의 무기로서 취급되었다. 그렇기 때문에 권총용 작열탄도 군용이 아닌, 제2차 세계대전 이후 심각해진 비행기 납치 대책으로 연구, 개발되었다고 한다. 기내에서는 라이플과 같은 대형 총기를 사용하기 어렵고 위력도 강력하여 기체에 구멍이 뚫릴 수도 있기 때문이었다. 관통력이 약한 권총용 약장탄(弱裝彈)(발사용 화약의 양을 줄인 탄약)에 작약을 채워 넣으면, 기체에 주는 피해를 최소화하면서 범인만을 쓰러트릴 수 있다.

픽션에서 나오는 작열탄의 이미지에 가까운 것으로 「글레이저 세이프티 슬러그(Glaser Safety Slug)」라는 특수탄이 존재한다. 테플론 가공을 한 탄두 내부에 산탄(12호 칠드샷)을 내장한 것으로, 명중과 동시에 내부로 산탄이 퍼져나가는 것이다. 발안자의 이름을 붙인 이 탄은 뱀 퇴치용으로 밖에 쓸 수 없는 「**스네이크 샷**(권총용 산탄)」에 비하여 "고기를 몽땅 파내는" 정도의 큰 데미지를 줄 수 있는 데다 일반탄과 같이 「조준 사격」도 가능하다. 그러나 경찰용으로 너무나 흉악한 물건이었기에, 일반화 되지는 못했던 것 같다.

권총용 작열탄

권총용 작열탄은 위력의 증가뿐만 아니라, 「유탄의 방지」나 「관통으로 인해 제3자가 피해를 입는 것」을 막기 위하여 고안되었다.

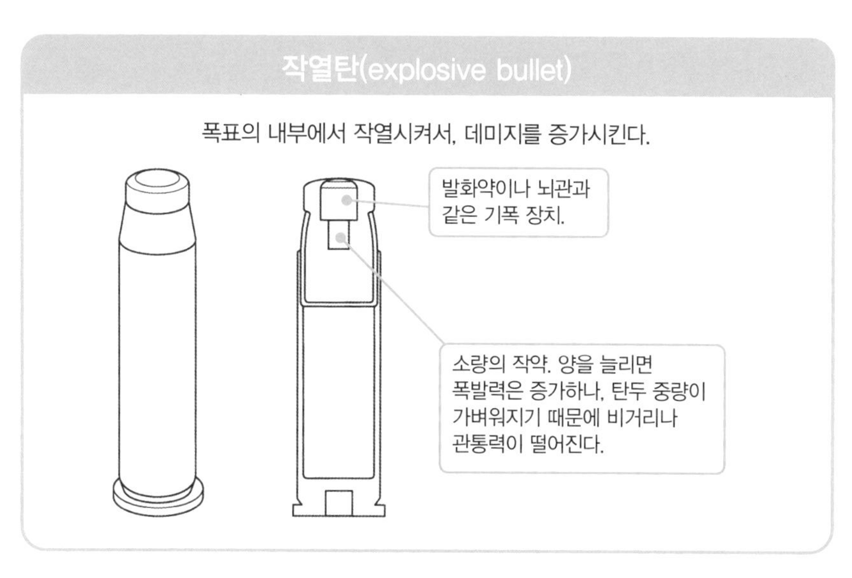

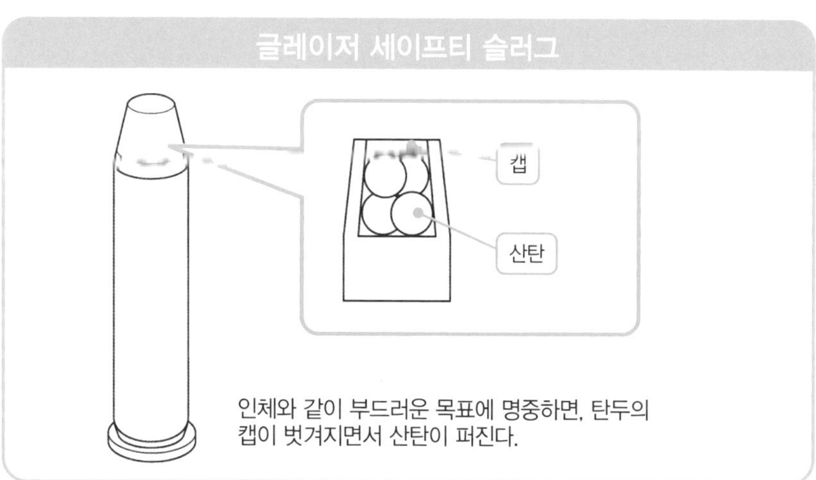

원포인트 잡학상식

작열탄은 「익스플로더」, 「디버스테이터」와 같은 상품명으로 발매되어 있다. 지금은 홀로우 포인트의 성능이 향상되었기 때문에, 무리하게 작열시킬 필요가 없다고 여겨진다.

No.007

위력이 강력하면 반동도 강력하다?

대형 탄약을 연사하는 기관총, 사냥에도 사용되는 매그넘 권총, 현대판 대전차라이플이라고 불리는 50구경 안티 머티리얼 라이플. 이러한 총기의 반동은 강력하여, 제대로 쏘면 어깨가 빠진다는 소문이 있다.

● 오토 피스톨의 경우는 그렇게까지 반동이 강하지 않다

위력이 강력한 총이란, 대부분이 「대량의 발사약(화약)으로 무거운 탄환을 발사하는 것」이기 때문에, 탄을 쏠 때 반작용도 커진다. 이 반작용이 강력한 반동이 되어서 사수에게 되돌아 오는 것이지만, 현대의 총(특히 오토 피스톨)에는 반동 흡수 시스템이 들어가 있기 때문에 사격과 동시에 반동으로 뒤로 튀는 일은 없다.

많은 자동 장전식 총기에서는 반동 에너지를 「볼트」나 「슬라이드」와 같은 부품을 구동시키는 데 소비하여 다음 탄을 장전하는 데 이용하고 있다. 그리고 강력한 파워를 가진 총은 대량의 발사약을 연소시킬 때의 압력에 견딜 필요가 있기 때문에, 필연적으로 압력을 받는 부분이 견고하게 만들어져야만 한다.

견고하게 만들려면 아무래도 부품이 무거워진다. 무거운 부품이 철컥철컥하고 움직이니 당연히 큰 진동이 생긴다. 완력이 약한 사수가 강력한 파워를 가진 총을 사격하고 균형을 잡지 못하는 것은, 총의 반동 자체보다 이러한 부품이 작동하면서 일어나는 「총의 중심 이동」이 원인이라 할 수 있다. 사격 훈련을 제대로 받지 않은 사람이나, 그 총을 처음으로 사격하는 경우라면 더더욱 심하다.

강력한 탄약을 발사하는 총은 부품을 견고하게 만들 필요가 있는 것과 동시에, 총 자체가 무겁게 만들어져 있어 반동을 흡수하는데 도움이 된다. 「**핸드 캐넌**」이라는 별명을 가지고 있는 「**데저트 이글**」은 "웬만한 힘이 없으면 쏠 수 없을 정도의 반동이 있다" 는 통념이 있으나, 357매그넘 버전이라면 총의 중량과 볼트가 무겁기 때문에 반동이 그렇게까지 강하지는 않다.

리볼버와 같이 반동 흡수 메커니즘이 없는 총도 있지만, 이러한 총은 그립의 형태에 따라 반동을 위쪽으로 흘리게 만들어져 있다. 영화에서 매그넘 리볼버를 쏜 주인공이 총구를 위로 많이 올리는 것은, 연출적인 측면도 있으나 리볼버의 특성상 위로 올라가는 것이기도 하다.

강력한 총의 반동

위력이 강한 총은 반동도 강하다

⋮

확실히 틀린 것은 아니다

그러나……

오토 피스톨 **자동 소총** **어설트 라이플**

…과 같은 자동 장전식 총기는 다음 탄약을 장전하는 메커니즘이 반동을 흡수하는 역할을 한다.

게다가……

기관총

다음 탄약의 자동 장전 기구에 더해서, 총 자체의 중량이 반동에너지를 흡수한다.

그리고……

안티 머티리얼 라이플(대물저격총)

총 자체의 중량에, 총열이나 개머리판에 들어간 충격 흡수 기구가 반동에너지를 흡수한다.

리볼버 **볼트액션 라이플**

이러한 총은 충격 흡수 시스템을 가지고 있지 않기 때문에 어느 정도 반동은 있으나, 그립이나 개머리판의 형태를 이용하여 반동을 흘린다.

원포인트 잡학상식

저격총이나 경기용 총에 탑재되어 있는, 고가의 특수한 시스템 중에는 불필요한 반동을 거의 완벽하게 분산시킬 수 있는 것도 존재한다.

No.008

리볼버는 강력한 파워를 가진 탄약을 사격하기에 알맞은 총이다?

최근에 들어서 『데저트 이글』과 같은 매그넘 오토가 일반화 될 때까지, 강력한 파워를 가진 권총은 당연히 「리볼버」였다. 그 이유는 리볼버에 「강력한 탄을 쏴도 괜찮은」 요소가 많이 있기 때문이다.

● 매그넘이라 하면 역시 「리볼버」

리볼버는 연근과 같은 통 모양의 탄창(실린더)에 탄약을 장전하고, 5~7발 정도의 연속 사격 능력을 가진 무기의 총칭이다.

회전식권총이라는 이 총은 오랜 역사를 가지고 있는데, 19세기 전반에는 리볼버의 원형인 「페퍼 박스형 권총」이 등장하였다. 19세기 말에는 현재와 거의 같은 구조의 리볼버가 완성되어, 오늘날에 이르기까지 민간과 군을 가리지 않고 널리 사용되고 있다.

리볼버 이외의 권총으로는 「오토 피스톨」이라는 장탄수가 많으며 재장전도 간단한 타입의 권총이 있으나, 오토 피스톨은 구조가 복잡하기 때문에 **매그넘탄**으로 대표되는 강력한 탄약을 발사하기에는 부적절하다. 총기 설계 기술 노하우나 재질 공학이 발달하지 않았던 20세기에는, 강력한 탄약을 발사할 수 있다는 건 리볼버의 전매특허였다.

또한 리볼버는 오토 피스톨과는 다르게, 다음 탄의 장전을 방아쇠의 움직임에 연동한 인력만으로 수행한다. 가스 압력이나 반동을 이용하여 다음 탄을 장전하는 오토 피스톨에 강력한 탄약을 사용하는 경우에는 탄약에 맞춰서 장치를 조절해야 하지만, 리볼버는 이러한 조절이 필요가 없다. 또한 불발이 되더라도 방아쇠를 당기면 다음 탄을 발사할 수 있는 장점도 있다.

대구경 리볼버 중에서는 「총열이 쓸데없이 긴 거 아닌가?」라고 느껴지는 모델도 있으나, 이 역시 단순한 허세로 길게 만든 것이 아니다. 강력한 탄약은 그만큼 탄피(카트리지 케이스) 안에 발사약이 많이 채워져 있어, 발사약이 완전히 연소하기 위해서는 긴 총열이 필요하기 때문이다. 라이플의 총열이 긴 것은 명중 정밀도를 향상시키기 위한 것뿐만 아니라 대량의 발사약을 효율적으로 연소시키려는 목적도 있는 만큼, 이를 고려해보면 권총의 총열은 너무나 짧다고 할 수 있겠다.

리볼버의 가장 큰 장점은 「신뢰성」

**튼튼하게 만들어진 「리볼버」는
강력한 탄약을 사용하여도 트러블이 거의 일어나지 않는다.**

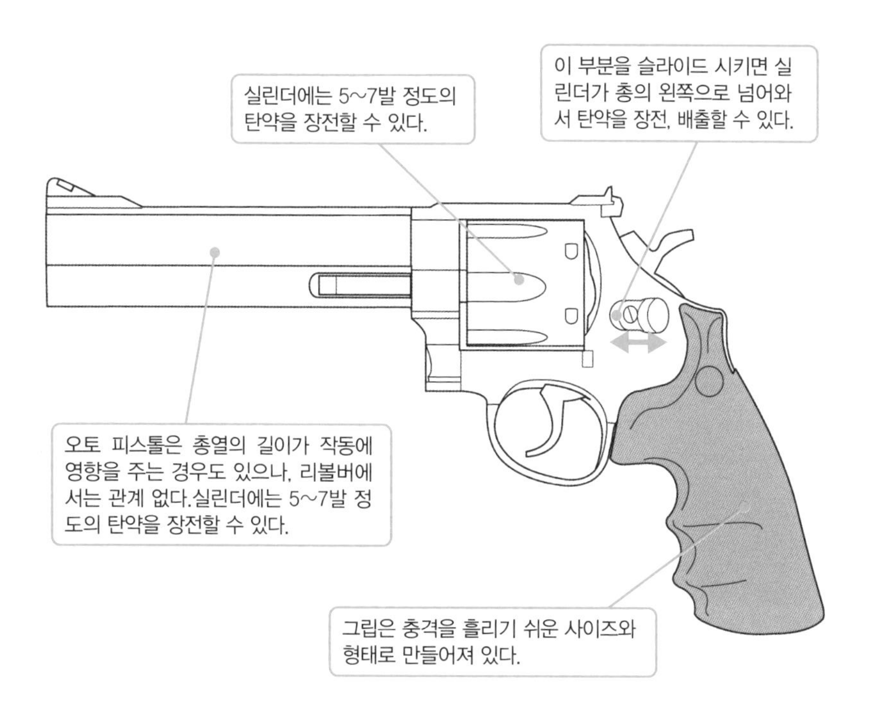

44매그넘 『M29』

454캐슬 『레이징 불』

480루거 『슈퍼 레드 호크』

50구경 『M500』

각 시대의 톱 클래스 위력을 가지고 있던 권총은 전부 리볼버이다.

원포인트 잡학상식

『레드 호크』나 『블랙 호크』와 같은 대구경 리볼버를 생산하는 미국의 루거(Ruger)사는, 독일의 『P08』이나 「9mm파라블럼탄」으로 유명한 루거(Luger)사와는 다른 회사이다.

No.009

미국인의 45구경 신앙이란?

「거버먼트」라는 별명으로도 유명한 『콜트 M1911』은 미국에서 인기 있는 권총이다. 오리지널을 개발한 콜트사 이외에도 수많은 카피 제품이 만들어지고 있는데, 인기가 높은 이유 중 하나로는 「45구경탄」을 사용한 점이 있다.

●「경험과 오해」를 기반으로 한 신뢰감

거버먼트 계열 총에 사용되는 「45ACP탄」은 45구경 오토 피스톨에서 일반적으로 사용하는 탄약이라 할 수 있다. 유럽에서는 구경 9mm의 「9mm파라블럼탄」을 사용하는 총이 주류이지만, 미국에서는 45구경탄이 아주 높은 인기를 자랑한다. 미군에서는 최근 들어 유럽 베레타사의 9mm권총을 『M9』로서 채용하고 있으나, 자유롭게 장비를 고를 수 있는 특수부대에서는 45구경의 거버먼트를 선호하고 있다.

거버먼트를 선호하는 이유 중 하나가, "45구경은 저지력이 강하다"고 생각하는 점이다. 20세기 초반에 미군이 필리핀 원주민의 반란을 진압하려고 싸웠을 때, 38구경으로는 전혀 멈추지 않았던 모로족 전사를 멈추게 하려고 구식 45구경 **리볼버**를 꺼내야 하는 처지에 놓이게 되었다. 저지력은 이 때 연구된 「공격적인 적을 행동불능으로 만드는 파워」라고 할 수 있는 것으로, 그러기 위해서는 "크고 무거운 탄환이 효과적"이라 여겨졌다. 이리하여 45구경 거버먼트가 개발되어 군의 제식 권총이 된 것이다.

이후 유럽의 9mm파라블럼탄이 미국에 들어와서, S&W(스미스&웨슨)사 등이 9mm파라블럼탄을 발사할 수 있는 오토 피스톨을 만들었다. 그러나 9mm권총을 장비하고 있던 경관이 마약으로 하이 텐션이 된 남자에게 몇 발이고 명중을 시켰으나 쓰러트리지 못한 사건이나, 무장강도와 FBI 수사관과의 총격전에서 범인이 총탄에 명중이 되고도 반격을 계속하여, 수사관 측에서 2명이 순직하는 사건이 일어났다.

결국 이러한 사례는 적절하지 못한 탄두 형태나 중량이 원인으로 생긴 것이지, 단순히 "9mm구경은 파워가 부족하다"고 단언할 수 있는 성질의 것이 아니었다. 위와 같은 사례는 45구경에서도 있었으나, 결과적으로 이러한 사건이 오해와 같이 퍼지게 되어 「9mm탄은 신용할 수 없다」는 고정관념이 생겨나게 되었다.

45ACP와 거버먼트

그고 강력한 45ACP는 미국의 정신이다!

45ACP탄

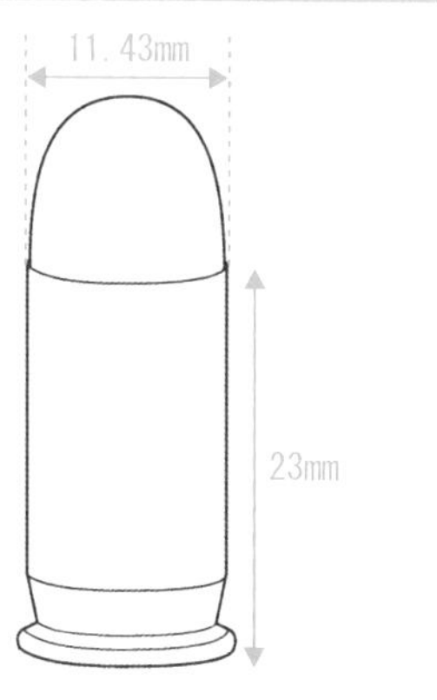

구경 : 11.43mm×23(0.45인치)
탄두 중량 : 230그레인(약14.9g)

9mm파라블럼탄

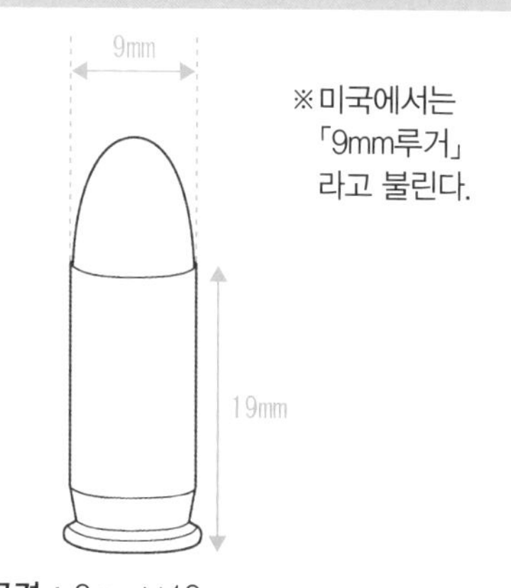

구경 : 9mm×19
탄두 중량 : 124그레인(약8g)

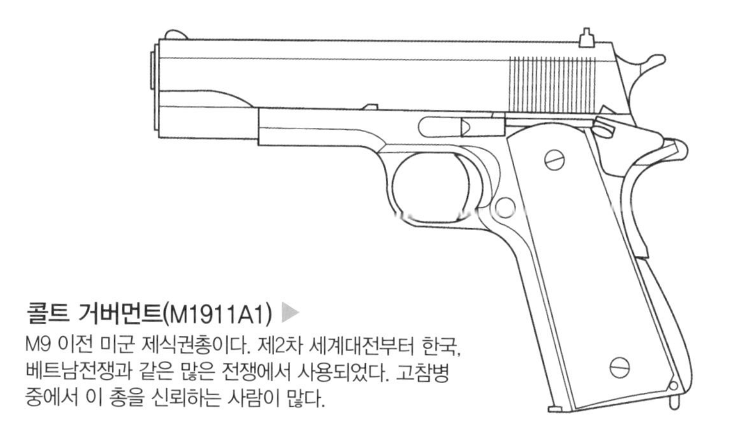

콜트 거버먼트(M1911A1) ▶
M9 이전 미군 제식권총이다. 제2차 세계대전부터 한국, 베트남전쟁과 같은 많은 전쟁에서 사용되었다. 고참병 중에서 이 총을 신뢰하는 사람이 많다.

미국인은 45구경탄과 거버먼트가 무척이나 마음에 드는지, 거버먼트의 작동 기구를 현대식으로 다시 설계한 모델을 개발하거나 유럽의 9mm 권총을 45구경 버전으로 만들어서 판매하기도 한다.

원포인트 잡학상식

「45ACP」는 오토매틱 콜트 피스톨의 앞 글자를 따와서 붙인 이름이다.

No.010

경찰 조직에서 강력한 위력의 총을 사용하는 것은 금기 사항인가?

강력한 총의 대명사라면 역시 군용 총기이다. 또한 「코끼리 사냥총」이라는 말이 있듯이, 야생의 짐승을 단번에 쓰러트려야 하는 수렵용 총기도 매우 강력하다. 그렇다면, 치안 유지를 목적으로 하는 경찰 조직에서는 어떠한 총이 사용되는가?

● 범죄자에게 자비는 없다

외국으로 침공하거나 타국의 침략에 응전하는 것과 같은 「무장 조직과의 전투」를 전제로 하는 군대나 인간보다 월등하게 강력한 「짐승」을 상대하는 사냥꾼과는 다르게, 경찰 조직의 존재 의미는 국내의 치안을 유지하는 것이다. 전투 능력이라는 관점에서 보면 몇 단계나 밑에 있는 상대에게 기관총이나 매그넘 라이플을 쏠 수도 없는 노릇이라, 경찰 조직의 무기는 「위력은 약하고, 치사성이 없는 것」이란 인상이 강하다.

그러나 경찰 장비가 너무 빈약하면 범죄자들이 업신여길 수 있다. 이 부분은 각국 내부의 무기 사정이나 치안 상태가 큰 영향을 미치지만, 총기의 소유를 국민의 권리로서 인정하고 있는 미국의 경찰에서는 『M16』 계 **어설트 라이플**(물론 민간용으로 사양은 변경되어 있지만)도 심심치 않게 볼 수 있다. 총기 규제가 엄격한 일본에서조차, 요즘은 「기관권총」이란 이름의 기관단총을 사용하기 시작하였다.

게다가 SWAT와 같은 특수부대에서는, **대물저격총**(안티 머티리얼 라이플)이나 전투용(컴벳) 샷건과 같은 군대와 같은 수준의 장비를 갖추고 있는 경우도 많이 있다. **50구경탄**으로 사람을 저격하거나 샷건을 인간에게 사용하는 것 등, 군대에서는 국제법상 자제하거나 금지되는 행위라도 국내에서는 치안 유지를 대의로 내세우면 별다른 제재가 없다.

또한 많은 경찰관이나 수사관이 주무기로 사용하는 "권총"의 탄약은, 어떤 의미로는 군대의 탄약보다 흉악한 물건이다. 「풀 메탈 재킷」이라는 군용탄은 납 표면에 동으로 코팅이 되어 있어서 탄이 쉽게 육체를 관통한다.

경찰이 사용하는 「홀로우 포인트HP」탄은 코팅의 일부를 의도적으로 벗겨내거나, 처음부터 코팅하지 않는다. 예전에 「덤덤탄」이라 불리던 이러한 구조의 탄은 인체에 더욱 큰 충격을 주기 위한 것으로 수렵용 탄 역시 같은 구조로 되어 있다.

꽤나 살벌한 「경찰의 총」

경찰 조직의 총은 군대보다 수준이 낮다?
싸우는 「대상」이나 「주위의 시선」이 다르기 때문에
무조건 그렇다고 단언할 수는 없다.

군대의 적 = 적국의 군대(병사).

➡ 지나친 행위는 국제 사회의 비난을 받게 된다.

경찰의 적 = 자국의 범죄자

➡ 여론과 국내법이 허용한다면 별다른 제재가 가해지지 않는다.

예를 들어 「사용 탄약」 하나만 하더라도……

군대의 경우 ➡ **풀 메탈 재킷**

표면에 금속을 코팅한 탄. 인체에 맞더라도 변형되지 않고 쉽게 관통한다.
상대에게 부상을 입히는 것이 목적.

경찰의 경우 ➡ **홀로우 포인트**

탄두의 납이 그대로 드러나 있기 때문에, 사람에게 맞으면 쉽게 변형된다.
탄두는 관통하지 않고 버섯 모양으로 넓어지며 심각한 데미지를 입힌다.

50구경 안티 머티리얼 라이플도 군대에서는 「사람에게는 사격하지 않는다」는 원칙이 있지만, 경찰에서는 그런 점을 신경 쓰지 않는다.

원포인트 잡학상식

군대가 홀로우 포인트를 사용하는 일은 없으나, 경찰이 풀 매탈 재킷을 사용하는 일은 종종 있다.

No.011

총의 위력은 어떻게 조사하는가?

총의 위력을 조사하는 방법에는 여러 가지가 있는데, 연구 기관의 리포트나 총기 전문서 혹은 신문에 보도되는 기사에서 자주 볼 수 있는 것으로 「나무판을 늘어놓고 몇 장 관통하는지 조사하는 방법」이 있다.

● 관통력을 알아보는 방법이 일반적이긴 하지만……

나무판을 늘어놓고 총의 위력을 측정하는 방법은 미군이나 경찰에서 채택한 것으로, 이것이 일본에도 정착한 것이다.

두께 7/8인치(약 2.2cm)의 송판을 1인치(약 2.5cm) 간격으로 늘어놓고, 15피트(약 4.5m) 거리에서 탄을 발사하여 관통한 장수를 조사한다. 「두께 약 2.5cm의 송판」이라면 무엇이든 사용 가능한 것은 아니고, 미국산 소나무의 일종인 「화이트 파인」으로 종류가 정해져 있다.

그러나 권총탄의 위력을 비교하기 위해 사용되는 경우가 많은 이 방법은 어디까지나 총(총탄)의 「관통력」을 조사하기 위한 것으로, 구멍이 뚫린 장수=「총의 파워」는 아니라는 점에 주의할 필요가 있다.

물론 관통력이 강하면 차폐물을 뚫고서 목표에 데미지를 줄 수 있고, 겹쳐있는 여러 명의 적을 한번에 쓰러트릴 수도 있다. 그러나 관통력이란 날카롭고 뾰족한 송곳과 같은 것이어서, 급소에 맞지 않는 한 일격으로 목표의 생명 활동을 정지 시키기가 어렵다.

예를 들어 사냥에서 사용되는 탄은 납과 같이 부드러운 금속을 사용하여 운동에너지를 충격력으로 전환시켜 사냥감을 즉사시킨다. 이러한 탄은 「홀로우 포인트HP」라 불리며, 명중했을 때 버섯 모양으로 변형되는 「머쉬루밍」이라는 현상이 일어난다. 이 때문에 파워가 있어도 송판을 많이 격파할 수는 없는 것이다.

탄두 중량이 무겁고 탄속도 빠르지만 관통한 송판의 장수가 적은 것은, 「목표에 주는 에너지(충격력)가 크다」고 생각할 수 있다. 이러한 "탄의 펀치력"은 송판을 늘어놓은 계측 장치로는 조사할 수 없다. 그래서 점토나 왁스, 젤라틴과 같은 고형물에 탄을 쏘아, 생긴 구멍의 형태나 크기를 조사하는 방법으로 비교한다.

송판을 늘어놓은 계측 장치

권총의 「관통력」을 테스트하는 방법

7/8인치의 송판을 준비

1인치 간격으로 늘어놓고 고정시킨다

15피트 거리에서 사격하여 관통된 장수를 조사한다

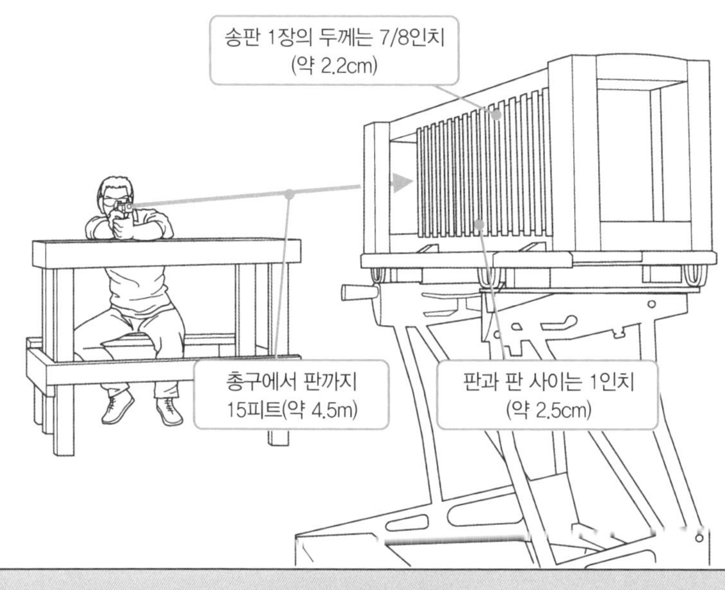

관통력의 기준은

9mm클래스=10장 전후

45ACP=7장

7.62mm토카레프=11장

357매그넘=13장

25구경 클래스=3장

500 S&W 매그넘=17장

※탄두가 부드러운 HP계열 탄의 경우 관통되는 장수는 적어진다.

원포인트 잡학상식

권총탄은 4m 이상 10m 이내에서 최대 관통력을 발휘한다고 한다. 또한 두께 2cm의 송판을 한 장 관통하면 「살상 능력이 있다」고 판단된다.

No.012

현대에도 「장탄수 1발」인 총이 있다?

예전의 화승총과 같이 "1발 발사할 때마다 탄을 다시 장전해야만 하는 총"을 「싱글샷」이라 한다. 현대에는 거의 사용되지 않는 방식이지만, 경기용 총기나 수렵용 총기, 신호용 총기 분야에서는 현역으로 활동하고 있다.

● 단발이지만 튼튼하다

싱글샷 총은 탄을 한 발 밖에 발사할 수 없다. 자동권총이나 **어설트 라이플**, 기관총과 같은 연발 총기가 주류인 지금 시대에 싱글샷 방식은 매우 불리하다. 그러나 역으로 생각하면 「배출 시스템이나 다음 탄 장전 메커니즘이 필요가 없다」는 것이다. 즉 구조가 단순하고 튼튼하게 만들 수 있다는 장점이 있어, 탄약 안의 발사약이 만들어내는 에너지(발사용 화약의 연소가스)를 전부 탄의 가속에 사용할 수 있다.

물론 이 경우, 발사할 때 생기는 반동을 전부 사수가 받게 된다. 제2차 세계대전 중에 독일이나 소련에서 사용한 **대전차 라이플**은 싱글샷인 경우가 많았으나, 쏠 때마다 어깨를 다치는 일이 많아 오른쪽과 왼쪽 어깨 합계 2발 밖에 쏠 수 없는 「2샷 라이플(츠바이 슈트 게버)」이라고 놀림을 받았다.

현재의 대물저격총(안티 머티리얼 라이플)에서도 구조단순화(=생산코스트 절약)를 위하여 단발식이 존재하는데, 이쪽은 충격 흡수 시스템이 제대로 장비되어 있다. 매우 먼 거리에서 조준을 하는 총이라면 적과의 총격전을 고려할 필요가 거의 없기 때문에, 단발식이라도 압도적으로 불리하거나 하지는 않다.

권총 중에도 사격 경기나 수렵용으로 싱글샷 모델이 많이 있다. 이것은 중절식 단발 라이플에서 개머리판을 잘라내고 총열을 짧게 한 듯한 외관을 가지고 있다. 단발이라 하더라도 권총 사이즈로 라이플 탄약을 사용할 수 있는 점에서 인기를 끌어서, 미국에서는 라이플 사용이 제한되어 있는 주州의 사냥꾼들이 사용한다.

또한 신호용 총기나 **그레네이드 런처**와 같이 대형 탄약을 발사하는 총은 대부분 단발식이다. 그레네이드 탄을 발사하는 총으로 **그레네이드 머신건**과 같은 모델도 등장하였으나, 신호용 총기는 목적상, 짧은 시간 안에 2발, 3발을 연사할 일이 없기 때문에 신호용 총기에 연발식은 필요가 없었다.

장탄수, 한 발

싱글샷 총은 탄을 한 발 밖에 쏠 수 없다.
그렇기 때문에……

- 적을 명중시키지 못하면 대책이 없다.
- 그렇지만 튼튼하기 때문에 강력한 탄약을 사용할 수 있다

초기의 대전차 라이플

당시 기술상의 문제로, 싱글샷만이 대전차용의 강력한 탄을 발사할 수 있었다.

사격 경기나 수렵용

한 발 한 발의 명중 정밀도나 위력이 요구되기 때문에, 싱글샷이 안정된 능력을 발휘할 수 있다.

그레네이드 런처나 신호기

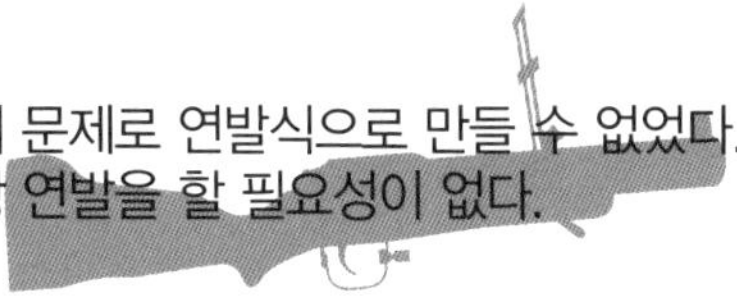

탄약 사이즈의 문제로 연발식으로 만들 수 없었다. 또한 신호용 총기는 운용상 연발을 할 필요성이 없다.

현대판 대전차 라이플이라는 「안티 머티리얼 라이플」에도 싱글샷 모델이 존재하는데, 이 모델은 1km 이상 떨어진 목표를 저격하는 총이기 때문에 적과의 총격전을 상정하지 않았다.

원포인트 잡학상식

제2차 세계대전에서는 독일군 점령지의 레지스탕스를 대상으로 연합군이 『리버레이터』라는 총을 대량 생산하여 마구 뿌렸는데, 이것 역시 일종의 싱글샷 피스톨이라 할 수 있다.

No.013

풀 오토 사격은 위력도 상승한다?

방아쇠를 당겨도 1발씩밖에 나가지 않는 「세미 오토(반자동)」와는 달리, 방아쇠를 계속 당기고 있으면 장전된 탄이 없어질 때까지 연속으로 탄이 발사되는 구조를 「풀 오토(전자동)」라 한다.

● 1발보다 10발이 더 강력하다

풀 오토 사격은 목표에 대하여, 짧은 시간 동안 연속해서 탄을 사격할 수 있다. 그렇기에 물체에 명중하였을 때도, 「집탄 효과」에 의해 1발로는 파괴할 수 없는 강도의 물체도 파괴할 수 있다.

이것은 첫 번째 탄이 명중되었을 때 목표에 주는 충격 등의 운동에너지가 확산되기 전에, 계속해서 두 번째 세 번째 탄환이 명중하여 에너지가 축적되어 상승 효과가 발생하기 때문이다.

인간을 목표로 한 경우에는 탄을 1발만 맞춰도 치명상을 입힐 수 있지만, 계속해서 몇 발이고 명중을 시키면 이쪽은 공격을 받을 일 없이 순식간에 무력화 시킬 수도 있다.

멀리 있는 목표를 노리는 경우에는, 탄의 개체 별 차이에 따라 착탄 범위는 넓어진다. 이 경우, 집탄 효과는 낮아지지만 발생하는 **피탄 구역**으로 인해 다른 병사들을 그 자리에 묶을 수 있다. 풀 오토 사격이라면 탄이 튀어서 다른 곳으로 날아갈 확률도 그만큼 높아서, 상대를 「아무것도 못하는 상태」로 만들 수 있다(이러한 상황을 「화력 제압」이라 한다). 머리 위로 탄환이 날아다니면, 적은 주위를 살펴보고 상황을 파악하기가 어려워지고 전진이나 후퇴를 하거나 다른 장소에 있는 우군에게 연락을 취하기 위해 전령을 보낼 수도 없게 된다.

그러나 장점만 있을 것 같은 풀 오토 사격에도 단점은 있다. 일단 세미 오토 사격에 비해 비용이 많이 든다. 탄을 10발 쏘면 10발분의 돈이 드는 것은 당연한데, 풀 오토 사격은 이러한 비용을 순식간에 소비해 버린다. 제2차 세계대전 때 일본군이 이러한 이유로 기관단총(서브머신건)의 개발을 껄끄럽게 여기지 않았느냐는 이야기가 있을 정도이다. 또한 보급이 원활하게 이루어지는 「지원 체제」가 잘 정비되어 있어야 한다. 돈이 남아돌아서 탄약이 잔뜩 쌓여있더라도, 이것이 전선에 전달되지 않는다면 써먹을 수 없기 때문이다.

풀 오토 사격과 집탄 효과

「풀 오토 사격」이란……?

방아쇠를 당기는 동안, 연속해서 계속 탄이 발사되는 방식을 가리킨다.

이에 반해, 방아쇠를 당길 때마다 탄이 1발씩 발사되는 방식을 「**세미 오토**」라 한다.

집탄 효과에 의한 장갑의 파괴

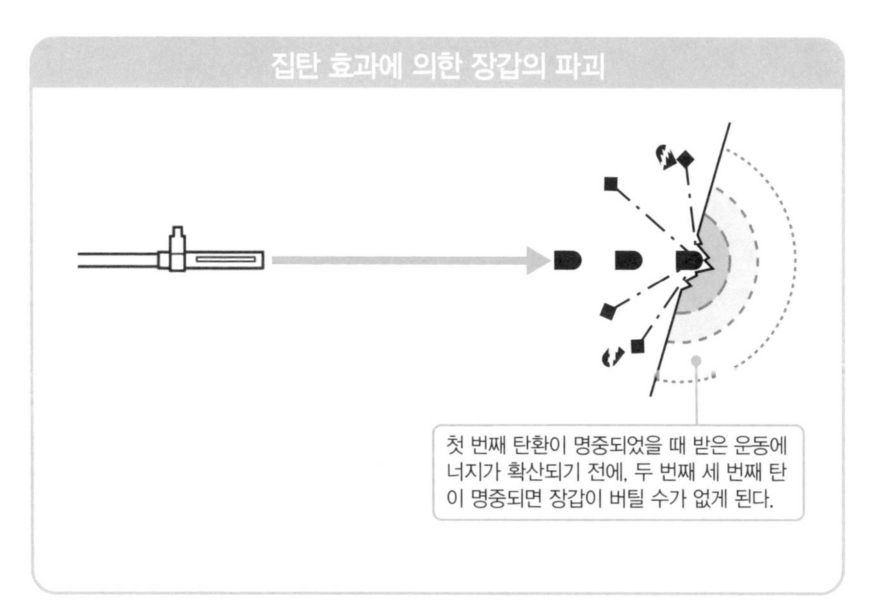

첫 번째 탄환이 명중되었을 때 받은 운동에너지가 확산되기 전에, 두 번째 세 번째 탄이 명중되면 장갑이 버틸 수가 없게 된다.

풀 오토 사격은 확실히 강력 하지만 잔탄이나 탄약의 보급 상태를 생각하며 시행하지 않으면 나중에 매우 어려운 상황에 처할 수 있다.

원포인트 잡학상식

중기관총과 같은 대량의 발사약을 사용하여 풀 오토 사격을 하는 총의 경우, 발사 후 얼마 동안은 남아 있는 힘으로 탄이 회전하기 시작하는 팽이와 같이 흔들리기 때문에, 거리가 너무 가까우면 집탄 효과가 저하한다.

No.014

총의 「손잡이」나 「수직 손잡이」는 어떤 의미인가?

대부분의 안티 머티리얼 라이플이나 기관총에는, 총 윗부분에 「손잡이 모양을 한 부품」이 장착되어 있다. 또한 풀 오토 사격이 가능한 총에는, 방아쇠를 당기는 손으로 잡는 그립 이외에도 「밑이나 대각선을 향하여 뻗어있는 손잡이」가 장착되어 있는 모델이 있다.

● 「손잡이=운반용 손잡이」「수직 손잡이=안정용 그립」

총의 중앙, 기관부 윗부분에 달려있는 가방 손잡이와 같은 부품은 「운반 손잡이」라 불리는 것으로, 사격할 때가 아닌 운반할 때 사용하는 "손잡이" 이다. 주로 **대물저격총**(안티 머티리얼 라이플)이나 기관총과 같이 크고 무거운 총에 장착되어, 사격시에는 방해가 되지 않도록 접을 수 있게 만들어진 경우가 많다.

대형 총기는 크기에 비례해 총열도 길다. 예를 들어 장대와 같이 「길고 무거운 봉」을 운반할 때처럼, 대형 총기도 가장자리를 잡는 것보다 가운데 부분을 잡는 것이 운반하기가 편하다.

대형 총기를 가지고 이동할 때 역시 마찬가지여서, 눈 앞에 있는 적과 총격전을 벌이고 있는 상황을 제외하고는 "중심 밸런스를 잡기 편한 위치에 있는 운반손잡이로 들어올려 이동하는 것"이 사수의 피로를 덜어 줄 수 있다.

그리고 총의 밑이나 대각선 방향으로 뻗어있는 봉과 같은 모양의 부품은 「포어 그립」 이라는 안정용 그립이다. 오른손잡이 사수가 사격을 할 때, 오른손으로 그립을 잡고, 오른쪽 어깨에 개머리판을 견착하고, 왼손으로 총을 받치면 안정된다. 그러나 풀 오토 사격이 가능한 총의 경우, 연사를 할 때 총이 매우 심하게 떨린다. 그래서 왼손용 그립을 별도로 장착하고 손으로 잡아서, 풀 오토 사격시의 안정성을 향상시키도록 한 것이다.

총을 안정시키는 목적 때문에, 포어 그립은 기본적으로 기관부보다 앞쪽, 총열의 가운데 정도에 위치한다. 요즘에는 「사격시에 안정성을 높이는 것은 풀 오토뿐만 아니라 어떤 총에도 유효하다」는 인식으로 인해, 여러 가지 총기에 포어 그립을 장착할 수 있게 만들고 있다.

포어 그립은 안정성을 향상시키는 것과 동시에, 사격 자세를 취할 때 피로를 덜어주는 역할도 하고 있다.

운반 손잡이와 포어 그립

운반 손잡이

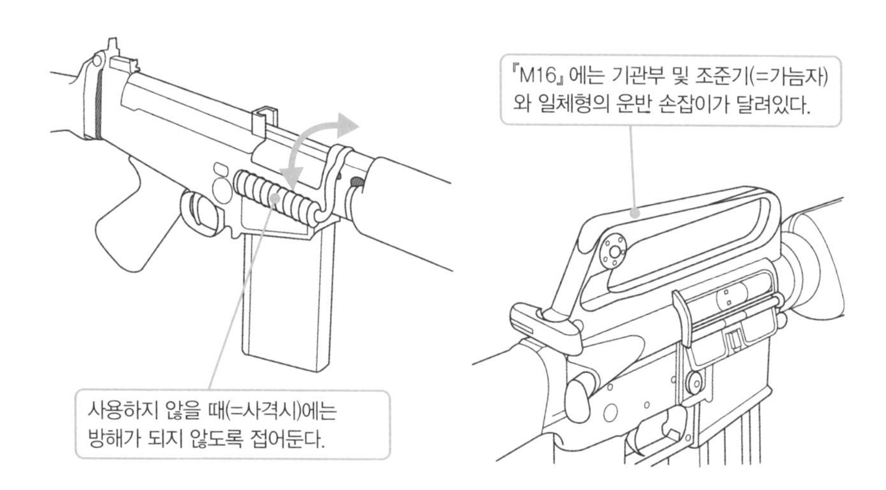

수직식(버티컬) 포어 그립

원포인트 잡학상식

스켈리턴 스톡(파이프를 조립한 것과 같은 형태의 개머리판)을 기관부 위쪽으로 접어서, 운반 손잡이 대신 사용하는 총도 있다.

No.015

50구경탄은 어떤 총에 사용되는가?

50구경탄은 제1차 세계대전 말기에 독일군이 사용한 대전차 라이플의 탄약(13mm×92SR)을 참고하여 개발한 기관총 탄약이다. 이후 중기관총에는 12.7mm이, 경기관총에는 7.62mm 클래스가 일반적으로 사용되었다.

● 중기관총용 고위력 탄

제1차 세계대전 때는, 기관총이라 하면 보병용 볼트액션 라이플에 사용하는 탄약을 **풀 오토**로 사격하는 것이었다. 그리고 제2차 세계대전이 시작될 무렵에는 미국의 무기설계자 브라우닝이 만들어낸 중기관총 전용의 50구경(12.7mm×99) 탄이 등장하여, 기관총의 공격력이 비약적으로 증가하였다.

50구경의 "50"은 콤마가 생략되어 있어, 정확하게는 「.50」이라 표기된다. 이 때문에 속칭으로는 「피프티 캘리버 fifty caliber (50구경)」이지만, 1인치의 절반 사이즈라는 의미로 「하프 인치 half inch」라고 불리는 경우도 많다. 이 탄약은 보병용 기관총 이외에도 전차의 대인 공격용 총기나 항공기의 무장에도 사용되며, 현재에도 많은 병기에서 쓰여지고 있다.

1980년대가 되면서 50구경의 위력과 긴 사정거리에 주목하여, **대물저격총**(안티 머티리얼 라이플) 탄약으로 사용하게 되었다. 장거리 저격총(롱 레인지 스나이퍼 라이플)이라고도 불리는 이 무기는 일반적인 저격총을 50구경 사이즈로 확대한 것으로, 50구경이 가지고 있는 능력을 저격용으로 최대한 발휘할 수 있도록 설계되었다.

50구경탄은 탄두 사이즈가 크기 때문에 여러 가지로 가공을 하기가 쉬워, 전차나 장갑차와 같은 지상 차량을 공격하는 경우에는 딱딱한 탄 심지를 사용한 **철갑탄**, 항공기를 상대로 사용하는 경우에는 폭약이 들어가 있는 **작열탄** 등, 많은 종류의 탄약이 만들어졌다. 소이제를 채워 넣은 소이탄도 만들어져 다른 종류의 탄과 같이 사용하였다.

50구경탄을 사용하는 총은 중기관총이나 안티 머티리얼 라이플과 같은 대형 총기 이외에도 S&W(스미스 앤 웨슨)의 리볼버 『**M500**』이 있으나, 같은 7.62mm탄이라도 볼트 액션 라이플용인 「30-06탄」과 **어설트 라이플**용인 「7.62mm×51탄」 사이에 호환성이 없듯이 기관총탄으로 만들어진 50구경탄(12.7mm탄)과 리볼버용 탄약으로 만들어진 50구경탄은 다른 물건이다.

사이즈도 위력도 차원이 다르다

50구경탄 = 독일의 대전차 라이플 탄을 참고하여 만들어진 강력한 탄약

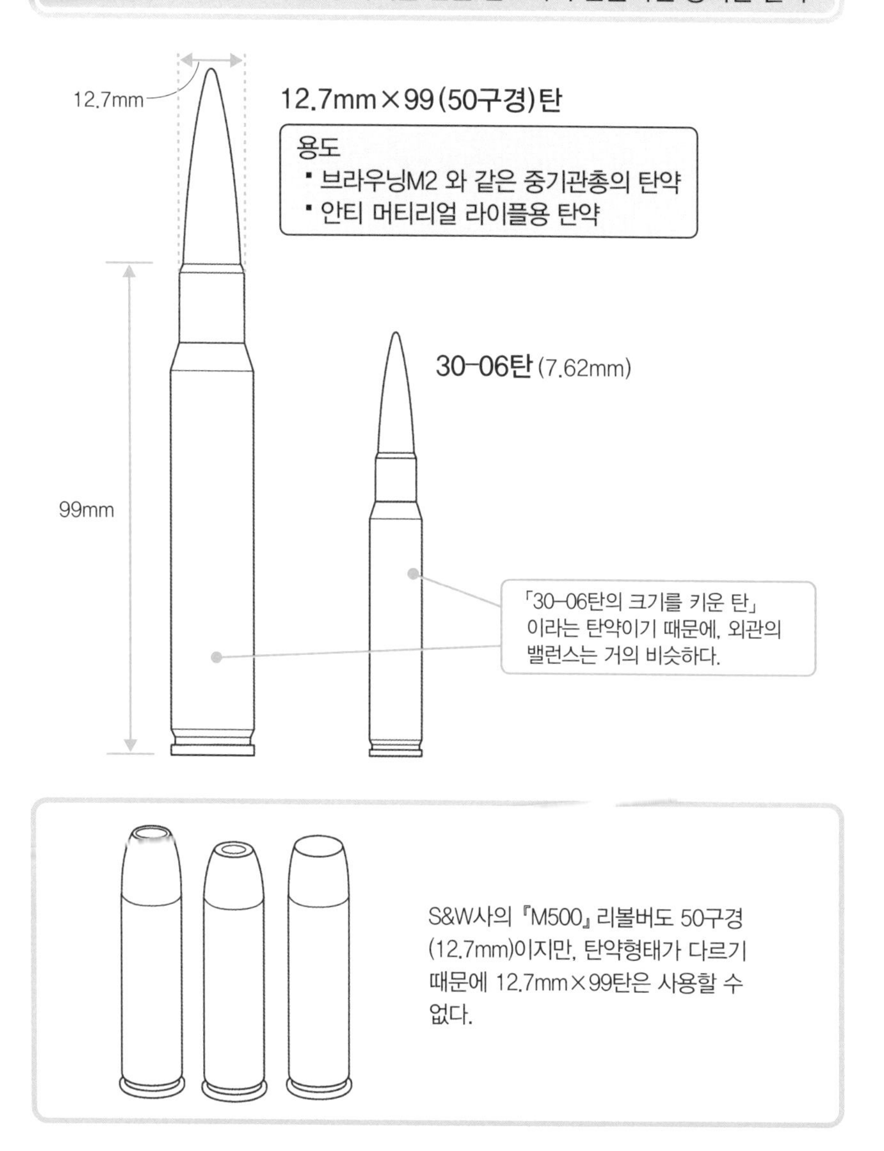

원포인트 잡학상식

50구경 기관총 탄약은 브라우닝이 설계한 중기관총에 사용된 것에서, 50구경 브라우닝 머신건의 이니셜을 따서 「50BMG」라고 불리기도 한다.

No.016

같은 「7.62mm탄」이라도 호환성이 없다?

경기관총이나 범용기관총, 라이플, 자동 소총, 어설트 라이플과 같은 여러 총기에서 사용되고 있는 7.62mm 클래스 탄약이지만, 같은 국가의 군대에서 사용하는 「7.62mm탄」이라도 호환성이 없는 것이 존재한다.

● 탄피(케이스)의 길이가 다르다

어설트 라이플 『M16』 등에서 사용되는 「5.56mm」 클래스의 탄약이 일반적으로 사용될 때까지, 보병용 총기에서 사용된 군용 탄약은 「7.62mm」 탄이 주류였다.

이 사이즈의 탄약은, 제2차 세계대전 당시 각국이 개발한 **경기관총**에서 일반적으로 사용되었다. 미국에서는 『M1 개런드』 라이플이나 **분대지원화기**의 선구자라 할 수 있는 『BAR』에서 사용되어, 30구경으로 1906년에 개발된 것에서 「30-06탄」이라는 이름으로 불렸다.

이윽고 보병용 라이플에 **풀 오토** 기능을 장착하기 위하여 시행착오를 겪고 있을 때, 30-06탄은 반동이 강하여 풀 오토에는 적절하지 않다는 의견이 나왔다. 그래서 탄피(카트리지 케이스)의 길이를 12mm 정도로 짧게 하고, 발사약(탄두 발사용 화약)을 적게 넣은 탄약이 개발되었다. 이것이 이후의 「7.62mm NATO탄」(서구의 군사동맹인 NATO에 소속되어 있는 군대의 공통 탄약)으로 제정되는 「7.62mm×51탄」이다.

이 두 개의 탄약은 똑같이 7.62mm 사이즈의 탄두를 가지고 있으나, 전체 사이즈에서는 30-06탄과 7.62mm×51탄은 탄피의 길이가 다르기 때문에 호환성이 없다.

참고로 NATO군의 탄약을 공통화 하려 할 때, 미국은 유럽 세력의 반대를 무시하고 억지로 7.62mm 구경의 탄약을 NATO탄으로 제정하였다.*

미국의 『M14』나 일본의 『64식 소총』은 이러한 흐름에서 제식화 된 총이지만, 베트남 전쟁과 이후의 지역 분쟁에서 소련이 7.62mm단소탄短小彈을 사용하는 어설트 라이플 『AK47』을 대량 투입하여 유효성이 증명되자 미국은 마치 남의 일마냥, 공을 들인 M14와 7.62mm탄을 버리고 M16과 5.56mm탄을 제식 총기와 탄약으로 제정하였다.

*AK47 등장 후 유럽에서는 7.62mm탄의 자동 사격은 총구가 크게 튀어올라 실용적이지 않다는 의견이 대세를 이뤘다. 그래서 5.56mm의 돌격소총으로 하자는 안이 채택되는 듯 하였으나, 미국이 기존의 고위력 탄에 의한 원거리 전투에 집착했기 때문에 NATO 공통 탄약 규격은 7.62mm가 되었다.

30–06탄과 7.62mm×51탄의 비교

같은 7.62mm탄이라도 다른 종류의 탄이 있다.

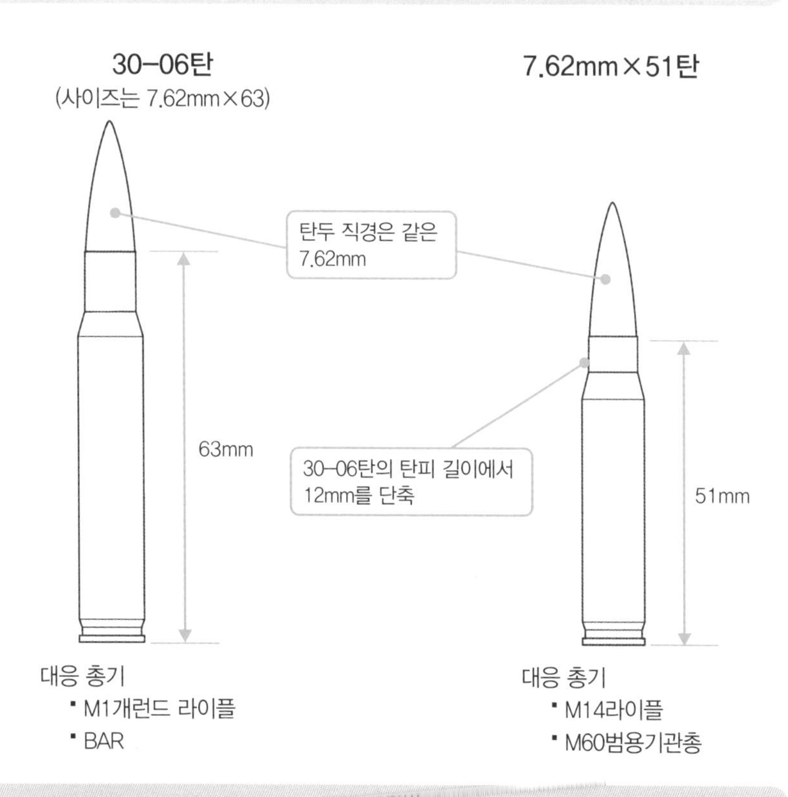

한편 소련(러시아)의 7.62mm탄 역시……

7.62mm×54R=볼트 액션 라이플 『모신 나강 M1891/30』 등에서 사용

7.62mm×39R=어설트 라이플 『AK47』 등에서 사용

이 두 탄약의 호환성은 없다.

원포인트 잡학상식

「30–06탄」은 「서티 오 식스」 혹은 「삼공·공육」이라 읽는다.

No.017

어설트 라이플용 탄약은 파워가 부족하다?

어설트 라이플의 기원이 되는 총은 제2차 세계대전 때 독일이 만들었다. 그리고 이후 한국전쟁을 거치며 소련이 먼저 『AK47』을, 이에 대항하는 형태로 미국이 『M16』을 개발하였다.

● 5.56mm탄은 고속이며 관통력이 있다

돌격총이라는 이름으로도 알려져 있는 어설트 라이플은 「M16 시리즈」가 미국에 의해, 「AK(아브토마프 칼라슈니코바-칼라슈니코프 자동 소총이라는 뜻) 시리즈」가 소련에 의해 개발되어 전장에 보내졌다. 이 총들은 그 전까지 군용 소총에서 사용되었던 7.62mm탄이 아닌, 더욱 소형 탄약인 5.56mm탄을 사용하는 것이 특징이었다.

양 진영의 어설트 라이플이 격돌한 것은 베트남전쟁이었다. 교전거리가 짧은 정글전에서는 난사가 많았기 때문에, 위력보다는 탄수를 우선으로 한다는 것이 5.56mm탄을 채용한 이유였다.

그러나 탄수는 증가하였지만, 7.62mm탄보다 가벼운 5.56mm탄에는 「정글전에서 탄이 수풀에 튕겨나간다」 든가 「아프가니스탄이나 이라크의 원거리 전투에서는 탄의 위력이 부족하여 차폐물을 관통하지 못한다」 와 같은 평가가 따라다녔다.

그러나 이런 일방적인 의견으로 「5.56mm구경의 어설트 라이플은 무력하다」는 결론을 내리는 것은 공평하지 않다. 위력이란 것은 "무거운 탄을 대량의 화약으로 쏘는" 것으로 얻을 수 있지만, 가벼운 탄이라도 고속으로 발사하면 운동에너지의 총량은 변하지 않는다. 그리고 어설트 라이플은 보병이 적을 눈으로 인식할 수 있는 (500m 이내의) 거리에서의 전투를 상정하고 설계된 병기다. 위력을 유지할 수 있는 사정거리는 확실히 7.62mm보다 짧지만, 그 사정권 안에 있으면 충분한 위력을 발휘한다.

병사의 입장에서는 자신의 무기가 「일정 조건에서밖에 사용할 수 없다」는 것에 불만이 있을 것이다. 그러나 운용 목적(개발 사상)이 근거리 전투에 주안점을 두고 있기 때문에 어쩔 수 없다. 일반적으로 "원거리에서 파워가 부족하다" 고 지적하는 것은, 권총으로 원거리 저격을 할 수 없다고 불평을 늘어놓는 것과 마찬가지이다.

어설트 라이플용 탄약의 위력

5.56mm 클래스의 탄은「다루기 쉬운 총」을 중시.

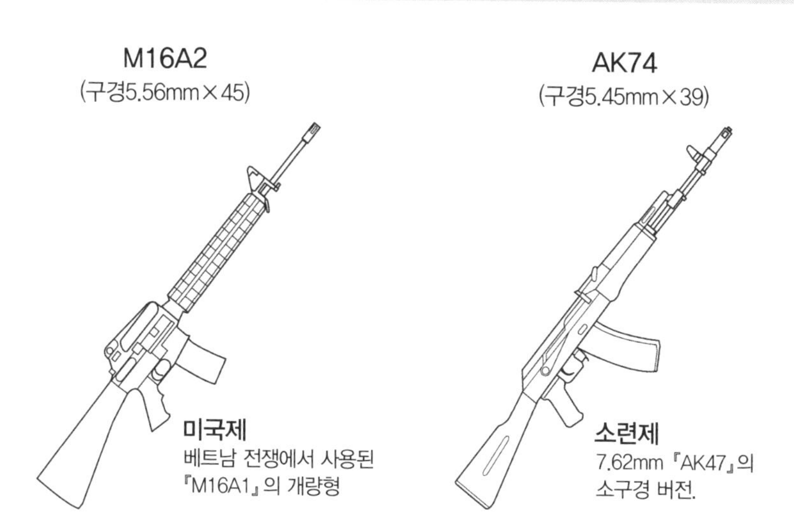

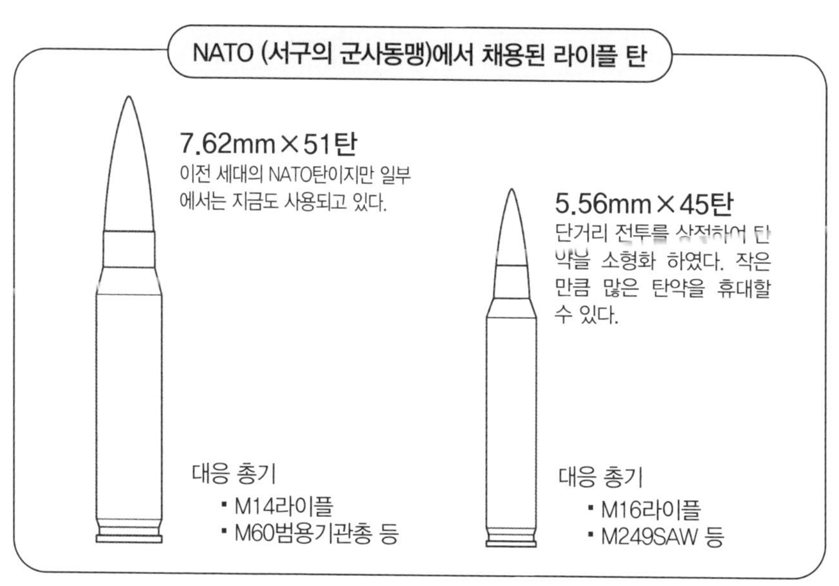

원포인트 잡학상식

M16 계열의 라이플은 A2 모델에서 사용 탄약으로 더욱 강력한「SS109」를 채용하고, 강선의 사양을 변경한 헤비 배럴을 장착하게 되었다.

No.018

머즐 브레이크란 어떤 부품인가?

머즐 브레이크란 안티 머티리얼 라이플과 같은 대구경 총기의 총구 끝에 장착되어 있는 부품(머즐 디바이스)이다. 고위력 탄약을 발사할 때의 반동을 완화시켜, 명중률을 향상시키는 기능을 가지고 있다.

●「전차포」처럼 생긴 총구

머즐 브레이크란 총포의 반동을 억제하기 위한 부품으로, 제2차 세계대전과 한국전쟁에서 투입된 전차포에 사용된 것과 같은 구조로 되어있다. 탄을 발사하는 화약가스를 포구 부근에서 좌우나 대각선 후방으로 빠져나가게 만들어, 포신이 후방으로 밀리는 힘을 상쇄시키는 것이다.

대물저격총(안티 머티리얼 라이플)은 대형 탄약을 사용하기 때문에 강렬한 반동이 있는데, 발사 가스도 많기 때문에 전차포용 머즐 브레이크의 사고 방식을 그대로 응용하는 것이 가능하였다. 총구에서 내뿜어지는 발사 가스가 총열을 순간적으로 전방을 향해 밀어내는 힘이 작용하여, 사격시의 반동을 어느 정도 억제할 수 있는 것이다.

이 효과는 가스가 나오는 구멍의 숫자나, 저항을 만드는 장치의 위치와 같은 요인에 따라 변화한다. 대형 머즐 브레이크는 반동 억제 효과가 강한 대신에 내뿜는 가스도 강렬하기 때문에, 사격을 할 때 주변에 모래 먼지가 일어 사수의 시야를 막거나 적에게 쉽게 발각된다. 그러나 「안티 머티리얼 라이플은 매우 먼 거리에서 저격을 하는 것을 전제로 한 총이기 때문에 발사 위치가 들킨다 하더라도 적이 반격을 가하여 총격전이 일어날 일은 거의 없다」는 관점에서, 눈에 잘 띄는 점이 치명적인 약점이라고는 볼 수 없다는 의견도 있다.

머즐 브레이크는 안티 머티리얼 라이플뿐만 아니라 기관총에도 장착되어 있다. 특히 **풀 오토 사격**이 가능한 총에 사용되는 것은 **소염기**의 기능을 겸하는 것이 많아서, 이를 통틀어 「리코일 리듀서(반동경감기)」라고 부르는 경우도 있다.

또한 발사할 때의 반동을 이용하여 총을 작동시키는 「반동 이용식」 총에서는 작동불량이 일어나지 않도록, 반동을 경감시키는 것이 아니라 반대로 증폭시키는 「리코일 부스터(반동 증폭기)」라는 디바이스를 총구에 장착하는 경우도 있다.

발사 가스를 이용하여 반동을 경감

머즐 브레이크 = 사격시의 반동을 경감시키는 부품.

대물저격총『바렛 M82』의 각 모델 앞 부분에 장착되어 있는 특대형 머즐 브레이크

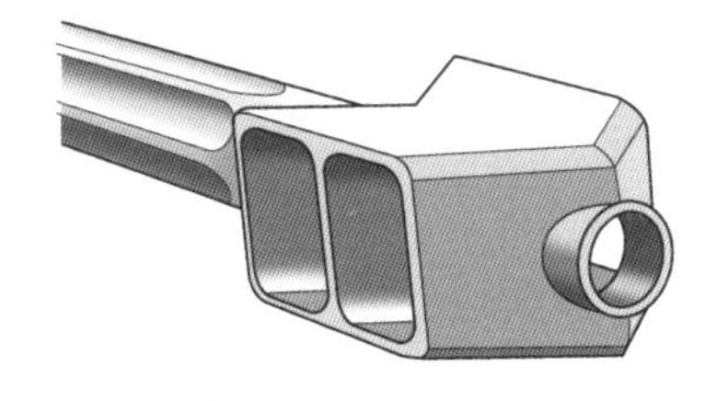

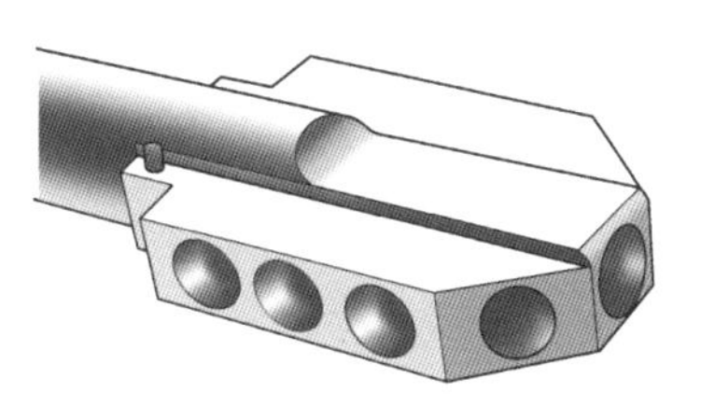

머즐 브레이크의 원리

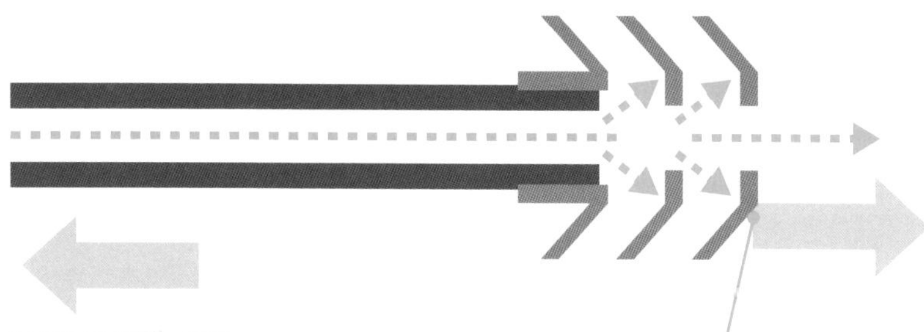

가스압 반동을 이용하여 작동하는 독일의『MG42』와 같은 총은, 작동불량의 위험을 줄이기 위하여 머즐 브레이크와는 반대(반동을 증가시키는) 기능을 가진「리코일 부스터」를 장착하고 있다.

원포인트 잡학상식

머즐 브레이크는 일본어로「총구제퇴기」라 한다. 전차포에도 비슷한 것이 달려있는데, 전차포의 경우에는「포구제퇴기」라 구별하여 부른다.

No.019

총열에 뚫려있는 「가스 배출구」는 어떤 기능을 수행하는가?

대구경 권총이나 사격 경기용으로 커스텀된 총에는, 총구 부분에 큰 구멍이 나있거나 홈이 파여있는 모델이 있다. 어태치먼트식으로 되어있는 것도 있어, 발사시의 가스에 지향성을 가지게 하는 역할을 하고 있다.

●「머즐 점프」를 제어하기 위한 장치

총을 쏘게 되면 반드시 반동이 생긴다. 라이플과 같은 큰 총은 개머리판을 어깨에 견착시키거나 총열을 손으로 받치는 것이 가능하지만, 권총 사이즈의 총에서 고정을 할 수 있는 것은 그립밖에 없다. 이 때문에 반동이 강한 권총을 쏘면 어깨를 기준으로 하여 크게 튀어 오른다.

이렇게 권총이 튀어 오르는 것을 「머즐 점프」라고 한다. 이 현상은 당연히 명중률 향상과는 상반되는 것으로, 어떻게든 해결해 보려고 여러 아이디어가 나왔다. 그 중 하나가 「탄을 쏘는 발사약의 연소가스」를 이용하는 방법이다.

총구에서 분출되는 가스를 총이 튀어 오르는 방향으로 빠져 나오게 만들어 반동을 상쇄하거나 경감시키려는 것으로 머즐 브레이크의 원리와 같다. 이 구멍은 「매그너포트」 혹은 단순하게 「가스포트」라고 불린다. 구멍이 뚫린 어태치먼트를 장착하는 타입의 물건은 「컴펜세이터」 라 불리는 경우가 많으나 엄밀하게 구분되어 있지는 않다.

가스 배출구의 위치는 가스를 빼는 방향과 마찬가지로 총열 상부에 설치되어 있는 것이 일반적이지만, 대구경 총기와 같이 분출되는 가스량이 많은 모델의 경우는 밑에도 조그마한 구멍을 내어 밸런스를 조정한다. 위쪽에만 구멍을 내면 머즐 점프는 억제할 수 있지만, 결과적으로 반동이 직접 사수에 작용하여 어깨를 다칠 위험성이 있기 때문이다. 약간의 머즐 점프는 사수의 훈련에 따라 제어할 수도 있고, 총이 무거우면 튀어 오르는 것을 흡수해 주는 경우도 있다.

한 손 사격을 전제로 한 경기용 커스텀 건은 머즐 점프의 방향이 1시~2시(오른손으로 사격한 경우, 대각선 오른쪽 위) 방향이 되기 때문에 대각선 방향으로 가스 포트를 만들어 놓는 경우도 있다. 머즐 점프 경감에 특화된 설계로 만들어진 총기를 「점프 브레이크」라고 부르는 경우도 있다.

대부분은 총구가 튀어 오르는 경우가 많은 권총용

총구 부근에 가스 배출구를 열어두는 것으로, 가스를 윗부분으로 빠지게 만들어서 총구가 튀어 오르는 것을 억제한다.

매그너 포트(가스 포트)

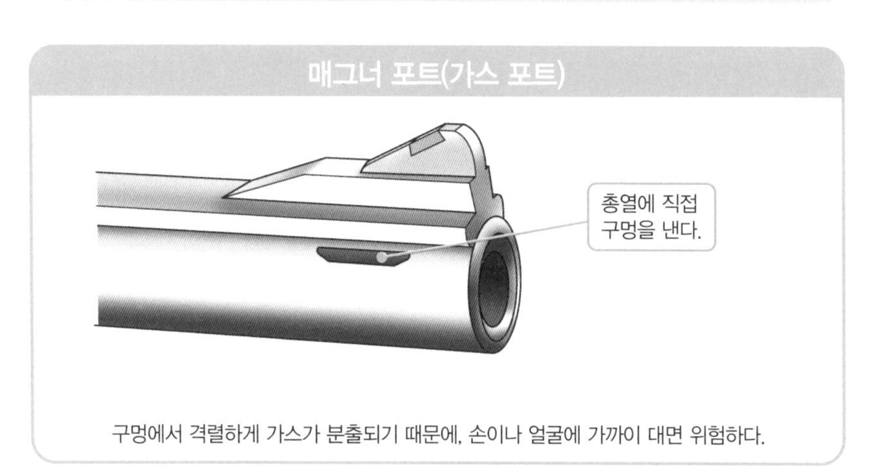

구멍에서 격렬하게 가스가 분출되기 때문에, 손이나 얼굴에 가까이 대면 위험하다.

컴펜세이터

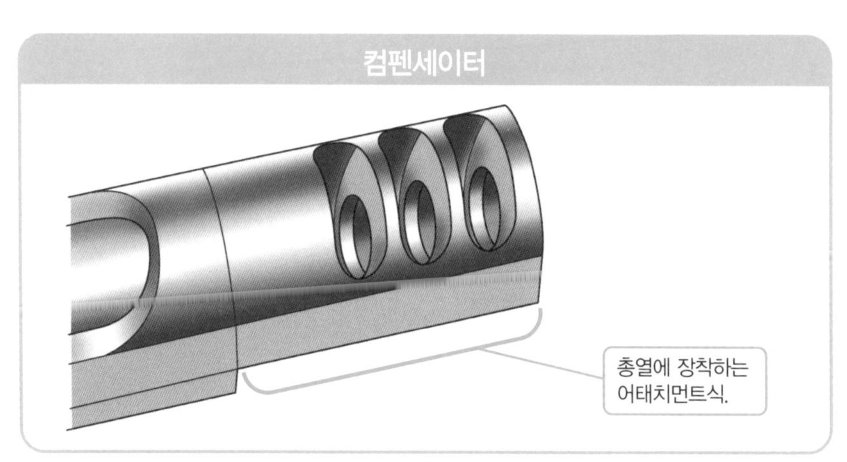

예전에는 일부 기관단총이나 샷건에 장착한 경우도 있어, 산탄의 쵸크(조이기)*를 조절하는 기능도 있다. 이러한 타입은 개발자의 이름을 따서 「컷츠 컴펜세이터」라 불린다.

* 산탄총의 총구를 조여 산탄이 발사되어 날아갈 때 일정거리까지 뭉쳐있다 퍼지는 것을 조절하는 장치를 쵸크라 한다.

원포인트 잡학상식

메이커나 모델에 따라 컴펜세이터 형의 어태치먼트를 「머즐 브레이크」라 부르는 경우도 있다. (S&W사의 『M500』 등 모델 등)

No.020

총의 위력은 어떻게 강화시키는가?

「강력한 총」이 필요한 상황이라 하더라도, 반드시 강력한 총을 입수할 수 있는 것은 아니다. 지금 자신이 가지고 있는 총을 어떻게 해서든 강화시켜야 하는 경우, 어디서부터 손을 대야 하는 것일까?

● 사용 탄약을 바꾸는 것이 기본

총의 위력은 본체 사이즈나 총열의 길이로 결정되는 것이 아니라, 사용하는 탄약에 의한 부분이 크다. 따라서 재빠르게 위력을 강화시키는 수단은, 사용 탄약의 사이즈를 대형화하는 것이다.

22구경 라이플이라면 30구경으로, 9mm구경 오토 피스톨이라면 10mm구경으로 바꾸는 것이다. 물론 총은 "설계될 때 정해진 구경" 이외의 탄을 사용할 수 없게 만들어져 있기 때문에, 탄약을 넣는 「약실」의 사이즈나 탄이 지나가는 총열의 내구경을 바꾸는 것이 필요하다. 이 작업은 전용 머신을 사용한 특수기술이기 때문에 「건스미스(총장)」라 불리는 장인에게 맞길 필요가 있다. 메이커 커스텀 샵에서 컨버전 킷을 판매하고 있는 일부 모델이라면 유저가 직접 강화를 할 수도 있다.

또한 동일 구경의 탄약을 사용하는 경우에도, 발사약(화약)의 양을 늘리는 방법이 있다. 메이커제 증량탄은 「**매그넘탄**」으로 판매되고 있고, 권총 탄약의 경우는 탄피(카트리지 케이스)의 한계까지 화약을 가득 채우는 경우가 많지 않기 때문에 자신이 양을 늘리는 것도 가능하다. 또한 발사약에는 연소 시간이나 압력과 같은 부분에 베리에이션이 있기 때문에, 종류를 바꾸거나 화약를 섞어서 위력을 조절하는 것이 가능하다.

그러나 위력에 관한 부분만을 개조하고 변경하더라도, 그 즉시 전체 기능이 향상되는 것은 아니다. 엔진 파워만을 키우려고 배기량이 큰 것으로 교환한 오토바이도, 다른 부품이 기존의 것이라면 고장이나 사고가 날 가능성이 높아지는 것과 마찬가지이다. 탄약을 강력한 것으로 바꾸면, 이에 맞추어 작동 부분의 장력을 조절하거나 압력을 받는 부품을 충분한 강도의 것으로 변경할 필요가 있다. 중요한 것은 전체의 밸런스로, 이것을 개인 차원에서 하기 위해서는 기술이나 노하우를 쌓아야 한다.

중요한 것은 밸런스

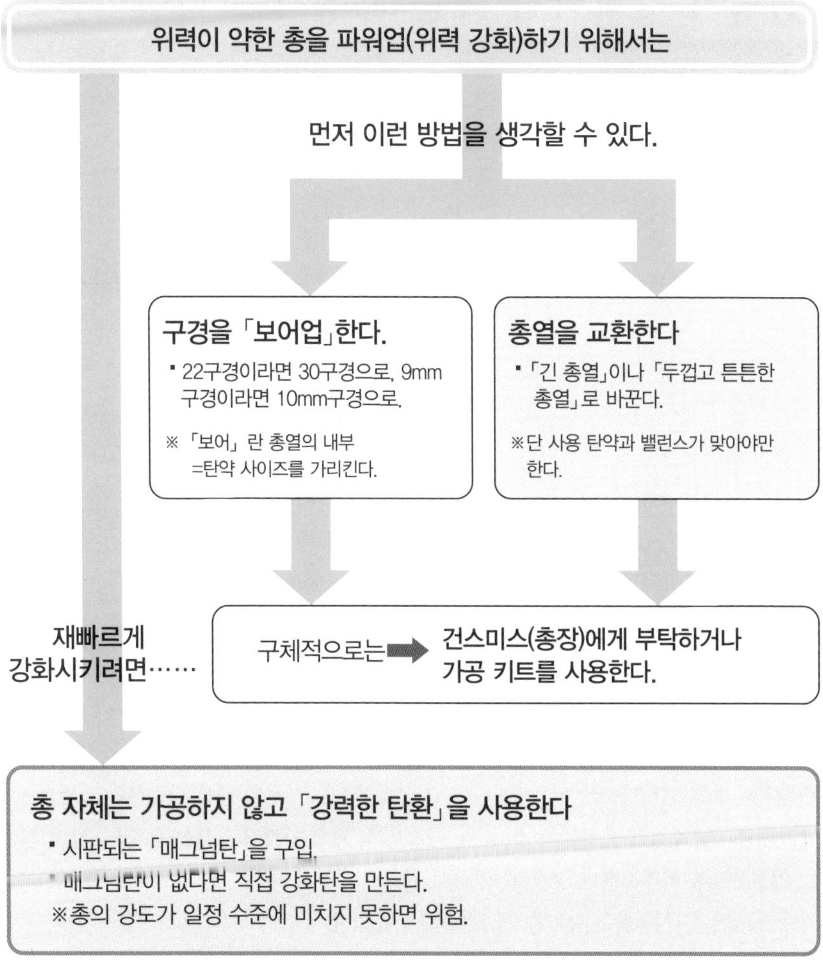

위력이 약한 총을 파워업(위력 강화)하기 위해서는

먼저 이런 방법을 생각할 수 있다.

구경을 「보어업」한다.

- 22구경이라면 30구경으로, 9mm 구경이라면 10mm구경으로.

※ 「보어」란 총열의 내부 =탄약 사이즈를 가리킨다.

총열을 교환한다

- 「긴 총열」이나 「두껍고 튼튼한 총열」로 바꾼다.

※단 사용 탄약과 밸런스가 맞아야만 한다.

구체적으로는 ➡ 건스미스(총장)에게 부탁하거나 가공 키트를 사용한다.

재빠르게 강화시키려면……

총 자체는 가공하지 않고 「강력한 탄환」을 사용한다

- 시판되는 「매그넘탄」을 구입.
- 매그넘탄이 없다면 직접 강화탄을 만든다.

※총의 강도가 일정 수준에 미치지 못하면 위험.

어떤 방법이라도 「**전체 밸런스**」를 무시하면 성능을 제대로 발휘할 수 없다. 예를 들어 위력만 강화하더라도 이에 따라 발생하는 반동을 무시한다면 다루기 어려운 총이 되어 버린다.

원포인트 잡학상식

총의 강도는 「스테인리스」나 「타이타늄(티타늄)」과 같은 소재로 만들어진 부품과 교환하는 것으로(어느 정도까지) 확보가 가능하다.

No.021

위력이 강력하기 때문에 생기는 약점이란?

「대는 소를 겸한다」는 속담이 있다. 위력이 부족하여 위험에 처하기보다는 조금이라도 강력한 위력을 지닌 총을 입수하는 것이 유리하다고 생각할 수 있지만, 실제로는 그렇게 간단한 것이 아니다.

● 주걱은 귀이개가 될 수 없다

총이란 궁극적으로 「무언가를 파괴하기」 위하여 존재하는 것이다. 파괴를 위한 병기라면 위력이 크면 클수록 좋다. 그러나 실제로는, 그 위력 때문에 생기는 단점 역시 적지 않다.

일단 위력이 큰 총은 수가 적다. 군용 총기에 있어서도 현재는 많은 탄수나 취급 하기 쉬운 점을 중시한 **어설트 라이플**이 주류가 되었고, 경찰 조직에서도 강력한 총은 한정적인 용도로 소수만 조달할 뿐이다. 정규로 구입을 하거나 횡령품을 구하더라도, 절대적으로 숫자가 부족하면 많은 수고를 해야 하고 시간 역시 오래 걸린다.

운반이나 조립 측면도 고려해야 한다. 일반적으로 강력한 총은 크고 무겁다. 대형 권총은 홀스터에 넣더라도 재킷으로 완전히 감출 수 없고 예비탄을 휴대하는 것도 어렵다. 라이플이나 기관총 클래스 정도의 총이 되면 운반하는 것도 매우 어렵다. 대부분 총열이 길기 때문에 케이스에 넣어도 꽤나 큰 사이즈가 되고, 멜빵을 이용하여 어깨에 매더라도 매우 거치적거린다. 분해해서 운반하면 사이즈는 작아지지만, 당연히 곧바로 사격을 할 수 없게 된다.

탄약의 조달 역시 문제이다. 프링킹(사격하며 즐기는 스포츠)에서 사용하는 레벨의 탄약이라면 슈퍼에서도 구입할 수 있지만, 어느 정도 위력을 가지고 있는 탄약의 경우 그만큼 입수하기가 어려워진다. 지식과 기술이 있다면 자작을 하는 것도 가능하지만, **철갑탄**이나 소이탄과 같은 특수 탄약은 재료를 구할 수 없다.

단 수렵을 목적으로 한 총이나 탄약의 경우, 이야기는 조금 달라진다. 어중간한 위력의 탄을 사용하여 사냥감을 한번에 쓰러트리지 못하면, 사냥꾼이 사냥감에 역습을 당할 위험성이 있기 때문이다. 수렵용이라면 하이 파워 매그넘 라이플이나 매그넘 권총, 그리고 이 총에서 사용하는 **매그넘탄**을 비교적 용이하게 입수할 수 있다.

강력한 위력을 가진 총기의 단점

「강력한 위력」이 있다면 어쨌든 유리하다 생각할 수 있지만……

문제점1

입수가 간단하지 않다

- 합법적인 제품이라도 판매하는 가게가 한정되어 있다.
- 국가나 지역에 따라서는 「비합법」이 된다.
- 비합법 제품은 당연히 꼬리 잡히기 쉽다.

문제점2

운반하기가 힘들다(기동성이 낮다)

- 총 본체가 크고 길다.
- 삼각대와 같은 옵션이 필수인 경우가 있다.
- 탄약이나 예비 탄창도 사이즈가 크다.

문제점3

탄약을 조달하기가 힘들다

- 군용 탄약을 사용하는 경우, 그만큼 조달하기 어렵다.
- 가격이 비싸다.
- 기관총의 경우는 일정량을 구하지 않으면 사용할 수 없다.

또한 「**주위에 발생하는 영향이 크다**」는 점도 약점이 될 수 있다.

- 높은 운동에너지로 무엇이든 관통.
  → 「튀거나 관통한 탄이 아무 관계 없는 인간을 살상한다」
- 넓은 범위의 적을 한꺼번에 살상.
  → 「그레네이드 등은 목표만을 노리는 것이 어렵다」
- 자신이나 동료에게 안심을 준다.
  → 「가지고 있는 것만으로 주위에 대해 위압적이다」

원포인트 잡학상식

위력이 너무 강력한 탄은 잉여 파워에 의해 총구에서 나온 직후 흔들림이 발생하기 때문에, 한동안 비행을 하여 탄이 안정되기 전에는 무엇인가에 명중을 하더라도 충분한 관통력을 발휘할 수가 없다.

개인 휴대형「핸드 발칸포」

로봇 애니메이션의 영향인지, 「발칸포」라 하면 라이플이나 머신건보다 위력이 낮은 무기라는 인식이 강하다. 필자도 어릴 적에는 「공격할 때 사용하는 것이 개틀링이고, 견제할 때 사용하는 것이 발칸포야」라고 믿고 있을 정도였다. "발칸" 이란 가정용 게임기인 "플레이스테이션" 이나 사륜구동 자동차인 「랜드 크루저」와 같은 상품명(상표)인데, 견제용 정도의 무기는 절대 아니다. 구경은 제로센(제2차 세계대전 당시 일본의 전투기)의 기관포와 같은 클래스인 20mm이고, 6개로 묶여 있는 포신이 전동이나 유압으로 회전하며 분당 4,000~6,000발의 발사 속도를 자랑하는 매우 흉악한 기관포이다.

기원이 된 것은 이 책에서도 거론된 「개틀링 건」이다. 당초에는 "병사가 사용하기에는 너무 크고, 포병이 사용하기에는 위력도 사정거리도 부족하다" 는 좋지 않은 평가를 받아 역사의 무대에서 모습을 감추었으나, 베트남 전쟁이 일어나자 전투기나 함정의 무장으로 부활하였다. 그리고 헬리콥터 탑재용으로 「미니건」이라는 소형 모델(구경 7.62mm. 발사 속도는 분당 2,000~4,000발)이 개발되면서, 영화 『프레데터』나 『터미네이터2』에서 제시 벤추라나 아놀드 슈워제네거와 같은 근육질 배우들이 미니건을 들고 난사를 하게 되었다.

발사 속도와 집탄 효과로 「페인리스 건(Painless Gun=무통증 건—맞은 순간 아픔을 느낄 새도 없이 죽는다는 의미)」이라는 별명을 가진 이 총기는, 영화 촬영용으로 만들어진 가공의 물건으로써 현실에서 영화와 같이 사격을 하려는 경우 해결해야 할 과제가 두 가지 있다.

우선 해결해야 할 과제는 중량 문제이다. 총의 무게가 18kg 이상인 데다, 사수는 무거운 전원 팩을 등에 매어야만 한다. 외부 동력으로 회전하는 개틀링식 총기는 구동용 전력 24볼트를 확보하기 위하여 약 40kg(자동차용 12볼트 1개를 20kg으로 계산)의 배터리가 필요하다. 여기에 탄약 중량(7.62mm탄 1발을 약 25g으로 계산하면 4,000발의 경우 100kg 정도)도 무시할 수 없다.

다음으로 해결해야 할 과제는 탄약의 공급 문제이다. 1초당 100발의 탄약을 소비하는 미니건은 탄약이 전부 떨어질 때까지 수십 초밖에 걸리지 않는다. 총열 과열의 영향까지 고려하면 한 번에 발사 가능한 사격 시간은 1~2초 정도로 제한되지만, 쏘고 난 다음에는 1,000발 단위로 탄약을 공급받아야 할 필요가 있다.

그러나 이러한 단점은 수요와 예산이 있다면 해결이 가능한 수준의 문제이다. 휴대전화나 노트북의 배터리는 요 몇 년간 폭발적으로 소형화, 경량화 되었고, 무거운 장비를 장시간 운용할 수 있게 도와주는 「보병용 파워 어시스트」도 연구가 진행되고 있다. 탄약 공급 문제는 개인이 대응하기에는 어려우나, 조직으로 운용을 한다면 문제가 없을 것이다.

병기로서는 비효율적인 「안티 머티리얼 라이플」도, 현재는 초 장거리 저격용 병기로서 어느 정도 지위를 확립하고 있다. 미래에 어떠한 이유로 「개인 휴대용 발칸포」가 필요한 상황이 된다면, 영화에서 보던 장면이 실현될지도 모른다.

제 2 장

에어리어 웨폰

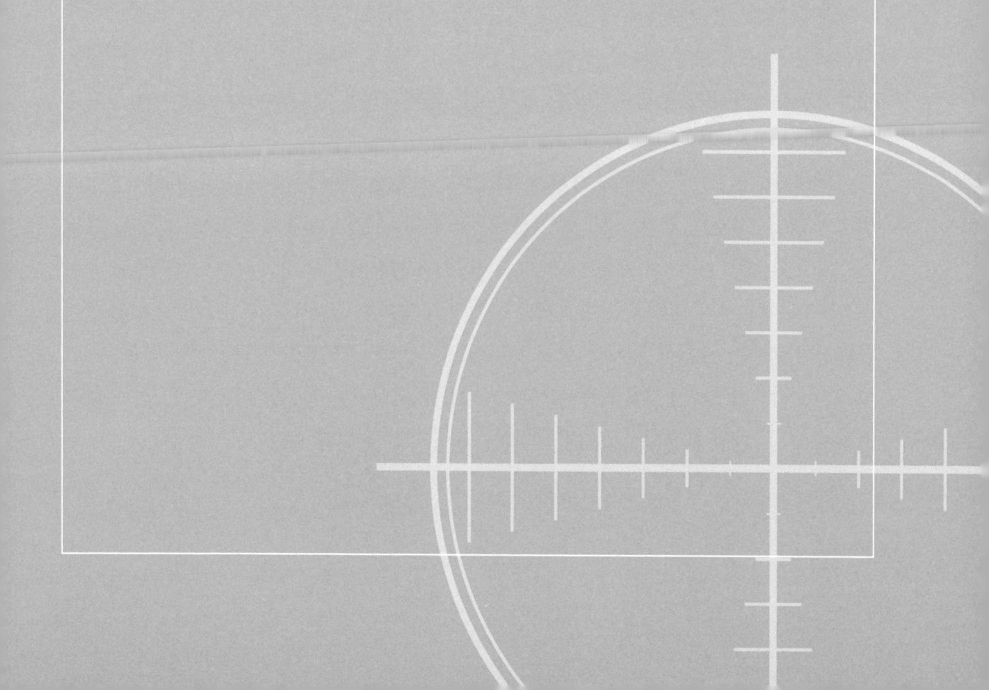

No.022

에어리어 웨폰이란 어떤 것인가?

에어리어 웨폰이란 풀 오토 사격으로 적을 제압하는 병기이다. 풀 오토란 「방아쇠를 계속 당기고 있으면 탄약이 없어질 때까지 연속 발사가 가능한 기능」으로, 짧은 시간에 탄환을 소나기 같이 퍼부을 수 있다.

● 넓은 지역에 있는 적의 행동을 제한하는 무기

에어리어 웨폰은 「광역 제압 병기」, 「면面 제압 병기」로 번역된다. 제압이라 하더라도 핵폭탄이나 네이팜탄과 같이 "효과 범위 내의 적을 전부 섬멸한다"는 의미가 아니라 일정 구역 안에 있는 적의 움직임을 봉쇄하는(머리를 들어서 주변의 상황을 확인하지 못하게 만든다. 사격하지 못하게 만든다. 이동하지 못하게 만든다…… 등) 의미가 강하다.

대표적인 에어리어 웨폰이라 하면, 역시 기관총을 들 수 있다. 겨우 몇 명이 조작하는 기관총 하나로 인해 몇 십 명, 상황에 따라서는 몇 백 명의 적 부대를 꼼짝 못하게 만들 수 있다. 제2차 세계대전 때까지는 방어 지점에 고정시켜 놓고 사용하는 「**중기관총**」과, 보병과 같이 이동하며 진지공략을 하는 「**경기관총**」이 주류였다. 그러나 위력이 강한 중기관총은 너무 무거워서 이동하기 어려웠고, 들고 이동할 수 있는 경기관총은 화력이 부족한 문제가 있었다.

전후가 되자, 중기관총과 경기관총의 중간적인 능력을 갖춘 「범용기관총」이 각국에서 생산되었다. 결국 보병 라이플의 구경이 7.62mm에서 5.56mm 클래스로 소구경화 되자, 범용기관총의 소구경화 버전이라 할 수 있는 「**분대지원화기**(SAW)」가 개발되어 근대전의 표준이 된다.

「배틀 라이플」이나 「**어설트 라이플**」과 같은 풀 오토 기능이 들어간 보병 라이플이나 권총용 탄을 풀 오토 사격을 하는 「기관단총(서브 머신건)」, 권총에 풀 오토 기능을 장착한 「**머신 피스톨**」 등도 면 제압이 가능한 에어리어 웨폰이긴 하지만, 모두 기관총보다 소형 탄약을 사용하기 때문에 사정거리나 위력은 믿을만한 것이 아니다. 또한 구조상 **탄띠급탄**식이 아니기 때문에 장시간 연속 사격이 불가능하여 그 효과도 한정적이라 할 수 있다. 그렇지만 에어리어 웨폰의 본질이란 탄막을 쳐서 「적의 행동을 막는다」는 점에 있기 때문에, 사용 방법에 따라서는 충분히 적을 "제압" 할 수 있다.

대표적인 에어리어 웨폰

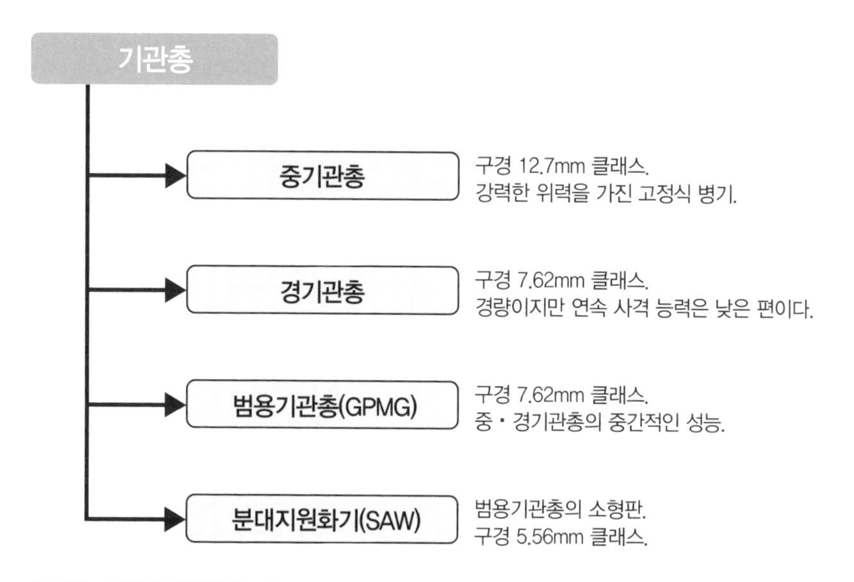

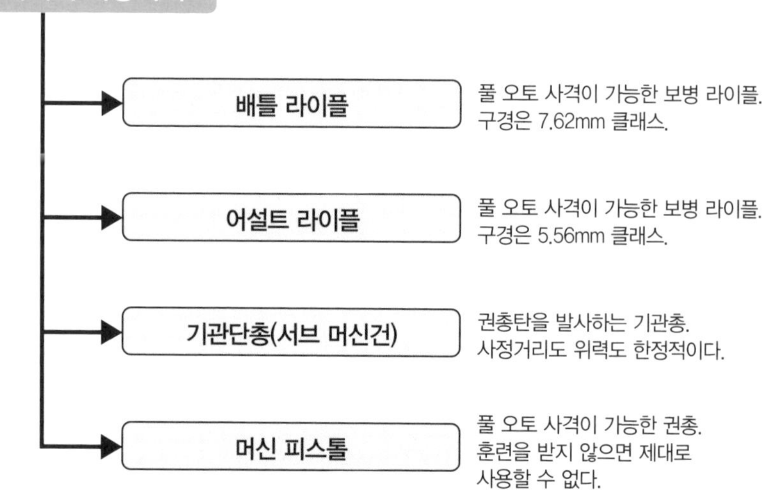

원포인트 잡학상식

에어리어 웨폰은 전차나 장갑차, 지프와 같은 차량에도 탑재되는데, 이런 경우 중량을 신경 쓸 필요가 없기 때문에 위력이 강한 중기관총을 선호한다.

No.023

기관총과 기관포의 차이는 무엇인가?

기관총과 기관포의 차이는, 발사하는 탄의 사이즈 차이이다. 라이플탄 사이즈의 「총탄」을 연속으로 발사하는 것이 기관총이고, 총탄보다 더 큰 「포탄」을 연속으로 발사하는 것이 기관포인 것이다.

● 일반적으로 「구경 20mm 이상」은 기관포

기관총은 "총" 이라는 글자가 나타내듯, 권총이나 라이플(소총), 샷건(산탄총)과 같은 종류이다. 사수가 손으로 잡는 그립이 없는 모델이 있거나 냉각용 물 탱크가 방해가 되어 「사용자가 손에 잡고 사용하는」 타입의 병기라고 딱 잘라 말할 수 없지만, 풀 오토 기능(방아쇠를 당기고 있는 동안 연속해서 탄이 발사되는 기능)이 탑재되어 있고, 1인~많아도 수 명이 운용할 수 있다면 기관총이라 분류할 수 있을 것이다.

이에 비해 기관포는, 캐넌포나 유탄포와 같은 「대포」로 분류되는 무기이다. 그리고 기관포는 "포" 라고 한 이상, 일반적으로 생각하면 「총보다 더 위력이 강한 화기」 라는 범주로 구분된다. 실제로 국가나 시대에 따라 기준은 다르지만 「구경 20mm 이상의 탄약을 사용하는 기관총」은 일반적으로 기관포라 불렸다. 즉 기관포란 "대포 클래스의 기관총" 이기도 하며, 그 숫자를 세는 단위도 대포를 셀 때 사용하는 「문(門)」 이다.

총보다 큰 사이즈(=대구경)의 탄약을 사용하면, 탄두도 무겁고 장약(발사용 화약)의 양도 많아진다. 그 때문에 기관포는 기관총보다 사정거리가 길고 위력이 강하고, 또한 강력한 탄약을 사용하는 것에 견딜 수 있도록 총열이나 기관부의 구조가 튼튼하게 만들어져 있다. 고공으로 비행하는 항공기까지 탄이 도달하기 때문에 대공병기로도 사용된다.

이러한 기관포 클래스의 에어리어 웨폰은 대형이며 무겁고 반동도 강력하기 때문에 전투 차량이나 항공기에 탑재되거나 토치카와 같은 진지에 설치되는 것이 표준이다. 하지만 기관총의 경우는 「차량이나 항공기에 탑재하여 사용한다」, 「삼각대를 사용하여 지면에 놓고 사용한다」, 「라이플과 같이 병사가 들고 쏜다」 와 같은 여러 가지 운용 방법이 있어서 이것에 맞춘 여러 가지 모델이나 베리에이션이 만들어지고 있다.

기관총과 기관포

기관총

- 구경 20mm 미만의 풀 오토 사격이 가능한 자동화기.
- 총의 범주에 들어가기 때문에 단위는 「1정」.

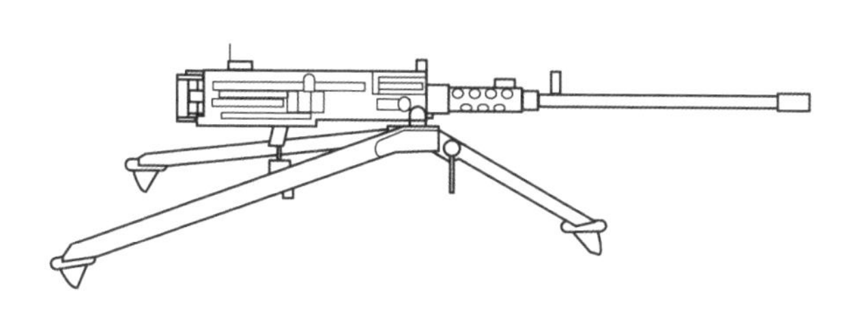

기관포

- 구경 20mm 이상의 풀 오토 사격이 가능한 자동화기.
- 대포로 취급하기 대문에 단위는 「1문」.

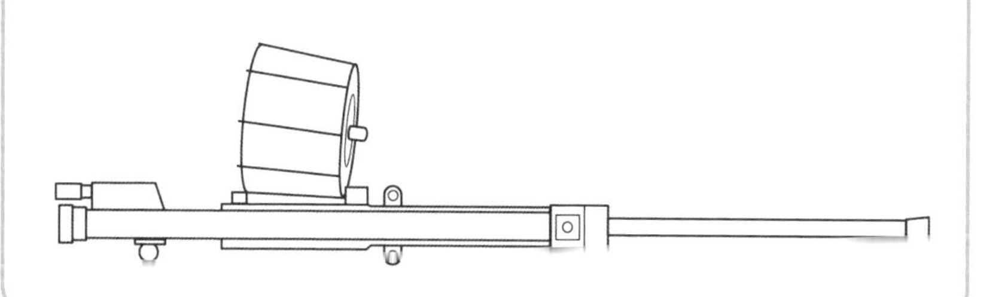

기관총과 기관포의 경계가 되는 구경은, 같은 시대 같은 국가 안에서도 조직에 따라서 다른 경우가 존재한다.

예를 들어 제2차 세계대전 당시의 일본에서는……
육군 : 6.5mm, 7.7mm, 7.92mm가 기관총, 12.7mm 이상은 기관포
해군 : 40mm 이하로 연속 사격이 가능한 것은 전부 기총, 40mm을 넘기면 기관포

원포인트 잡학상식

일반적으로「기관포」→「기관총」→「자동소총&돌격총」→「기관단총」의 순서로 위력이나 사정거리가 약해진다고 생각하면 된다.

No.024

개틀링 건은 포? 아니면 총?

미국인 의사 개틀링이 만들어낸 다총열 수동회전식 자동화기는, 영어로 「Gatling Gun」이라 적는다. 이를 번역하면서 「개틀링 포」나 「개틀링 총」 등, 자료에 따라서 복수의 표기 방법이 존재한다.

● 「Gun」이란 단어가 의미하는 것

개틀링 건은 리쳐드 J. 개틀링이 1862년에 세상에 내놓은 「다총열 수동회전식 자동화기」이다. 복수의 총열을 묶고 그것을 회전시켜 탄약의 장전, 발사, 배출을 연속으로 수행하는 구조로 되어있고, 동력은 수동 크랭크를 직접 손으로 돌려서 발생시키는 구조로 되어있다.

탄약의 위력이 그렇게까지 강하지도 않았고 당시의 금속 가공 기술이 미숙하였기 때문에 자주 고장을 일으켰지만, 미국 남북전쟁 이후 「호치키스 기관총」이나 「맥심 기관총」과 같이 외부의 힘(인력)을 사용하지 않는 기관총이 출현할 때까지, 그런대로 실용적인 자동화기로서 한 시대를 풍미하였다.

이 개틀링 건을 「포」로 볼 것인가 「총」으로 볼 것인가, 현재의 번역 자료에서는 양쪽 다 혼재하고 있는 것이 현실이다. "개틀링"의 부분에 있어서는 고유명사(라기 보단 이 병기의 이름)이기 때문에 표기에 있어 특별한 문제는 없지만, 문제는 "Gun" 부분이다. 풀오토 사격이 가능한 자동화기는 「기관총(기총)」이나 「기관포」 등 여러 가지이다. 기본적으로는 구경 사이즈에 따라 총, 포를 구별하지만, 영어의 「건(Gun)」이란 말에는 총과 포 양쪽의 의미가 있다. 즉 기관포를 반드시 「머신 캐넌(기관포)」나 「오토 캐넌(자동포)」이라 부르는 것은 아니다.

또한 개틀링 건은, 형태나 구경에 있어 많은 베리에이션이 존재한다. 현재는 구경 20mm 이상의 화기는 「포」라고 하는데, 개틀링 건에도 구경 20mm을 넘는 모델이 존재하였다. 포라 불러야 한다는 의견에는 「"Gun" 이란 포도 포함하는 말이다」, 「운용 방법이 대포와 같기 때문에 포」라는 이유가 있다. 한편 총이라는 의견에는 「원어가 "개틀링 캐넌 Gatling Canon" 이 아닌 이상, 그대로 총이라 불러야 한다」, 「머신건의 번역이 "기관총" 이라면, 개틀링 건=개틀링 총이 맞지 않나?」라는 주장이 있다.

개틀링이 고안한 수동회전식 자동화기

대량의 탄을 연속해서 발사하고 싶다는 생각은 예전부터 존재하였다. 여러 모델이 시험적으로 만들어진 후, 실용적인 자동화기로서 처음 등장한 것이 개틀링 건이었다.

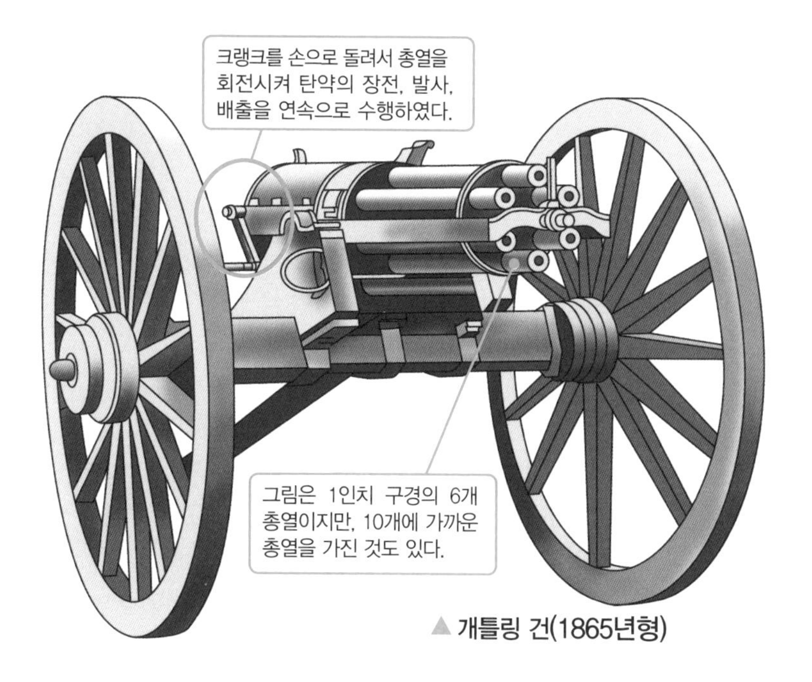

▲ 개틀링 건(1865년형)

개틀링 건의 번역은……?

「개틀링 포」 파 ⟶ "Gun" 은 포도 포함하는 말이다.
⟶ 운용법이 대포와 같다.

「개틀링 총」 파 ⟶ 원어가 "Canon" 이 아닌 이상, 그래도 총이라 불러야 한다.
⟶ 머신건=기관총이라면, 개틀링 건=개틀링 총이다.

스턴 건을 「스턴 총」이라 번역하지는 않듯이, 그대로 「개틀링 건」이라 부르는 것이 가장 좋다고 여겨진다.

원포인트 잡학상식

막부 말기*에 일본에 들어온 개틀링 건은 「14.7mm(58구경)」나 「25.4mm(1인치 구경)」 모델이었다고 한다.

* 정확하게 정의를 내릴 수는 없지만, 통상적으로 흑선 내항(1853년)부터 보신전쟁(1869년)까지의 시대를 가리킨다.

No.025

옛날 기관총에는 물 탱크가 붙어 있었다?

기관총이 보병용 병기 중에서 중요한 위치를 차지하게 된 것은 20세기에 들어와서 얼마 지나지 않은 때였는데, 당시의 기관총은 물로 총열의 과열을 방지하고 있었다. 이러한 방식의 기관총을 「수냉식」, 「수냉기관총」이라 부른다.

● 열을 빼앗는 데는 물이 최고

군용 총기는 화승총과 같이 전장식의 단발총(싱글샷)에서 **리볼버**나 볼트 액션 라이플과 같은 수동식 연발총, 그리고 **개틀링 건**으로 대표되는 인력 구동식 자동화기로 발전하였다. 개틀링 건의 발사 속도는 수동식 연발총과는 비교할 수 없을 정도로 빨랐지만 얼마 후에 프랑스에서는 가스압을 이용한 「호치키스 기관총」이, 영국에서는 반동을 이용한 「맥심 기관총」이 개발되었다. 이렇게 되자 부품수가 많고 관리가 어려운 개틀링 건을 이러한 기관총이 대신하게 되었다.

사람의 힘이 아닌 완전 자동식으로 구동하는 기관총은 개틀링 건보다 구조가 단순해진 반면에, 생각 없이 장시간 사격을 계속하면 총열이 타서 늘어붙어 사용을 할 수 없게 되는 위험성이 있었다. 개틀링 건은 총열이 6개~10개 정도로 여러 개가 있기 때문에, 1발을 쏘고 난 후 다음 탄을 쏠 때까지 시간적 여유가 조금은 있다. 이 시간적 여유를 이용하여 총열의 열을 식힐 수 있었으나, 총열이 1개밖에 없는 기관총에는 열이 계속 쌓이게 된다.

그렇기 때문에 총열 커버(**배럴 재킷**) 안에 물을 채워 넣어 과열되지 않도록 냉각하는 워터 재킷이 고안되었다. 이것은 자동차의 엔진을 냉각시키는 라디에이터와 비슷한 것으로, 총열의 열을 빼앗은 물은 호스를 통해서 물 탱크로 모아지고 나중에 다시 재킷 안으로 돌아간다. 물론 이것으로 영원히 계속 사격을 할 수 있는 것은 아니지만, 적어도 탄이 없어지기 전에 총열이 타서 늘어붙어 사용을 못하는 일은 없어졌다.

이렇게 연속 사격이 가능하게 된 기관총은, 러일전쟁에 본격적으로 투입되어 그 위력을 세계적으로 증명 받았다. 여기에 참호전이 펼쳐졌던 제1차 세계대전에서는 방어진지에 듬직하게 놓여진 「수냉기관총」이 철조망에 막힌 적병을 쓰러트리고 전선을 교착 상태로 만들게 되었다.

연속 사격에 대비하여 총열을 냉각

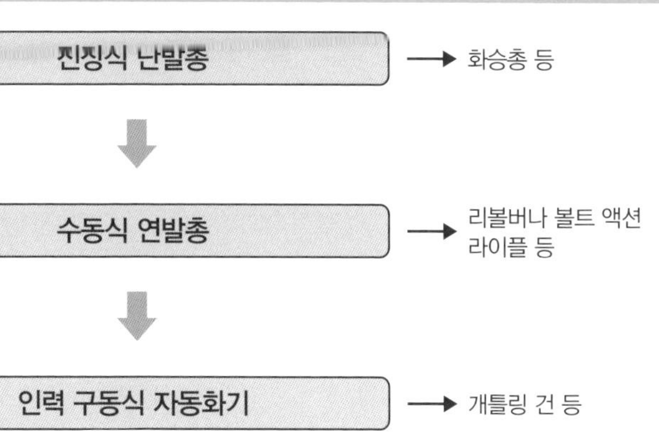

완전 자동식 자동화기

장시간 사격을 계속하면 사용불능이 되어버릴 위험이 있기 때문에 물을 사용하여 냉각하게 되었다.

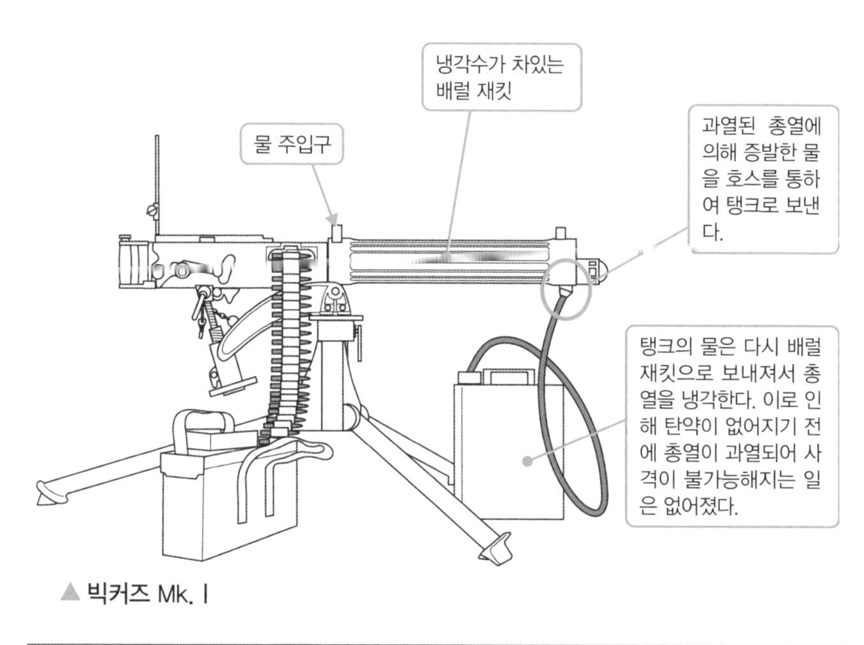

▲ 빅커즈 Mk. I

원포인트 잡학상식

수냉기관총은 총열 냉각 효과는 뛰어났으나 전장에 따라서는 물 조달에 어려움을 겪었다.

No.026

중기관총은 혼자서는 운반할 수 없다?

중기관총이란 두 번의 세계대전에서 현대에 이르기까지 계속 사용된 대구경 기관총을 총칭하는 말이다. 탄약 사이즈는 대략 50구경(12.7mm) 클래스로, 진지 방어나 경장갑 차량을 공격하는데 사용되었다.

● 혼자서 운반하려는 것이 잘못

제1차 세계대전에서 위력을 발휘했던 「기관총」은, 보병화기로서 중요한 역할을 담당하였다. 그러나 기관총 본체는 물론이거니와, 안정용 삼각대나 냉각수 탱크와 같은 부속품으로 인해 부피가 커졌기 때문에 1명의 병사가 단독으로는 절대로 운반할 수 없는 물건이었다.

중기관총은 강력한 탄약을 연속해서 발사하기 때문에 총 자체도 튼튼하고 무겁게 만들어졌다. 반동도 강하기 때문에 총을 **삼각대**에 거치하여 지면에 놓던가 마운트(총가)를 이용하여 차량에 탑재하는 것이 일반적이다.

그 때문에 사수가 총을 잡기 위해 쥐는 그립이나 운반하기 위한 **운반손잡이**가 장착되어 있지 않은 모델이 많다. 원래 기관총이라는 것은, 구조는 권총이나 라이플과 같은 "총"이지만 운용법은 총이라기 보다는 오히려 진지에 고정하고 사용하는 「대포」에 가까운 것이었다.

즉 중기관총은 「매우 무거워서 운반할 수 없다」기 보다는, 처음부터 「운반하는 것을 전제하지 않고 설계하였다」고 생각하는 것이 올바르다. 개인이 아닌 2명 이상, 4명 정도의 팀으로 운용되는 것을 전제하고 있어 운반해야 할 때에도 기관총의 총열, 기관부, 삼각대 등으로 분해하고 각자가 운반하거나, 분해가 불가능한 경우에는 「가마를 메듯이」 여러 명이서 메고 억지로 이동시켰다

두 번의 세계대전 중에는 중기관총을 소형화, 경량화 시켜서 1명이 운용을 할 수 있는 **경기관총**이 개발되었다. 그러나 「무겁다」는 약점을 가지고 있으면서도, 튼튼하고 장시간 사격이 가능하였던 중기관총은 그대로 사용되었다. 중기관총과 경기관총을 겸한 **범용기관총**이 등장하고 나서는 서서히 사라지게 되었으나, 그래도 『브라우닝 M2』와 같이 일부 모델은 지금까지도 사용되고 있다.

중기관총은 여러 명이 운반하였다

중기관총은……

- 진지에 설치하여 사용하는 「방어용 머신건」.
- 크고 무거웠기 때문에 조작에는 적어도 수 명이 필요했다.

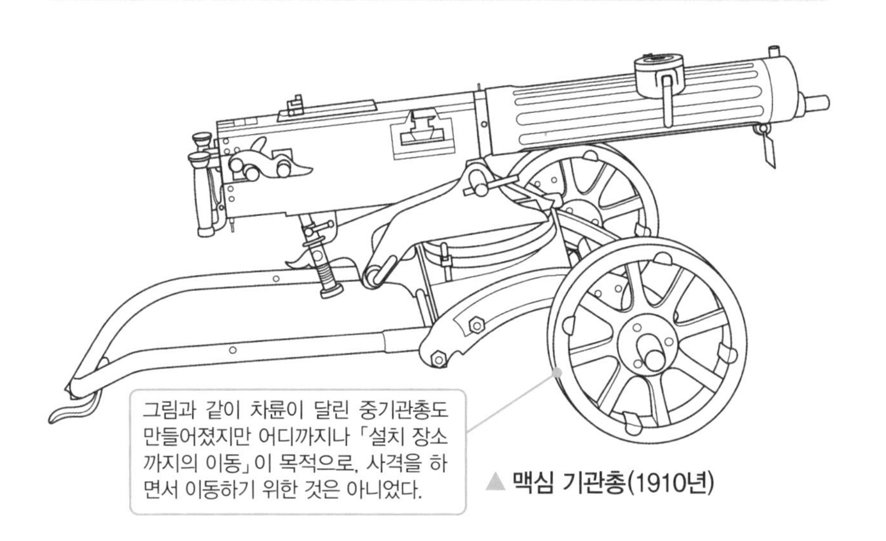

▲ 맥심 기관총(1910년)

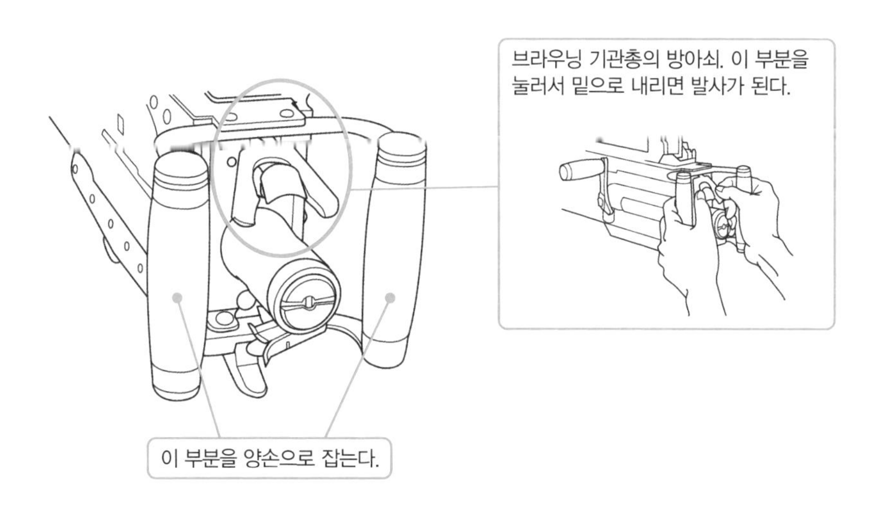

원포인트 잡학상식

「중기관총」이란 다른 기관총과 상대적으로 비교하여 부르는 것으로, 더욱 가벼운 「경기관총」과 「범용기관총」을 기준으로 분류하는 것이다.

No.027

경기관총은 타협의 산물이다?

경기관총이란 중기관총보다 가볍고 개인이 운반할 수 있는 기관총을 총칭하는 것이다. 중기관총은 강력한 병기이지만 이동시키기가 어려웠기 때문에 위력이나 연속 사격 능력을 어느 정도 포기하여, 가벼워서 운반할 수 있는 경기관총이 탄생하였다.

● 보병팀의 화력을 강화

제1차 세계대전은 진지전(참호전)이었다. 서로의 진지에 설치된 기관총은 연속 사격에 의한 화력으로 철벽 같은 방어를 자랑하였으나, 이는 동시에 어느 쪽의 돌격도 상대의 기관총에 막혀서 실패한다는 것을 의미하였다.

기관총탄이 닿지 않는 원거리에서 포격을 하여 진지나 참호를 파괴하려 시도하였으나, 당시의 대포는 정밀도나 파괴력이 좋지 않았다. 그 정도가 아니라, 포격으로 잔뜩 구멍이 난 지면 때문에 돌격병이 전진을 할 수 없게 되는 경우도 적지 않았다.

그래서 고안해낸 것이 "기관총에는 기관총으로 대적하자"는 전술이었다. 당시의 기관총은 크고 무거워 병사들이 운반하면서 싸우는 무기가 아니었다. 그것을 어떻게든 운반할 수 있을 정도로 가볍게 만들어서, 진지에 돌진하는 아군 부대를 원호할 수 있게 하려는 것이었다.

이러한 기관총은 경기관총이라 불렸다. 경량화를 위하여 탄약을 소형화 하고 **탄띠 급탄**이나 수냉식 총열 냉각 구조도 장착하지 않았기 때문에, 정면으로 진지에 설치된 기관총(경기관총과 구별하는 의미에서 「**중기관총**」이라 불리게 되었다)과 서로 정면에서 사격을 하는 경우에는 불리하지만, 지금까지 세미 오토의 보병 라이플만 있었던 돌격 부대에게 기관총의 존재는 매우 든든한 것이었다.

결국, 경기관총으로 돌격하여 중기관총 방어진지를 돌파하는 전술은 효과가 거의 없었지만, 중기관총을 「방어용 머신건」, 경기관총을 「공격용 머신건」이라고 분류하는 사고 방식은 이 때 만들어진 것이다.

경기관총은 이동성을 중시한 간이 기관총이다. 그 때문에 일반적인 인상과는 다르게, 공격용으로 불리는 경기관총이 상대적으로 낮은 능력을 가지고 있다. 그러나 공격하는 쪽은 사격 장소를 선택하기 쉽고, 적의 기관총 진지에 여러 정의 경기관총으로 집중 사격을 하는 것도 가능하기 때문에 단순하게 비교를 하는 것은 어렵다.

보병과 함께 적진으로

경기관총이란 보병과 같이 전진하기 위해 중기관총을 가볍게 하여 운반이 가능하도록 만든 것이다.

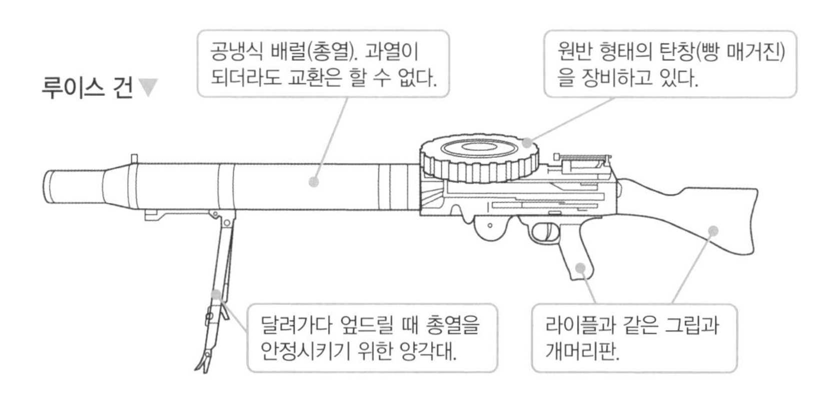

경기관총의 특징

- 물은 무겁기 때문에 총열 냉각은 공냉식이다.
- 안정용 양각대가 장착되어 있다.
- 급탄 방식은 탄창(매거진)식.

원포인트 잡학상식

브렌 기관총의 「Bren」이란 개발, 제조에 참가하였던 체코슬로바키아의 브르노 총기창(Br)과 영국의 엔필드 병기창(En)의 글자를 합친 것이다.

No.028

"톱"이라는 별명을 가진 기관총은?

제2차 세계대전 당시 독일의 총기는 「어설트 라이플」, 「9mm구경 더블 액션오토」와 같이 전후의 표준을 앞서는 것이었는데, 기관총 분야에서도 「범용기관총의 선구자」라 불리는 모델이 존재하였다.

● 히틀러의 전기 톱

제1차 세계대전에 패한 독일은 조약으로 인하여 보병용 자동화기의 개발을 제한 당했지만, 옆 나라인 스위스에 유령 회사를 차리고 병기 개발을 계속하였다. 이 상황에서 만들어진 것이 『MG34』라는 **경기관총**이었다.

MG34는 탄창식이 기본이었던 당시의 경기관총과는 다르게, **탄띠 급탄**으로 장시간 사격이 가능하였다. 탄띠식의 약점이었던 운반이 불편하다는 점을 드럼식 벨트 홀더로 커버하고, 장시간 사격에는 총열을 튼튼하게 만드는 것이 아니라 교환을 할 수 있는 형태로 대응하였다. **삼각대**에 올려놓으면 **중기관총**과 같이 운용할 수 있는 획기적인 모델이었으나, 군용 총기로서는 구조가 지나치게 복잡하였기에 생산에 시간이 걸리고 모래나 진흙, 눈에 약한 단점이 있었다.

MG34의 성능과 컨셉을 계승하면서 구조를 개선한 모델이, 1942년에 제식화된 『MG42』였다. MG34의 절삭 가공과는 달리 프레스 가공을 대폭 채용하여 생산성을 향상시켰다. MG42의 특징인 「리코일 부스터」를 장착하여 상승한 **발사 속도**로 인해, 풀 오토 사격시의 사격음이 「탕탕탕탕!」과 같은 끊기는 음이 아닌 「파--앙!」과 같은 연속되는 음으로 들렸다고 한다.

이런 특유의 발사음 때문에, 연합군 병사는 MG42에 「히틀러의 전기 톱Hitler's Buzzasaw」이라는 별명을 붙였다. 또한 발사 속도가 빠른 기관총의 경우, 연속 사격이 선이 되어서 겹치면서 목표를 절단하는 일이 종종 있었다. 그 때문에 독일 병사들 사이에서는 MG42를 「노래하는 톱」이라든가 「뼈톱(손으로 저미는 조리용 톱)」이라 불렀다고 한다.

MG42와 MG34는 부품의 호환성은 거의 없으나, 탄약과 **드럼식 매거진**은 같이 사용할 수 있었다. 전후에 MG42의 탄약을 NATO 공용 탄약으로 변형한 모델이 「MG3」로서 서독이나 NATO 각국에서 사용되었다.

이것이 히틀러의 전기 톱

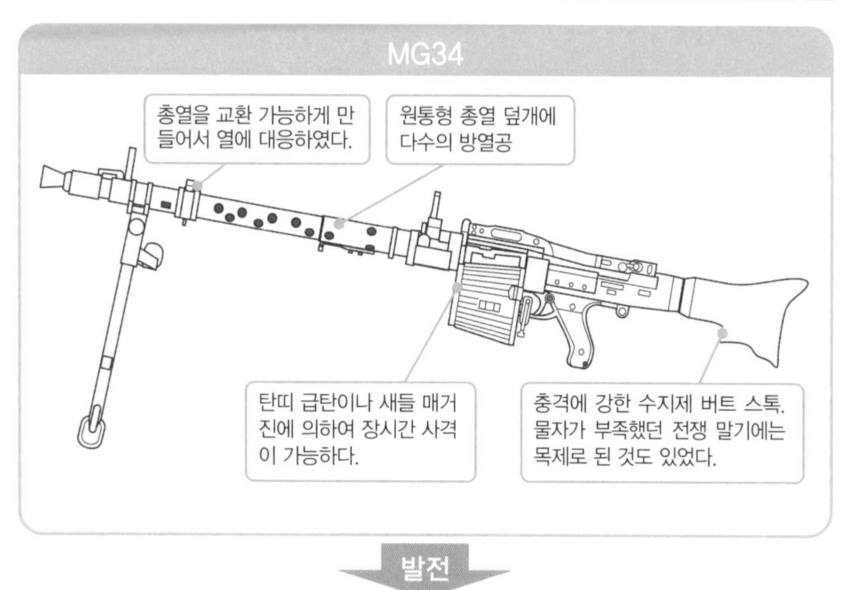

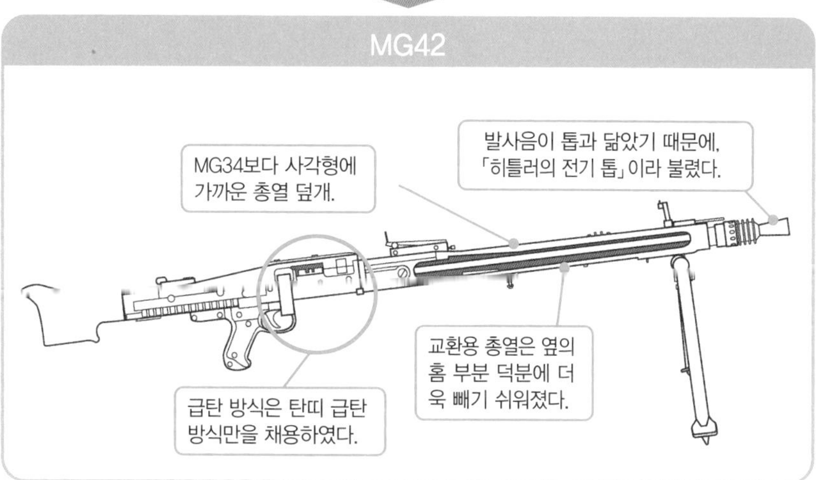

병사 개인이 들고 다닐 수 있는 기관총으로 벨트 링크를 사용한 모델은 다른 나라에서는 예를 찾아볼 수가 없어서, 50~250발의 탄약을 휴대 가능한 MG 시리즈는 장탄수 20~30발 전후의 탄창식 경기관총을 화력으로 압도하였다.

원포인트 잡학상식

풀 오토(연사)와 세미 오토(단사)를 구분해서 사격할 수 있었던 MG34에 비하여 MG42는 풀 오토 사격만 가능하였지만, 연사의 사이클(발사 속도)이 빨랐기 때문에 대공 공격이나 지역 제압에서도 위력을 발휘하였다.

No.029

『BAR』이란 어떤 총인가?

BAR이란 「브라우닝 오토매틱 라이플」의 약자로서, 범용기관총이 등장하기 이전에 미군이 채용한 풀 오토 사격이 가능한 라이플이다. 설계를 한 사람은 『M2 중기관총』에도 손을 댄 존 M. 브라우닝이다.

● 전장의 병사들에게는 신뢰받았다

제1차 세계대전부터 제2차 세계대전에 걸쳐, 각국에서는 보병 지원용으로 여러 가지 자동화기가 개발되었다.

그 중에서도 미군이 투입한 것이 『BAR』이라는 자동화기이다. 독일의 『MG34』나 『MG42』등이 "**중기관총**의 경량화 버전"이라 할 수 있는 **경기관총**이었던 것에 비해, BAR은 "**풀 오토** 사격이 가능한 라이플"이라는 관점에서 만들어졌다. BAR이란 「브라우닝 오토매틱 라이플」의 약자로서, 설계한 사람은 중기관총인 『브라우닝 M2』에도 손을 댄 존 브라우닝이다.

또한 독일의 MG 시리즈가 **탄띠 급탄** 방식을 채택한 것과는 달리, BAR은 탄창(매거진)식을 채택하였다. 장탄수가 20발밖에 되지 않아서 탄을 전부 다 쏘면 탄막이 중간에 끊기는 단점이 있었으나, 벨트식보다 더 빠르게 탄창을 교환(매거진 체인지)할 수 있다는 장점도 있었다. 미군은 BAR 사수에게 예비 탄창을 잔뜩 휴대하도록 하여 장탄수 부족을 보충하였다. 제2차 세계대전에서는 미국 본토가 전장이 되지 않았기 때문에 한 번 쓰고 버리는 탄창을 대량으로 생산할 수 있었던 것도 이러한 이유 중의 하나일 것이다.

중량은 8kg 이상으로 꽤나 무거운 부류에 속하지만, 이 무거운 중량 덕분에 풀 오토 사격 때 탄도가 안정되었다. 그러나 총열 교환 기능이 없고 총열도 방열을 고려한 설계는 아니었기 때문에, 아무리 예비 탄창을 많이 준비하더라도 MG 시리즈와 같은 연속 사격을 하기에는 무리가 있었다.

한정된 풀 오토 사격만이 가능하고 무거우며 장탄수도 적었던 BAR이었지만, 구조가 단순하였기 때문에 쉽게 고장이 나거나 작동 불량을 일으켰던 당시의 자동화기 중에서는 「필요할 때 확실히 작동한다」는 신뢰성으로 현장의 미군 병사들에게 믿음직한 존재였다.

경기관총으로 사용되었던 자동 라이플

BAR=브라우닝 오토매틱 라이플의 약자
즉 풀 오토 사격(연사)이 가능한 라이플

▲ BAR (M1918A2)

제1차 세계대전 말기에 등장한 BAR 오리지널은 풀 오토와 세미 오토 양쪽 다 사용이 가능하였다.

개량형인 A2는 고속(분당 500발), 저속(분당 350발)의 전환만 가능한「풀 오토 사격 전용」모델.

BAR은 당시의 제식 라이플인『M1 개런드』와 같은 탄약을 사용하였기 때문에 보급이 밀리더라도 탄이 없어질 위험성은 적었다. 탄약이 호환되도록 하여 지원화기를 효율적으로 운용하는 방식은 이후의 분대지원화기(SAW) 사상에 계승되었다.

원포인트 잡학상식

BAR은 제2차 세계대전이 끝나면서 생산 중지가 되었지만 한국전쟁이나 베트남전쟁에서 재생산되었다. 세미 오토 기능을 부활시킨 모델도 만들어졌다.

No.030

범용기관총에는 어떤 특징이 있는가?

범용기관총이란 「공격용 경기관총」과 「방어용 중기관총」, 양쪽의 역할을 무리 없이 수행할 수 있도록 설계한 기관총이다. 범용기관총의 선구자적 역할을 한 것이 제2차 세계대전 때의 독일이었고 전후 미국이 그 사상을 계승하였다.

● 기능만 많고 실속이 없다는 말을 듣지 않도록……

범용기관총이란 「General Purpose Machine Gun」이라는 영어를 번역한 것으로, 앞 문자를 따서 「GPMG」라고 불리는 경우도 많다. "범용" 이란 단어가 주는 느낌에서 특징이 없다, 양산형과 같은 인상을 받을 수 있지만, 또 한 가지의 의미인 「다용도」 쪽이 운용상의 위치를 정확하게 보여주는 것이라 할 수 있겠다.

여기서 다용도란 「최소한의 장치로 여러 가지 용도로 사용할 수 있다」는 의미이다. 보통 때는 **양각대**를 장착하여 **경기관총**으로 사용하고, 진지 방어를 할 때는 **삼각대**에 올려놓고 **중기관총**으로 운용한다. 차량이나 선박, 헬리콥터에 탑재할 수도 있고, 전용 대공 마운트에 장착하면 대공 기총의 대용으로도 사용할 수 있다.

제2차 세계대전에서 독일이 개발한 『MG34』나 『MG42』를 기원으로 하는 이러한 생각은 전후 일반적인 것이 되어, 각국에서 같은 개념의 기관총을 제조하게 되었다.

범용기관총은 원래 MG 시리즈의 사상을 발전시킨 것이기 때문에, 일반적으로는 경기관총으로 사용하는 경우가 많다. 그러나 7.62mm 클래스의 대형 탄약을 사용하고 총열 교환 기능을 갖추어 연속 사격 능력을 높였기 때문에, 중기관총으로도 충분히 통용된다.

영화 『람보』에서 실베스터 스텔론이 신나게 쏘아대던 『M60』도 이런 범용기관총 중 하나이다. 당시에는 제식 라이플이었던 『M14』와 같은 탄약을 사용하며 『BAR』과 『M1 개런드』와 같이 탄약에 호환성이 있었으나, 베트남전쟁 때 보병 라이플이 5.56mm탄을 사용하는 『M16』으로 바뀌었기 때문에 **분대지원화기** 『M249』가 제식화 될 때까지 미군은 보병용 탄약을 통일하지 못하였다.

「여러 용도로 사용할 수 있는 것」이 최대 특징

GPMG=General Purpose Machine Gun
여러 용도로 사용할 수 있는 기관총을 의미.

중기관총으로

삼각대에 올려놓고
진지 방어.

차량 탑재(헬기 탑재) 기관총으로

차량 탑재(헬기 탑재) 기관총으로 지프나 장갑차와 같은 지상 차량이나 헬리콥터에도 탑재 가능.

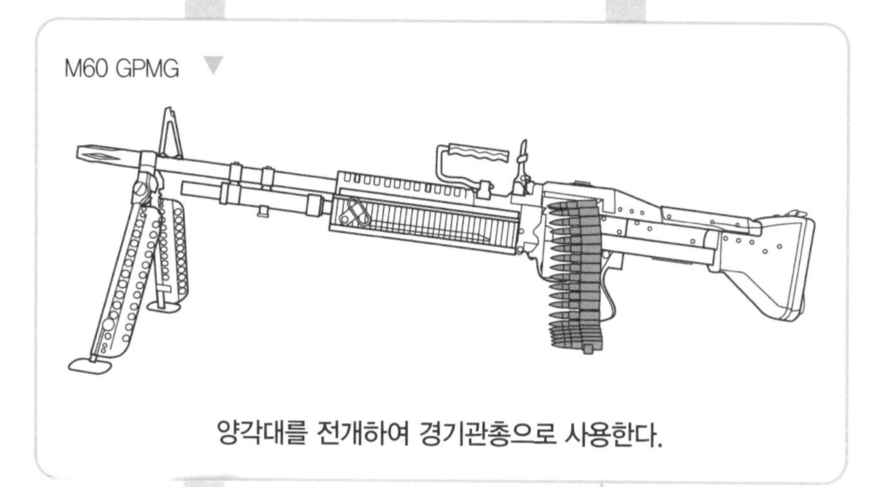

양각대를 전개하여 경기관총으로 사용한다.

여러 목적으로 사용하는 것이 가능하면서, 동시에 각각의 목적에 충분한 기능을 발휘하는 것은 어렵다. 『M60』도 베트남전쟁 이후에 많은 개량과 사양 변경을 거듭하였다.

대공 마운트에 올려놓고
항공기를 공격.

대공기관총으로

원포인트 잡학상식

분대지원화기(SAW)의 등장에 의해 경기관총의 역할에 대한 기대가 적어진 지금, 범용기관총은 7.62mm의 긴 사정거리를 활용하여 차폐물이 적은 장소의 방어전에서 활약하고 있다.

No.031

분대지원화기(SAW)의 운용 사상이란?

SAW란 「Squad Automatic Weapon」의 약자로서 일반적으로 5.56mm~7.62mm 정도의 구경을 가진, 개인 운용이 가능한 기관총이다. 원호 사격을 하기 위해, 일반적으로 일개 보병분대(혹은 일개 보병소대)에 1~2정이 배치된다.

●분대를 원호 사격하는 간이 기관총

「분대Squad」란 소대보다 더 소규모의 부대로, 약 10명 전후의 보병으로 결성된 전투의 최소 단위이다. 분대지원화기SAW는 분대가 전진, 돌격하거나 방어 태세에 들어갈 때, 적의 부대를 목표로 탄막을 깔아서 원호를 하는 역할을 담당한다.

이렇게 "적의 시야 확보를 막는" 원호 사격(제압 사격)은 원래 더욱 상위(규모가 큰) 부대에 배치되어 있는 **중기관총**의 역할이었으나, 부대의 공격성 공률을 높이기 위해서는 직접 기관총을 갖추는 것이 효율적이라는 생각에서 원호용 화기가 분대 수준까지 내려온 것이다.

베트남 전쟁 때의 미군에서는 **범용기관총**인 『M60』이 분대지원화기의 역할을 하였지만, 무게가 무겁고 제식 **어설트 라이플**인 『M16』과 사용 탄약이 다르다는 문제가 있었다. 더욱이 M16의 개량형인 『M16A2』에는 **풀 오토** 사격 기능이 없었기 때문에 탄막의 효과도 적어서, 벨기에의 FN사가 개발한 MINIMI 기관총을 『M249』라는 명칭으로 도입을 하여 이 문제를 해결하였다.

SAW는 분대의 인원들과 같이 면밀하게 움직일 필요가 있고 상황에 따라서는 돌격에 참가할 가능성도 있기 때문에, **경기관총** 수준까지 경량화를 시킬 필요가 있다. 적의 집중 공격을 받는 상황에서는 방어용으로도 사용하지만, 기본적으로는 공격용 기관총이기 때문에 범용기관총과 같이 「상황에 맞춰서 삼각대를 설치하고 구성된 진지의 일부가 되는」 경우는 없다.

어떠한 병기를 분대지원화기로 사용하는지는 각국의 군대가 고민하고 있으나 명확한 기준은 없다. 미군은 "처음부터 분대지원화기로 설계된 총"을 채용하였지만, 러시아(구 소련)나 영국군은 강화 어설트 라이플이라고도 할 수 있는 「중돌격총」을 분대지원화기로서 운용하고 있다.

현대판 경기관총

SAW = Squad Automatic Weapon
분대지원용 자동화기(기관총)를 의미한다

▲ M249 SAW

미국의『BAR』　　**소련의『RPD 경기관총』**

이들 구식총도 탄약 사이즈는 7.62mm 클래스로 대형이지만, 보병 라이플과 탄약을 공유하고 있다는 점에서는 분대지원화기의 선구자라고도 생각할 수 있다.

원포인트 잡학상식

미 육군의 테스트 결과에 따르면, M249는 M16의「12배의 화력을 가지고 있다」고 추정된다.

No.032

어설트 라이플은 기관총이 아니다?

어설트 라이플이란 풀 오토 사격이 가능한 보병용 라이플이다. 마찬가지로 풀 오토 사격이 가능한 「오토매틱 라이플(말하자면 자동소총)」 보다 소형의 탄약을 사용하는 것이 특징으로, 그만큼 많은 탄약을 소지할 수 있다.

● 오토매틱 라이플의 발전형

미국의 『M16』 이나 소련의 『AK74(칼라슈니코프)』 라이플을, 방송에서는 기관총(머신건)이라 표현하는 경우가 있다. 물론 「탄환을 연속으로 발사(**풀 오토** 사격)할 수 있다」는 구조상의 분류, 혹은 픽션에서의 "알기 쉬운" 차원의 이야기라면 어설트 라이플을 기관총과 같은 종류로 취급하는 것이 완전히 틀렸다고 이야기할 수는 없다. 그러나 무기를 운용하는 방법을 기준으로 이야기하자면, 양쪽을 명확하게 구분하여야 한다.

기관총이란 「탄을 연속으로 발사하여, 장시간 사격을 할 수 있는」 병기이다. 이 특징 그 자체가 기관총의 존재 의미로서, **총열 교환** 기능을 가진 모델이나 **탄띠 급탄** 방식에 의한 연속 사격 능력 등, 기관총이란 병기가 등장하고 여러 시행 착오를 거듭하여 이러한 연구의 결과가 설계에 반영되었다.

이에 비하여 어설트 라이플의 풀 오토 사격은 갑자기 적을 만났거나 돌격전과 같은 "한정적" 인 상황에서 사용될 뿐으로, 연속 사격을 하여 탄막을 펴는 것이 주목적인 병기로 만들어지지 않았다. 특히 훈련 수준이 낮은 병사는 총격전에서 쓸데없이 사격을 하여 탄약을 낭비하는 경우가 많아서, 얼마 지나지 않아 탄약이 떨어지게 된다.

그 때문에 미군 등 여러 나라에서는, 현재 운용하고 있는 일반병사용 어설트 라이플 『M16A2』의 풀 오토 기능을 폐지했을 정도이다(그 대신 A2 모델에는 탄환을 3발만 연속 사격이 가능한 「3점사」 기능이 탑재되어 있다. 단 특수부대에서 사용하는 모델에는 풀 오토와 세미 오토 전환 기능이 사용된다).

즉, 똑같이 풀 오토 사격이 가능한 자동화기라고 하더라도 기관총은 「풀 오토 사격을 전제로 설계한」 총이고, 어설트 라이플은 「보통은 세미 오토로 사격을 하면서, 필요할 때는 풀 오토 사격도 가능한」 총이다. 기관총 중에도 어설트 라이플과 같은 클래스의 탄약을 사용하는 5.56mm구경 모델이 있으나, 이 역시 설계할 때 전제한 운용 방법이 다르기 때문에 내부의 구조는 어설트 라이플과 전혀 다르다.

기관총과 어설트 라이플은 비슷하면서 다르다

양쪽 다 「풀 오토 사격이 가능」한 보병용 병기이지만……

기관총

장시간의 연속 사격을 목적으로 설계된 「풀 오토 사격**이** 가능한」 병기

- 대량의 탄환을 연속해서 발사.
- 구경은 12.7mm 이상부터 5.56mm 클래스까지 다양.
- 장시간 사격이 가능하도록 여러 가지 장치가 되어있다.

어설트 라이플

긴급 상황일 때만 연속 사격을 하는 「풀 오토 사격**도** 가능한」 병기

- 오토매틱 라이플의 소형화 버전.
- 구경은 5.56mm 클래스.
- 탄띠 급탄은 사용하지 않는다.

어설트 라이플은 중기관총을 작게 만든 「경기관총」이나 「범용기관총」과는 다르게, 어디까지나 오토매틱 라이플을 작게 만든 것이다. 목적은 보병 개인이 들고 다니는 탄수를 늘리는 것으로서, 기관총과 같이 부대의 화력을 강화하기 위한 것은 아니다.

원포인트 잡학상식

어설트 라이플의 기원이라 할 수 있는 총은 제2차 세계대전 때의 독일이 개발하였으나(「돌격총」이란 말은 여기에서 따왔다), 본격적으로 보급된 것은 베트남전쟁 이후이다.

No.033

중기관총이 아닌「중돌격총」이란?

같은 탄약을 사용하는「어설트 라이플과 분대지원화기의 조합」은, 보병용 라이플과 지원용 기관총을 상호 보완한다는 사고 방식이 바탕에 깔려있다. 그 사상을 더욱 발전시킨 것이 중돌격총이다.

● 어설트 라이플을 강화하여 경기관총처럼 사용한다

어설트 라이플이 생겨난 배경 중 하나는 사용 탄약을 소형화 하여 운송이나 보급을 하기 쉽게 만들고, 또한 많은 탄약을 휴대하는 병사들의 수고를 덜어주는 것이었다. 결과 5.56mm구경의 경량탄이 일반화 되었으나, 이것은 동시에 돌격시의 화력이 부족해진다는 문제점이 발생하였다.

미군에서는 이러한 문제를 해결하기 위해서『M249(MINIMI)』와 같은 **분대지원화기**(SAW)를 보병분대에 배치하고 있으나, 이것을 운용하기 위한 전문병 교육이 반드시 필요하였다. 이에 비해 같은 서구 진영의 영국군에서는, 어설트 라이플을 베이스로 하고 **헤비 배럴**과 **양각대**를 표준 장비한「중돌격총(헤비 어설트 라이플)」을 채용하였다.

『L85』 어설트 라이플을 **경기관총**처럼 사용하기 위하여 각 부분을 강화한『L86』은 LSW(경지원화기)라고 불리며, 이미 익숙한 어설트 라이플과 공용 부품이 많기 때문에 사용 방법이나 정비 방법을 다시 교육하지 않아도 된다는 장점이 있었다. 교관은 병사들을 상대로 L85와 L86의 변경점만을 가르치면 된다. 모든 것이 똑같지는 않지만, 항상 사용하던 총을 기본으로 만들면 종합적인 훈련 시간도 단축할 수 있다는 계산이다.

물론 성능면에서 전용 설계형 분대지원화기와 비교한 경우, 중돌격총 쪽이 당연히 불리하다. 간이형이라고는 하지만 기관총을 기본으로 한 분대지원화기에 비해 제압 화력의 밀도나 지속 사격 시간 등, 중돌격총은 결국은「강화 어설트 라이플」일 수밖에 없다.

그러나 미군과 같이 어설트 라이플과 분대지원화기라는 다른 분류의 무기를 대량으로, 그리고 끊임없이 생산, 보급이 가능한 시설이 갖춰져 있지 않은(혹은 그럴 필요를 느끼지 못하는) 국가나 군대의 경우, 지원화기로서 중돌격총을 채용한다는 선택도 충분히 의미가 있는 것이다.

어설트 라이플의 발전형 SAW

▲ L85 어설트 라이플

총열을 길게

연속 사격에 견딜 수 있도록 튼튼하고 대형으로

▲ L86 LSW (경지원화기)

전용 설계된 분대지원화기(SAW)와 비교하여……

뛰어난 점 : 어설트 라이플이 베이스이기 때문에 융통성이 좋고, 훈련 시간이 단축된다.

불리한 점 : 어설트 라이플이 베이스이기 때문에 전체적인 견고함이 떨어진다. 또한 탄띠 급탄이 아닌 것과 신속하게 총열 교환을 할 수 없는 모델이 많기 때문에, 연속 사격에서 불안한 점도 있다.

원포인트 잡학상식

예전에 소련도 병기의 분류가 매우 상세하여, 어설트 라이플 『AK74』를 베이스로 한 중돌격총이라 할 수 있는 「RPK74」를 개발, 배치하고 있다.

No.034

웨폰 시스템은 어떤 장점이 있는가?

웨폰 시스템이란 여러 가지 부품을 합쳐서 라이플이나 기관총을 만드는 시스템이지만, 스파이 영화와 같이 "아타셰 케이스에서 부품을 꺼내서 찰칵찰칵하고" 다른 총으로 만드는 것은 아니다.

● 기관총을 다시 조립하여 라이플로

기본이 되는 기관부를 중심으로, 총열이나 개머리판 등 주변의 부품을 조립하여 기관총이나 라이플로 사용할 수 있는 것이 웨폰 시스템 발상이다. 이러한 사고 방식은 「보디를 중심으로 각종 렌즈나 플래시, 셔터 컨트롤과 같은 부품을 조립하여 필요한 기능을 가진 사진기로 만든다」는 시스템 카메라에 가까운 것이다.

시스템화의 장점은 먼저, 공통적인 부품이 많기 때문에 생산이나 수리가 쉬워진다는 점이다. 다음으로 「전장에 기관총 공급을 늘려라」든가 「총을 좀 더 튼튼하게 만들어라」와 같이 용병 쪽의 요구에 대하여, 관련된 부품만을 추가 생산하거나 신규 개발을 하여 탄력적인 대응이 가능하다는 점이다. 그리고 다른 종류의 총을 병행하여 생산하는 것보다 효율이 좋기 때문에, 평시에는 잉여 부품이 나오지 않도록 생산을 조절하기 쉬운 점도 있다.

미군의 **어설트 라이플** 『M16(AR15)』의 설계자, 유진 스토너가 디자인 한 『M63』에는 이 시스템이 채용되어 있다. 그러나 군에 의해 테스트는 받았지만, 해군에서 소수가 채용되는 것에 그쳤다. 이것은 「M63이 사용하는 소구경탄에 대해 육군이 좋지 않은 인상을 가지고 있기 때문이다」든가 「아이디어가 너무 참신하여 보수적인 상층부에서 이해를 하지 못하였다」는 의견이 있으나, 실제로는 어떤지 알 수 없다.

웨폰 시스템의 사고 방식 자체는 틀린 것이 아니란 것을, 독일의 H&K사가 라이플(『G3』), 기관총(『HK11』, 『HK21』), 기관단총(『MP5』)를 시스템화 한(「그룹1」이라 불린다) 것이 성공한 사례로 증명을 하였다. 또한 최근에는 미군 자신도 차세대 어설트 라이플 설계나 「OICW(Objective Individual Combat Weapon=개인전투화기)」와 같이 보병전투 시스템에 이 사상을 적극적으로 도입하였다.

M63 스토너 웨폰 시스템

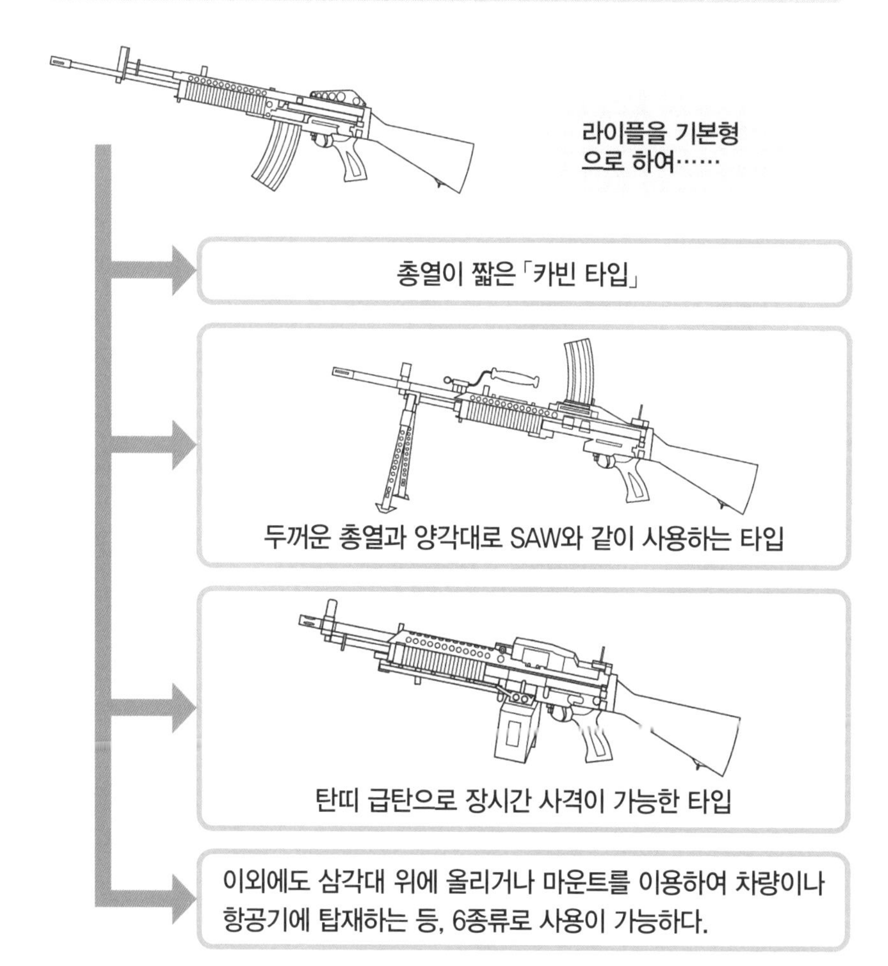

웨폰 시스템의 장점

공통적인 부품이 많기 때문에 생산이나 수리를 하기 쉽다.

생산을 조절하기 쉽다.

원포인트 잡학상식

『M63』은 기관부를 중심으로 5종류의 총열, 3종류의 개머리판, 2종류의 급탄 부품이 교환용 부품으로 준비되어 있었다.

No.035

「피탄 구역」이란 무엇인가?

"피탄" 이란 「탄을 받는 것(맞는 것)」을 의미한다. 즉 피탄 구역이란 「탄환이 명중할 가능성이 있는 지역」을 가리키는 말이다.

● 기관총에 조준 당하는 쪽의 「위험 지역」

기관총은 커다란 탄을, 대량의 발사약(발사용 화약)으로, 튼튼한 발사 장치로 발사하는 총기이다. 구조상, 조준경을 장착하고 단발(세미 오토) 사격을 하여 멀리 있는 적을 저격하는 사용 방법도 불가능한 것은 아니다. 그러나 **에어리어 웨폰**으로 설계된 이상, 역시 대량의 탄을 뿌리는 것이야 말로 기관총의 본질이라 하겠다.

피탄 구역이란 기관총이 조준을 하고 풀 오토 사격을 하는 경우에 발사된 탄이 뿌려지는 범위를 가리키는 말로, 총의 성능이라는 측면에서 보는 경우 「사탄산포射彈散布」로 바꾸어 말할 수 있다(이 경우 풀 오토 사격에 국한되지 않고, 일정수의 탄을 사격한 뒤 어느 정도의 범위에 착탄되었는지를 측정한다). 이 범위가 좁으면 몇 발을 사격하여도 같은 장소에 명중하고, 넓으면 탄착점이 일정하지 않다는 것을 의미한다.

라이플과 같은 "저격하는" 총이라면 사탄산포의 범위가 좁으면 좁을수록 좋다. 그러나 기관총과 같이 넓은 범위에 탄을 뿌려대는 병기의 경우에는, 어느 정도 탄착점이 넓더라도 문제는 없다. 문제라기보다 사탄산포가 넓으면 넓을수록 지역 안에 탄이 골고루 뿌려지는 것이기 때문에, 유탄이든 무엇이든 적을 맞출 확률이 높아진다. 넓게 비추는 서치라이트일수록 목표를 쉽게 발견하는 것과 같은 원리이다.

그리고 서치라이트 빛이 겹쳐진 부분은 그렇지 않은 부분보다 밝아진다. 즉 사탄분포 범위가 겹쳐지는 부분은 더욱 밀도가 높은 탄막이 형성되는 것이다.

이렇게 피탄 구역이 겹친 지역을 「킬존」이라고도 부른다. 사격하는 쪽에서는 복수의 기관총을 조합하여 킬존을 많이 만들거나, 적을 어떻게든 킬존으로 끌어들이려는 궁리한다. 동시에 총을 맞는 쪽은, 킬존에는 절대로 들어가지 않으려고 필사적으로 대처한다.

피탄 구역(사탄산포)

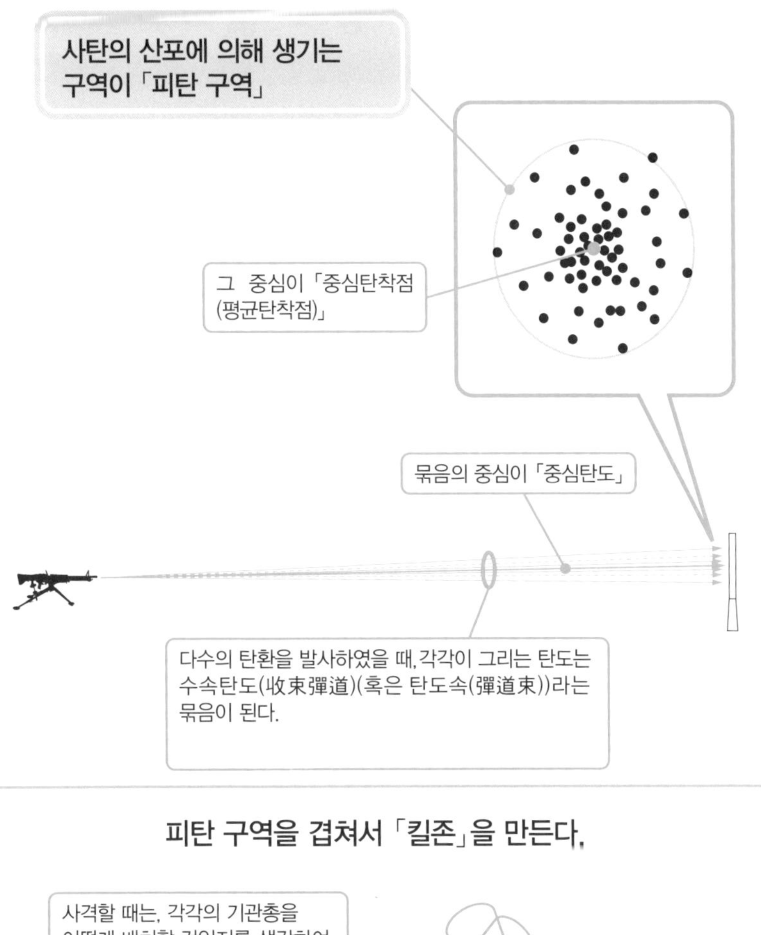

피탄 구역을 겹쳐서 「킬존」을 만든다.

원포인트 잡학상식

조준기의 수정이나 조절에는 중심탄착점을 이용한다.

No.036

기관총에 조준기는 필요 없다?

기관총은 탄을 뿌리는 병기로서 저격용은 아니다. 그렇기 때문에 조준기(사이트)도 간단한 것이 장착되어 있으면 충분하다. 확실히 그러한 모델도 존재하지만, 반드시 「기관총=간단한 조준기」라는 공식이 성립하지는 않는다.

● 기관총의 조준기

총에는 조준기(사이트)라는 것이 장착되어 있다. 총열 끝 부분에 있는 凸형의 「가늠쇠(프론트 사이트)」와, 그립 가까이에 凹형의 「가늠자(리어 사이트)」가 세트로 되어 있어, 둘을 겹쳐서 조준하는 방식이다.

조준기의 기능은 기본적으로 "반드시 명중시키기" 위한 것이지, 다량의 탄을 뿌려서 넓은 범위를 제압하는 기관총에는 필요 없는 것일지도 모른다. 그러나 많은 기관총에는 간단하긴커녕 꽤나 세밀한 조준기가 달려있다.

이 조준기는 「탄젠트 가늠자」라고 불리며, 목표와의 거리에 따라 조절이 가능하게 되어 있다. 즉 목표가 근거리에 있는 경우에는 가늠자를 눕힌 상태로 일반적인 가늠자 (오픈 사이트)로서 사용하고, 멀리 있는 목표를 노릴 경우에는 가늠자를 세워서 조준한다. "가늠자를 세우는 것"으로 가늠쇠와 겹쳤을 때 총구가 위로 향하게 되어, 각도를 주어 발사된 탄이 그만큼 멀리까지 가게 되는 것이다. 가늠자를 세운 상태에서는 「엘리베이션 스크류(상하 조절 나사)」와 「윈디지 스크류(좌우 조절 나사)」라는 2개의 조절 나사를 돌려서 더욱 세밀한 조준 조절이 가능하다.

보병이 장거리, 단발로 사격전을 하던 때에는 보병 라이플에도 이러한 가동성 조준기가 장착되어 있었으나, 탄약 소형화가 진행되면서 점차적으로 조준기가 간단한 것으로 변경되었다. 그러나 **어설트 라이플**과 같은 총의 사정거리를 뛰어넘는 거리에 탄을 뿌려대는 기관총에는, 지금도 이러한 가늠자가 장착되어 있다.

기관총 사격에서는 가늠자를 보고 대강의 거리를 조준하고, 그 다음은 방아쇠를 당겨서 탄을 뿌려댄다. 당연히 2발 이후에는 총이 흔들려서 조준이 흐트러지기 때문에, **예광탄**의 궤적을 따라 가능한 한 조준을 수정한다. 즉 기관총의 가늠자는 정밀사격용으로 장착한 것이 아니라, 거리 측정용으로 사용하는 것이 원래 사용 방법이다.

거리에 따라서 조준기가 바뀐다

근거리에서는 가늠자를 눕혀서 조준.
원거리에서는 가늠자를 세워서 조준.

기관총의 조준기는 「거리 측정용」

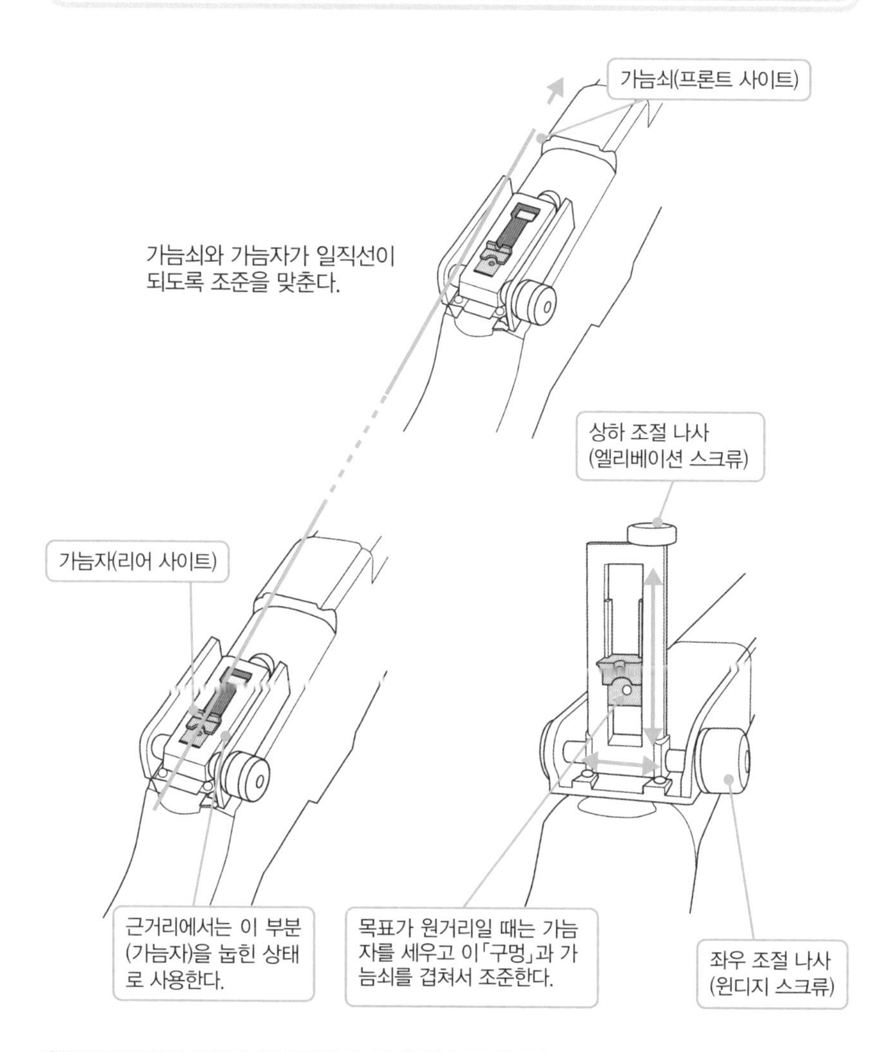

원포인트 잡학상식

기관총이긴 하지만 권총탄을 사용하는 「기관단총(서브머신건)」의 경우, 사정거리가 짧고 명중 정밀도도 기대할 만한 것이 아니기 때문에 조준기도 대충 만들어져 있는 경우도 많다.

No.037

예광탄과 기관총 사격은 서로 상성이 잘 맞다?

탄약의 종류 중에 「예광탄(트레이서)」이라는 것이 있다. 발사되면 탄두 바닥 부분에 들어있는 예광제에 불이 붙어 밝을 때는 흰색 연기로, 어두울 때는 빛에 의하여 탄도를 확인할 수 있는 탄이다.

● 탄도를 눈으로 확인

투석기나 활과는 다르게, 총탄은 매우 빠르기 때문에 눈으로는 확인할 수 없다. 그래서 탄에서 연기가 나오거나 빛이 나게 만들어서, 탄도나 탄착점을 알 수 있게 만든 것이 예광탄이다.

예광탄이 등장한 것은 기관총이 본격적으로 군용병기로서 보급된 제1차 세계대전 때이다. 권총이나 라이플과는 다르게 탄을 퍼붓듯이 연속으로 사격하는 기관총은, 흙먼지를 기준으로 탄착점을 조절하려면 너무 많은 탄을 낭비하게 된다. 예광탄을 사용하여 사격을 하면서 조준을 조절하는 방법은, 일일이 **조준기**를 사용하는 것보다 탄을 맞추기 쉽다. 특히 시력이 떨어지는 해질 무렵이나 야간 사격에 효과가 있다.

또한 예광탄은 이동 목표에 대한 사격에도 효과적이다. 라이플로 사격을 할 경우에는 목표까지의 거리나 이동 속도를 계산하여 조금 앞쪽을 노리는 「예측 사격」을 할 필요가 있는데, 예광탄이 섞여있는 기관총 사격이라면 탄도가 "호스로 물을 뿌릴 때"와 같이 이어지게 보이기 때문에 그것을 목표에 가져다 대는 식으로 사격을 하면 된다.

중량이 무거운 기관총은 차량이나 항공기에 탑재되는 경우도 많은데, 이러한 기관총은 「차재기관총(기재기관총)」이라 불린다. 자신이 움직이면서 사격을 하는 것은 이동 목표를 조준하는 것과 마찬가지로 어려운 일이지만, 예광탄을 사용하면 이러한 문제도 해결할 수 있다.

예광탄은 발사 후, 계속 빛나지는 않는다. 일반적으로 연소(발광) 시간은 2초 정도로, 총구에서 100m~900m 정도까지 눈으로 확인할 수 있다. 총구에서 나가며 바로 빛나지 않는 것은 그렇게 되도록 조절되어 있기 때문인데, 이는 야간 전투에서 적이 발사 지점을 알 수 없게 하기 위함이다.

예광탄의 빛은 "발화" 에 의한 것이기 때문에 휘발유 탱크에 명중시키면 착화, 유폭시키는 것도 가능하지만, 발화 전용인 「소이탄」보다 성능이 떨어진다.

예광탄(트레이서)의 구조

예광탄에서 나오는 빛을 기준으로 하여, 눈으로 명중 여부를 확인한다.

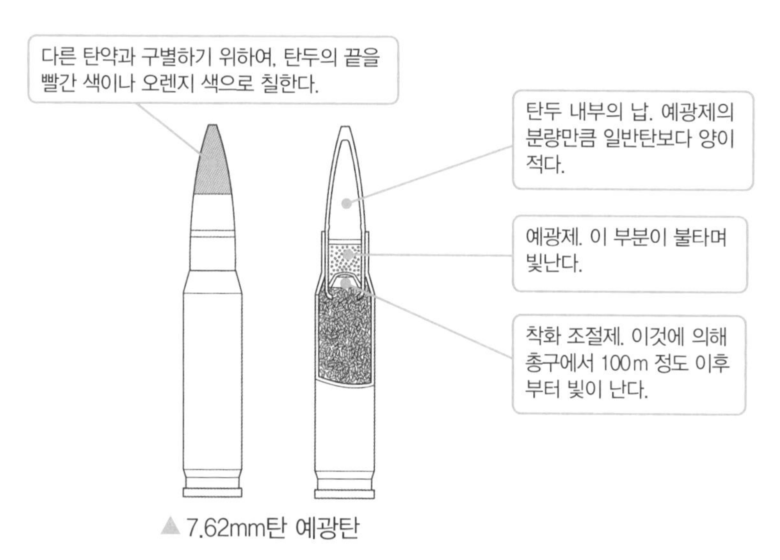

▲ 7.62mm탄 예광탄

샷건용과 권총용 예광탄도 있다.

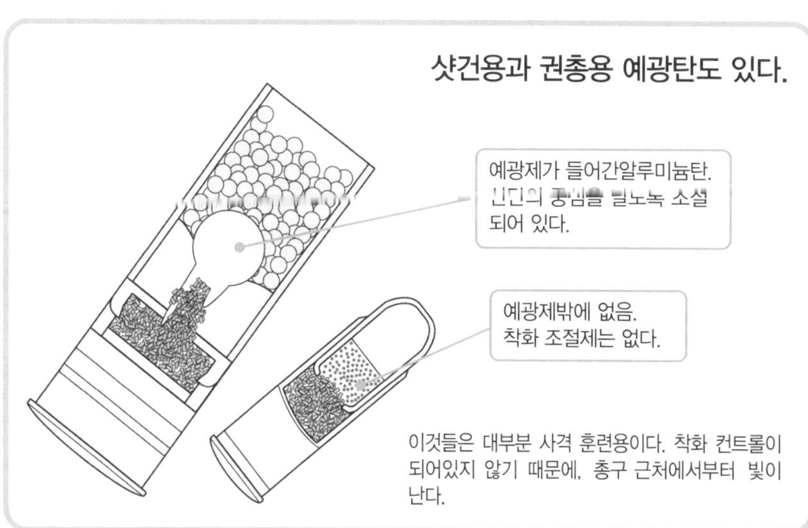

원포인트 잡학상식

예광탄의 예광제는 총열을 통과할 때 열로 착화하기 때문에, 총열의 길이가 짧은 (5인치 이내) 권총에서는 사용할 수 없는 경우가 있다.

No.038

하늘을 나는 적을 어떻게 노리는가?

기관총이 육상전에서 중요한 위치를 차지하게 된 제2차 세계대전에서는, 성능이 향상된 항공기도 지역 공격에 폭넓게 사용이 되었다. 높은 곳에서 고속으로 이동하는 항공기에 대하여, 지상의 보병은 압도적으로 불리한 상황에 처하게 되었다.

●한 발이라도 더 많이 탄환을 쏴라

기관총뿐만 아니라 「총이라는 병기」를 조준하기에 어려운 목표가 있다. 그것은 하늘을 나는 상대이다. 지상의 목표를 노리려고 접근하는 항공기는 언제나 고속으로 이동하고, 거기다 위치가 높다는 요소도 추가되기 때문이다.

이러한 적을 총으로 조준해서 쏘는 것은 쉬운 일이 아니다. 핀 포인트로 노릴 수 없다면 탄막을 형성하는 것이 자연스러운 흐름이다. 이리하여 장거리로 단시간에 대량의 탄환을 뿌리는 것이 가능한, **탄띠 급탄**을 사용하여 장시간 사격이 가능한 기관총이야말로 대공 공격에 적합하다는 결론에 도달하였다.

하늘을 나는 목표를 공격하는 기관총은 「대공기관총」이라 불린다. 전쟁에서 이기고 있는 쪽은 자연히 제공권도 손에 넣을 수 있기 때문에, 이러한 병기나 전술을 만들 필요성이 적어진다. 따라서 대공 사격 기술이 발달하는 것은, 전쟁에서 지고 있는 쪽인 경우가 많다.

그리고 제2차 세계대전에서는 독일이 이러한 패턴이었다. 분당 900발이라는 **발사 속도**를 가지고 있는 『MG34』나 분당 1,500발을 쏠 수 있는 『MG42』는, 전용 **삼각대**를 변형시킨 대공 사격 마운트에 장착하면 대공기관총으로 사용할 수 있었다. "구경 7.62mm 정도의 위력으로는 충분한 파괴력을 얻을 수 없다"는 의견도 있었으나, 당시의 대공 공격은 항공기를 격추시키는 것이 아니라(위력적인 문제도 있었기 때문에 그 점은 그렇게 중요하게 여겨지지 않았다) 탑승원을 위협하여 지상 공격의 정밀도를 떨어트리는 것이 목적이었다. 돌격하기 직전에, 명중하지 않더라도 포탄을 적 진지 주위에 퍼부어서 적의 사기를 떨어트리는 것과 같은 이치이다.

대공기관총에는 거미집과 같은 방사형 패턴이 새겨져 있는 특수한 사이트가 장착되었다. 이것은 기관총에 의한 대공사격의 목표가 "적기의 주위에 탄막을 친다"는 것이었기 때문에, 이 정도의 물건으로 충분하였던 것이다.

적기를 거미집 안으로 몰아넣어라

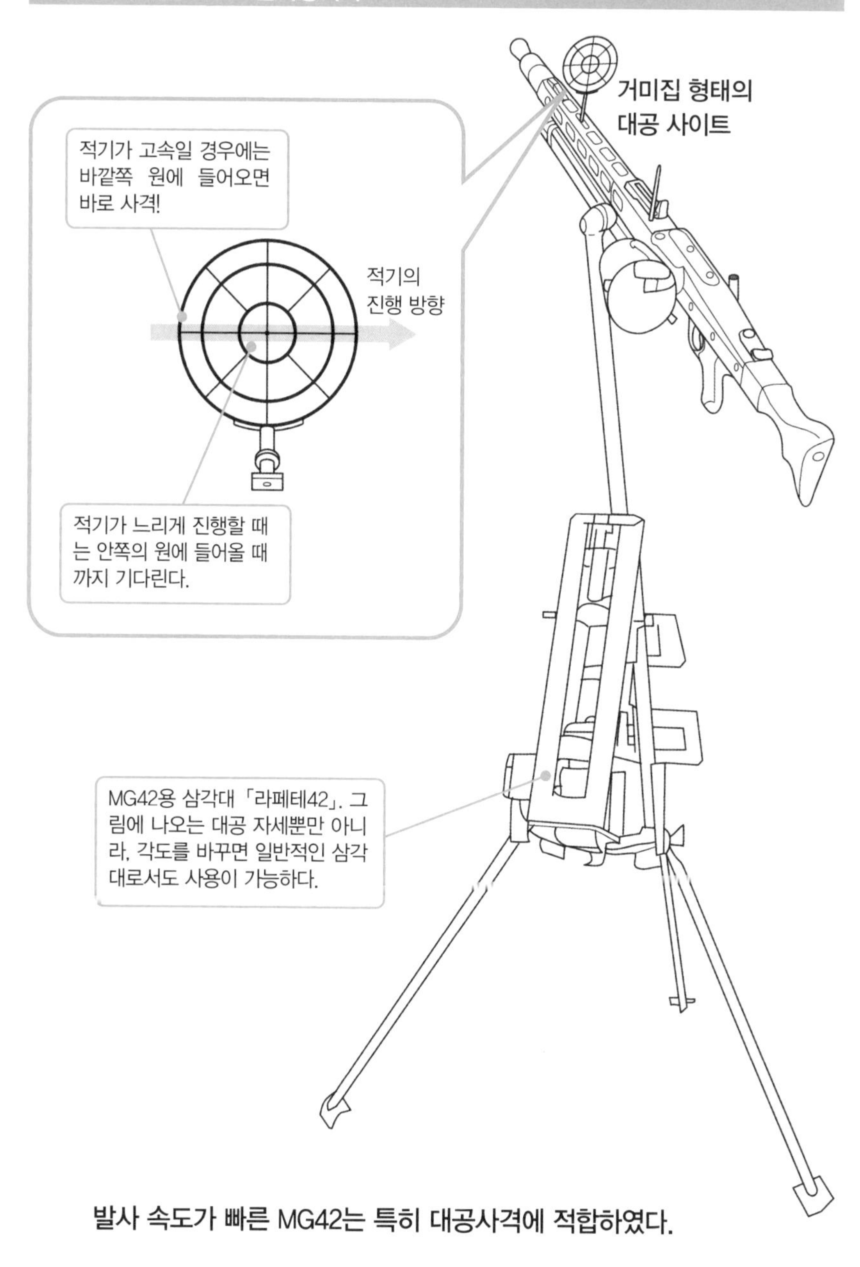

발사 속도가 빠른 MG42는 특히 대공사격에 적합하였다.

원포인트 잡학상식

대공기관총은 탄막 효과를 높이기 위하여, 2연장이나 4연장으로 묶어서 사용하는 경우가 많았다.

No.039

양각대나 삼각대는 어떤 목적으로 장착하는가?

기관총은 길고, 크고, 무거운 것이 대부분이다. 또한 총이란 어떤 것이라도 「제대로 고정하고 조준을 하지 않으면 맞지 않게」 되어있다. 사격시에 총을 안정시키는 역할을 하는 것이, 양각대나 삼각대와 같은 옵션이다.

● 총을 확실하게 고정시키기 위해 필요

삼각대(트라이포드)는 카메라의 삼각대와 마찬가지로 기관총을 올리기 위한 받침대이다. 카메라의 삼각대는 사람의 눈높이 정도 높이를 가지고 있지만, 낮고 눈에 띄지 않게 사격해야 할 필요성이 있는 기관총의 받침대는 일반적으로 좌탁의 높이 정도이다.

기관총(특히 중량이 무거운 **중기관총**)은 삼각대에 올려놓고 사용하는 것을 전제로 하고 있다. 물론 무거운 기관총을 들고 사격하는 것은 어렵다는 이유도 있으나, 이것만큼 중요한 이유가 「재빠르게 넓은 범위를 노릴 수 있게 만드는 것」이다.

삼각대에 올린 기관총은 상하, 수평 방향으로 재빠르게 총열을 돌릴 수 있다. 총을 들고 있는 상태에서는, 사수가 허리를 돌려서 몸의 방향을 바꾸지 않으면 총열을 돌릴 수 없다. 삼각대를 사용하면 기관총 사수는 적은 힘으로 쉽게 조준 방향으로 총을 돌릴 수 있다.

또한 삼각대는 그 자체가 상당히 무겁기 때문에 사격시의 반동을 흡수해 명중률 향상에도 도움을 준다. 단점이라면 무겁고 부피가 큰 것이 있겠지만, 이 점은 어쩔 수 없으니 포기하고 운용하는 수밖에 없다.

이동성을 중시한 **경기관총**이나 **범용기관총**에는, 무거운 삼각대가 아닌 간단한 양각대(바이포드)가 장착된다. 이것은 총열의 밑에 장착된 두 개의 다리로, 엎드려서 사격을 할 때 총열을 수평으로 만들어 준다. 삼각대와 같이 "한 장소에 고정하여 사격" 하는 것은 아니기 때문에, 총을 좌우로 움직이는 것은 어렵다. 총열의 열을 전도시켜서 식히는 역할을 하기 위해 방열공이 있는 것도 있다.

대전차 라이플이나 **대물저격총**(안티 머티리얼 라이플)과 같은 대형 총기에도 양각대를 장착한 것이 많지만, 이 총들은 원거리에서 저격을 전제한 총이기 때문에 순수하게 「무거운 총이 사수의 손에 부담을 주지 않도록 지지」하기 위한 역할만을 수행한다. 그렇다고 하더라도 원거리 사격의 정밀도의 영향을 주지 않도록 다리가 단단하게 만들어져 있고, 길이나 각도를 세밀하게 조절할 수 있도록 만들어져 있는 것도 많다.

삼각대를 사용할 때의 장점

- 상하, 수평으로 재빠르게 총열을 돌릴 수 있다.
- 사격시의 반동을 흡수하여 명중률이 올라간다.

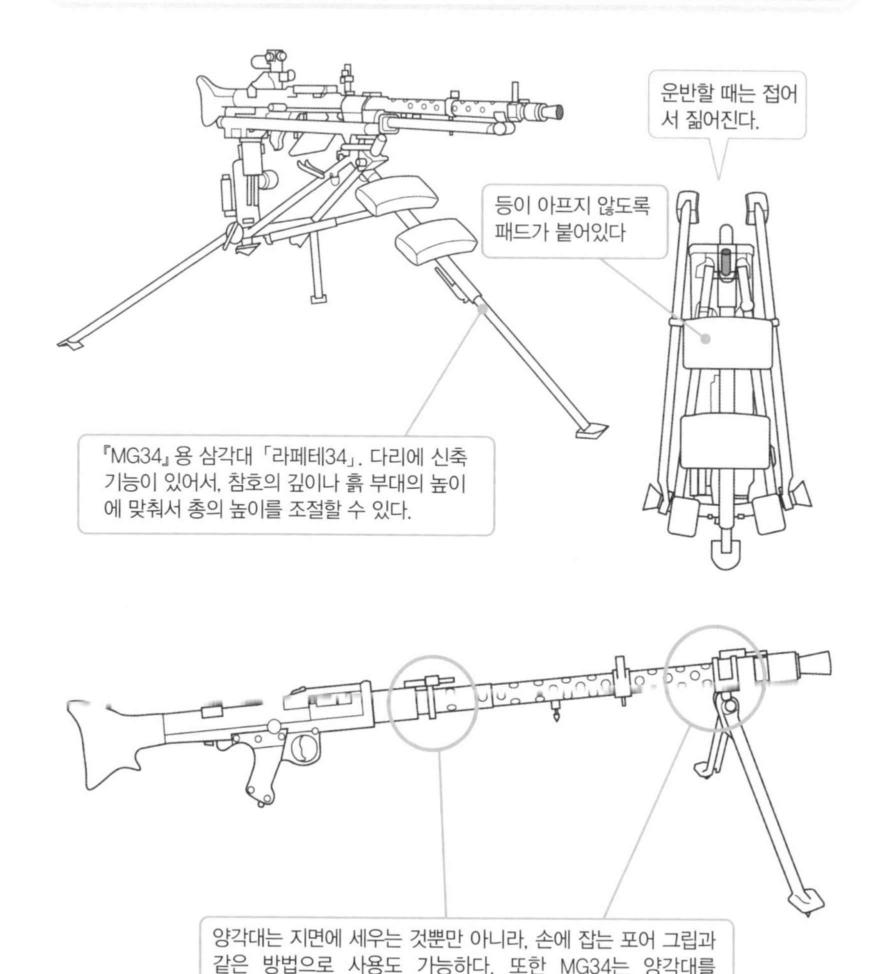

원포인트 잡학상식

독일군의 삼각대(드라이바인)는 다리의 각도를 자유자재로 바꿀 수 있는 것이 많았기 때문에, 연합군 병사들에게「그래스하퍼(메뚜기)」라 불리기도 하였다.

No.040

벨트 급탄 방식은 기관총에서 빼놓을 수 없다?

연속 사격으로 적을 접근하지 못하게 만드는 기관총에는, 당연히 이에 상응하는 급탄 방식이 있다. 보병용 라이플과 같이 10발이나 20발을 사격할 때마다 탄창 교환을 하게 되면, 공격해 오는 적에게 빈틈을 보이게 되기 때문이다.

● 탄띠를 이용하여 끊김 없이 급탄

기관총의 급탄 방식으로 일반적인 것이 탄띠(벨트) 급탄 방식이다. 「벨트 피드」라고 불리는 이 방식은, 탄약을 띠와 같이 연결하여 끊김 없이 기관부로 보내는 방식으로 **경기관총**이나 **어설트 라이플**에서 사용되는 탄창(매거진)식보다 연속으로 사격 가능한 점이 특징이다.

탄창식에서는 10~20발, 많아도 30발 정도밖에 연속 사격을 할 수 없지만, 탄띠 방식의 경우 적어도 50발—탄띠를 계속 연결하면 이론상으로는, 100발이고 200발이고 연속 사격이 가능하게 된다.

초기의 기관총에서 사용되었던 천으로 만든 탄띠(캔버스 벨트)는 일정하지 않아서 장탄불량이 많았기 때문에, 결국 금속 링과 탄약이 조합된 「**메탈 링**」 방식이 고안되었다. 연결된 탄약은 「탄약벨트(탄띠)」, 「벨트링 탄약」이라 불려서, 기관총의 기관부에 끼워 넣는다.

발사 준비를 마치고 방아쇠를 당기면 기관총 내부의 벨트가 들어가며 탄이 계속 발사된다. 탄을 발사하고 난 빈 탄피는 라이플이나 권총과 같이 좌우, 상하로 기세 좋게 튀어 나가는 것과, 기관부 밑으로 우수수 떨어지는 것이 있다.

탄띠가 꼬이거나 하면 기관부에 걸려서 장탄불량을 일으킬 수 있기 때문에, 사수와는 별도의 사람이(주로 탄약수) 탄띠가 말려들어가는 것에 맞추어 손으로 펴준다. 또한 제대로 송탄이 되더라도 총열이 가열되면 성능이 떨어지기 때문에, 200~300발 정도를 기준으로 사격을 멈추던가 **총열 교환**을 해야만 한다.

차량에 탑재하는 기관총의 경우, 탄띠를 탄약 상자 내부에 접어두어서 꼬이는 것을 방지하고 탄약수를 생략하려 하였다. 또한 탄약이 작은 **분대지원화기**(SAW)에서는 총 밑에 천이나 수지로 만들어진 탄약 박스를 장착하여 탄창처럼 운반할 수 있도록 만들어져 있다.

기관총에 총알이 떨어지지 않도록

「탄약을 띠와 같이 연결한 벨트」를, 계속 기관부에 보내 연속 사격을 한다.

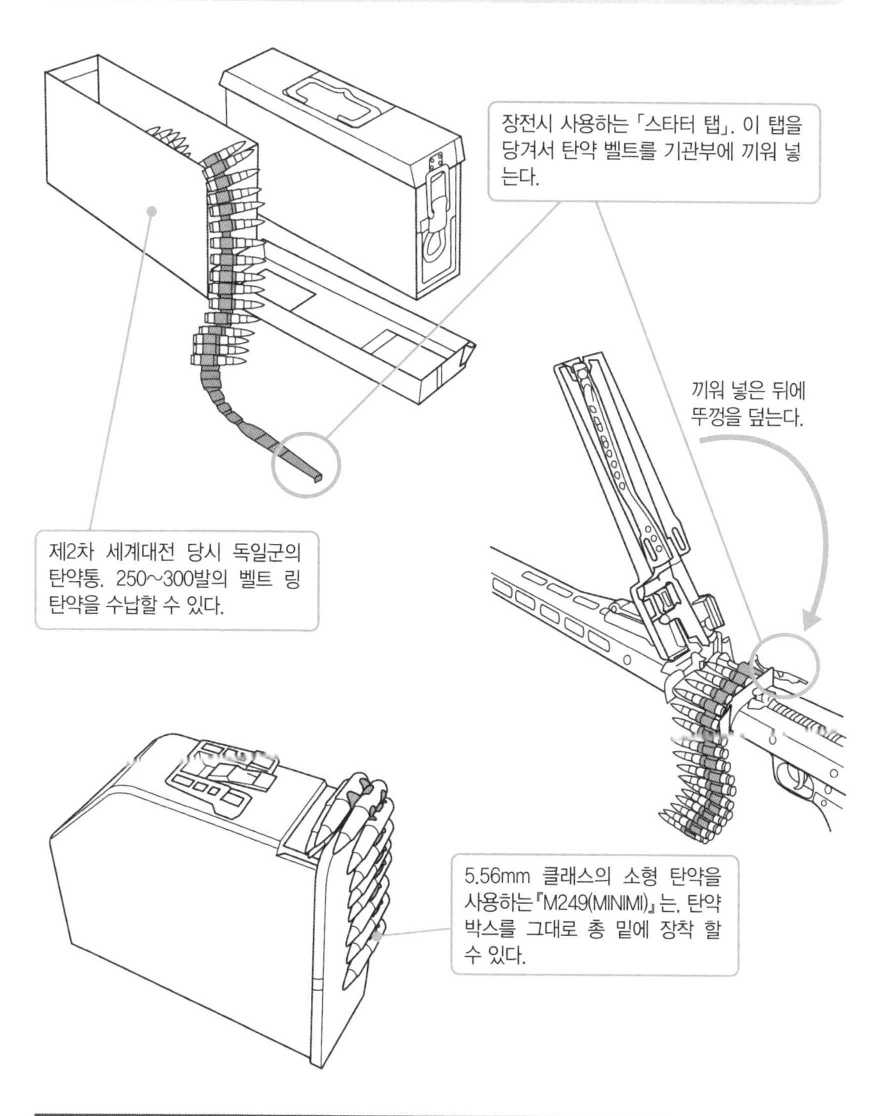

원포인트 잡학상식

대부분의 탄띠 급탄 방식 기관총은 왼쪽에서 탄띠가 삽입되지만, 내부 부품의 위치를 바꿔서 오른쪽에서 삽입되는 모델도 존재한다.

No.041

어째서 예비 총열이 필요한가?

기관총의 장탄 방식에는 탄창(매거진)식과 탄띠식이 있다. 탄창식의 사격 가능 시간은 어설트 라이플과 같이 "탄창 안의 탄이 없어 질 때까지" 인데, 그럼 탄띠식에서는 탄이 있는 한 계속해서 사격할 수 있는 것일까?

● 총열은 과열되면 데미지를 입는다

계속해서 사격한 기관총의 총열은, 탄의 마찰이나 발사 가스의 열기에 의하여 과열된다. 기관총이 일반화 되기 시작한 무렵에는 과열된 총열을 물로 냉각시키는 「수냉식」이 주류였으나, 물의 보급이 필요하거나 물 탱크가 무겁고 부피가 컸기 때문에 운반하기가 어려웠다.

보병과 함께 전장을 누비는 **경기관총**이나 **범용기관총**에는 열을 대기 중으로 자연 방열하는 「공냉식」이 사용되었다. 물이 채워진 총열 덮개(워터 재킷)나 물 탱크가 없어진 만큼 운반하기는 쉬웠으나, 수냉식에 비하여 냉각 효율이 좋지 않아서 금방 총열이 과열되었다.

처음에는 「운반은 할 수 있게 되었으니 어쩔 수 없는 일」이라고 여겨 가열될 때마다 사격을 중단하였으나, 아무래도 탄막을 치는 것이 기관총의 임무이기 때문에 중단하는 것은 좋지 않았다. 어떻게든 이 중단 시간을 줄일 수 있지 않을까 생각한 결과 「가열된 총열을 본체에서 빼고, 잘 식혀진 다른 총열로 교환해보자」는 생각에 이르게 되었다.

이러한 아이디어를 실제로 재현한 것이 독일이었다. 기관총의 총열은 원래 정비를 위하여 떼어낼 수 있도록 만들어졌으나, 이것을 현장에서 쉽고 간단하게 할 수 있도록 만든 것이다. 범용기관총의 기원으로 잘 알려져 있는 『MG34』의 사수는 예비 총열을 몇 개씩 휴대하며, 과열된 총열을 열에 강한 석면 장갑을 끼고서 재빠르게 교환하였다. 전쟁 후의 『M60E3』나 『M249(MINIMI)』와 같은 모델에서는 운반용 **운반손잡이**를 총열과 일체화 하여, 장갑을 끼지 않고도 총열 교환이 가능하게 되었다.

현재 보병용 기관총에서는 총열 교환이 필수 사항이 되었다. 1개의 총열로 연속 사격이 가능한 탄수는 총의 사이즈나 구경에 따라 다르지만 일반적으로 200~300발 정도이고, 많으면 500발 정도이다.

기관총의 총열은 소모품

사격을 계속하면 총열이 과열되기 때문에,
총열을 식힐 방법이 필요

방법1 : 물로 냉각한다 →물의 보급이나 물 탱크의 무게가 문제
방법2 : 냉각될 때까지 내버려 둔다 →사격을 중단하는 동안 탄막이 중단된다

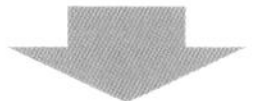

총열 자체를 새로운 것으로 교환하자

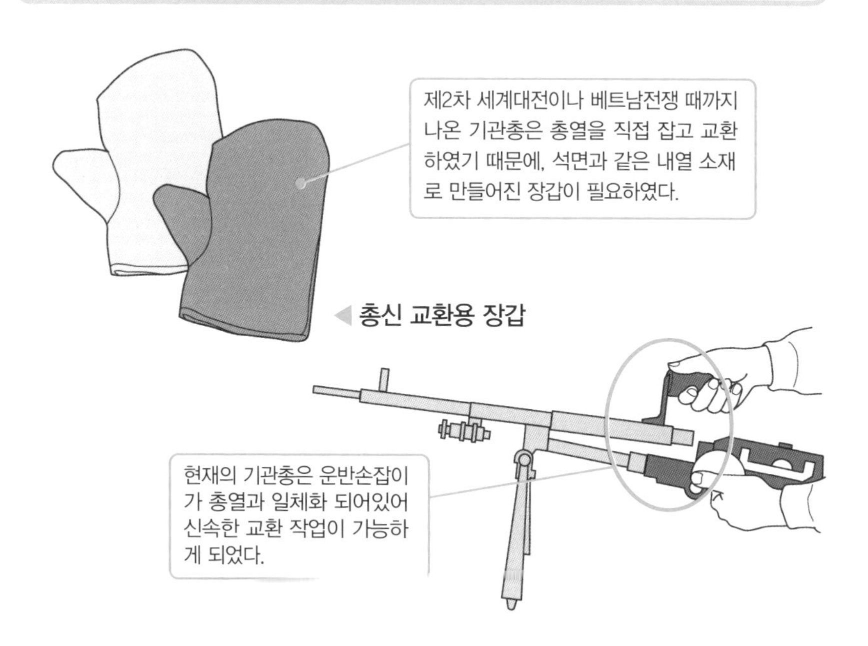

총열을 교환하지 않으면 폭발한다……?

총열의 과열이 진행되면 강선에 데미지가 쌓일 뿐만 아니라, 장전된 탄약이 뜨거워져서 자연 발화되는 콕 오프(Cook-off) 현상이 일어날 위험이 있다. 현재의 『M60』이나 『M249』는 사격하지 않을 때는 탄이 들어가는 「약실」이 밀폐되지 않는 구조(공기가 드나들 수 있어서 약간이지만 냉각 효과가 있다)이기 때문에 위험성도 낮아졌지만, 예전에 설계된 『브라우닝 M2』와 같은 총은 주의가 필요하다.

원포인트 잡학상식

가열한 총열은 버리는 것이 아니라, 몇 자루의 총열을 교환하는 사이에 맨 처음 가열되었던 총열은 냉각되니 로테이션으로 돌려가며 사용한다.

No.042

기관총의 총열에 구멍이 잔뜩 뚫려있는 이유는?

기관총, 특히 중기관총과 같은 대구경 모델 대부분에는 총열에 많은 구멍이 나있다. 이것은 총열에 직접 구멍이 난 것이 아니라 총열을 감싸는 「총열 덮개(배럴 재킷)」에 뚫린 것으로, 가열된 총열의 온도를 낮추는 기능이 있다.

● 총열 덮개와 방열공

공냉식 기관총의 총열에는 만화에 나오는 치즈와 같이 구멍이 뚫려있는 것이 있다. 최근 모델에는 둥근 구멍이 아니라 옆으로 긴 모양의 홈이 나있는 것이 많은데, 이러한 구멍이나 홈은 총열에 직접 나있는 것이 아니다. 총열에 직접 구멍을 내면 총탄을 가속시키는 귀중한 화약 가스가 구멍으로 전부 새나와서 제대로 탄이 날아갈 수 없게 된다.

구멍은 총열에 나있는 것이 아니라, 그 위의 「배럴 재킷」 부분에 뚫려있다. 총열 덮개라고도 불리는 이 부품은 원래 "가열된 총열을 만지면 화상을 입게 되고 마는 사태"의 방지책으로 만든 커버로, 사수는 자신이 주로 사용하지 않는 손으로 총열 덮개를 잡아서 고정하여 안정된 사격을 할 수 있다.

그러나 총열 덮개는 총열에서 나는 열로부터 사수를 보호하는 반면에, 총열에 공기가 잘 닿지 않도록 만들어 냉각 효과를 나쁘게 한다. 그래서 총열 덮개에 몇 개 정도 구멍을 뚫어서, 과열된 총열로 인하여 화상을 입는 일 없이 방열도 진행하는 아이디어가 나왔다.

총열 덮개 그 자체는 여분의 중량(데드 웨이트)인지라, 구멍을 내면 경량화도 기대할 수 있다. 그러나 구멍을 너무 많이 뚫으면 강도가 저하되기 때문에, 총열 덮개의 재질이나 기관총 본체와의 중량 밸런스, 발사탄약이 만들어내는 충격 등도 고려하여 위치나 크기를 결정하였다.

기관총의 **양각대**는 총열 덮개 부근에 장비하는 경우가 많다 보니, 아무래도 총신에서 열을 직접 받게 된다. 그래서 양각대를 플레이트 형태로 만들고 방열공을 뚫어, 총신 냉각에 도움을 주는 모델도 존재한다.

물을 사용하여 총열을 냉각하는 「수냉식」의 기관총에도 총열 덮개(워터 재킷이라고도 부른다)가 장착되어 있으나, 이쪽은 「물을 채운 원형 통」이기 때문에 구멍이 뚫려있지는 않다.

총열의 방열공

총열의 구멍은 냉각용 공기가 통하는 길
(총열 자체가 아니라「총열 덮개」부분에 나있다)

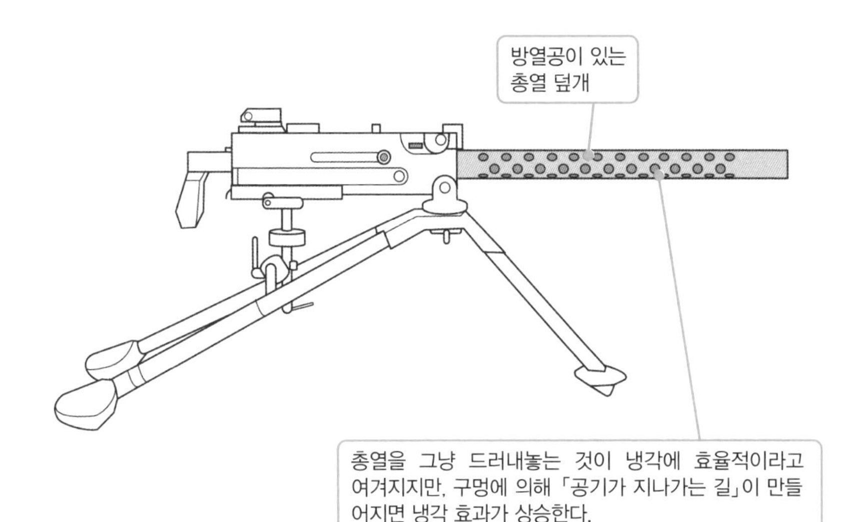

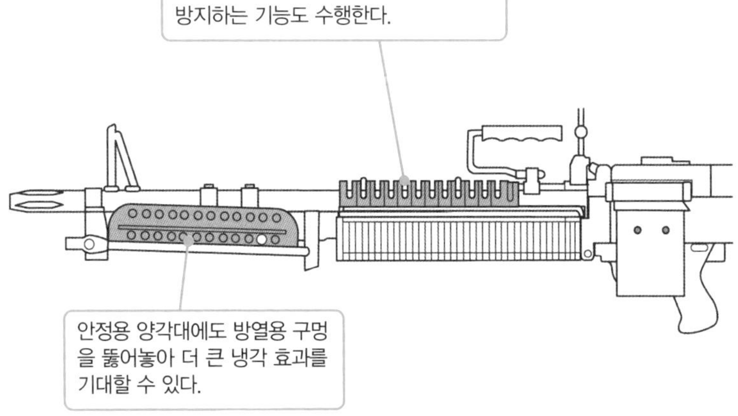

원포인트 잡학상식

이러한 구멍은 기관총에만 있는 것이 아니라, 미군의『M16』어설트 라이플에도 총열 덮개 위에 큰 구멍이 뚫려있고 참호전투용「트렌치 건」도 방열공이 있는 총열 덮개가 장착되어 있다.

No.043

「분당 500발의 발사 속도」란?

연발 기능이 있는 기관총과 어설트 라이플, 기관단총에는 「발사 속도」라는 수치가 있다. 이것은 「탄의 속도(탄속)」가 아니라 「연속 발사시의 사이클」로, 음악에서 말하는 박자(템포)와 같은 것이다.

●1분에 몇 발을 쏠 수 있는가?

기관총의 성능표에는 「발사 속도」라는 항목이 있다. 분당 450~550발이라 표기되며 단위는 「발/분」이다. 이것은 그 총이 1분간 몇 발의 탄을 발사할 수 있는지를 표시한 것으로, 숫자가 크면 클수록 발사 사이클이 빠르다—짧은 시간에 대량의 탄을 뿌릴 수 있다는 것이다. 자료에 따라서는 숫자에 100발 단위의 폭이 있는 것도 있는데, 이것은 기상 조건이나 총과 탄약의 상태를 가미하여 산출된 숫자이기 때문이다.

그러나 발사 속도라고 하는 것은 어디까지나 「이론적 수치」에 지나지 않는다. 예를 들어 성능표에 분당 500발이라고 적혀있는 기관총이라 하더라도, 실제로 그만큼 계속 사격을 할 수 있는 것은 아니다. 그 이유 중 하나는 **탄띠**의 길이에 물리적으로 한계가 있다는 점이다. 탄띠의 길이가 너무 길면 중간에 끊어지거나 꼬여서 장전 불량의 원인이 되고 운반하기도 어려워 진다. 탄약의 사이즈에 따라 다르지만, 실용적인 관점에서 보았을 때 탄띠 하나에 탄약 200발 전후가 한계라 할 수 있다.

운반할 수 있는 탄의 숫자에 한계가 있는 이상, 발사 속도를 알면 탄환을 전부 발사할 때까지의 시간을 추정할 수 있다. 분당 500발의 발사 속도를 가진 기관총에 200발 탄띠를 연결해서 계속 사격을 하면, 대략 20~30초에 탄을 전부 사격한다는 계산이 나온다. 탄이 떨어지는 것뿐만 아니라 총열 과열에 의한 사격 중단도 고려해야 할 필요가 있기 때문에 계산대로는 되지 않겠지만, 사격을 하는 쪽도 당하는 쪽도 탄막이 끊어지는 타이밍을 추측하는 것은 어느 정도 가능하다.

탄을 흩뿌려서 넓은 범위를 제압하는 기관총은, 일반적으로 발사 속도가 빠른 쪽이 유리하다. 그러나 속도가 빠른 총은 컨트롤을 하기 어렵고 탄약 보급이 힘들다는 문제도 있다. 이러한 문제는 군의 방침과 총기 설계 사이에서 균형을 잡아야 하는 것으로서, 융통성 있는 대응이 가능한 일부 기관총에서는 부품을 조절하거나 조정간을 조작하여 발사 속도를 바꿀 수 있는 것도 존재한다.

기관총의 발사 속도

제2차 세계대전 시에 표준적인 기관총의 발사 속도는 「분당 500발」 정도이다.

고속

분당 1,500발(MG42)

대공용으로도 사용할 수 있는 독일의 기관총. 이 정도로 발사 속도가 빠르면 발사음이 연속으로 들린다.

분당 900발(MG34)

분당 450~550발(브라우닝M2)

미국의 중기관총. 많은 개량형이나 베리에이션이 만들어졌다.

분당 450발(92식 중기관총)

일본의 주력 기관총. 특유의 사이클이 느린 발사음 때문에, 연합군에서는 「우드 패커(딱따구리)」라고 불렀다.

저속

일부 총기에는 부품을 조절하거나 조정간을 바꿔서 발사 속도를 변화시키는 것이 가능한 경우도 있다.

BAR (M1918A2)	
고속시 : 분당 550발	저속시 : 분당 350발

M249 SAW
분당 700~1,000발

원포인트 잡학상식

발사 속도가 빠른 총에서는 탄환을 너무 빨리 소모하지 않도록 기술적으로 2~3발씩 끊어서 사격을 한다.

No.044

탄약 벨트는 어떤 방식으로 연결되어 있는가?

기관총의 급탄 방식으로 널리 이용되고 있는 방식이, 탄띠를 사용한 「벨트 피드」 방식이다. 50~수 백발의 탄약을 띠와 같이 연결하여, 연속해서 기관부에 집어넣는 방식이다.

●탄을 핀 대신 사용한 체인 형태

기관총과 탄띠는 서로 뗄 수 없는 관계이다. 오래 전에 설계된 **경기관총**이나 권총탄을 사용하는 기관단총(서브머신건)에서는 탄창(매거진)식이 일반적이지만, 장시간 사격이 주 목적인 기관총의 급탄 방식으로는 탄띠 급탄 방식이 잘 맞다. 초기의 기관총에서는 천으로 된 캔버스 벨트에 탄약을 끼우는 구조의 탄띠가 사용되었으나, 현재는 「링크(Link)」라는 금속 링으로 벨트를 만드는 메탈 링 방식이 일반적이다.

링은 탄약을 매개로 연결되어서 벨트 형태가 된다. 자전거의 체인을 위에서 보는 것과 거의 비슷한 상태로, 탄피(케이스)가 체인의 「핀」 역할을 한다. 기관부에 들어간 탄띠는 탄약이 장전되며 "체인의 핀이 빠진" 상태가 되고, 남은 링크 부분은 빈 탄피의 배출에 맞추어서 분해, 배출된다.

미군 및 다른 군대에서는, 기관총탄은 처음부터 탄띠 상태로 배급된다. 탄약함에서 꺼내면 바로 사용할 수 있게 만들어져 있으며 현장의 병사가 스스로 벨트를 만들 필요는 없다. 그러나 **철갑탄**의 비율을 늘리고 싶거나 쏘고 남은 짧은 탄띠를 다시 연결할 경우를 위하여, 벨트를 만들 수 있는 전용 공구가 준비되어 있다.

제2차 세계대전 당시 독일 기관총인 『MG34』나 『MG42』는 탄띠가 분리식이 아니라 어느 정도의 길이로 연결이 된 채 배출되는 「연결식」이었다. 장시간 사격을 했을 때 띠 상태로 쌓이는데, 병사들이 현장에서 다시 탄띠로 만들기 편리하였다.

미군과 같이 「탄약이 부족하면 다스 단위로 보내지는」 보급 상태가 아니었던 독일군에 있어서는, 어떤 의미로는 편리하였을지도 모르겠다.

탄띠 연결

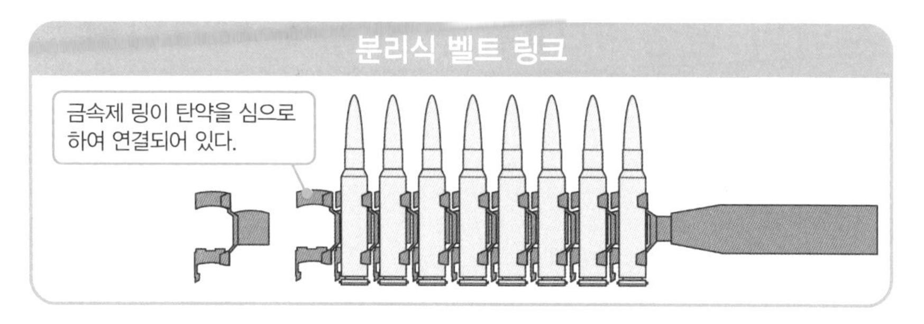

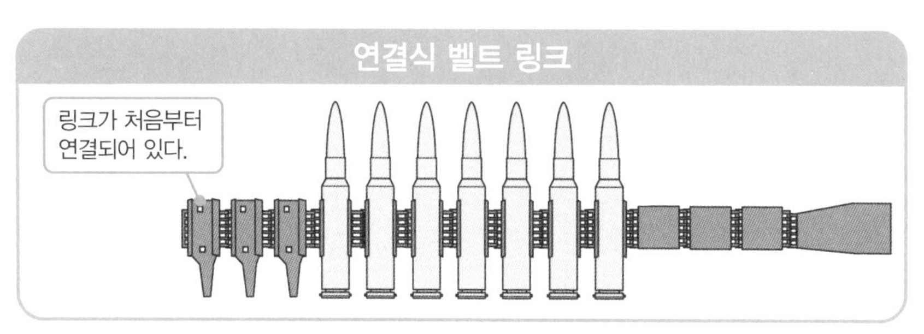

탄약 벨트는 이러한 기구로 만들어 진다.

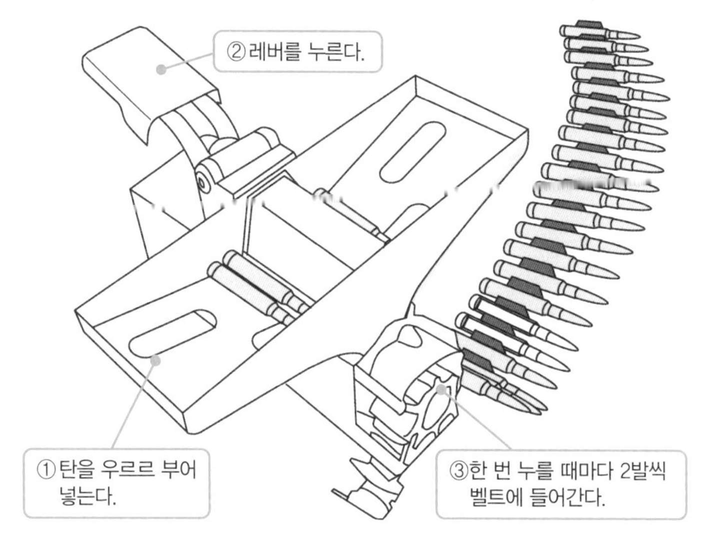

원포인트 잡학상식

탄띠에 탄을 끼우는 방식은 각국마다 여러 가지 방식이 있는데, 핸들을 돌려서 연속으로 장전할 수 있는 것이나 레버를 한 번 누를 때마다 20발씩 탄약이 장전되는 것도 있었다.

No.045

드럼식 탄창의 내부는 어떻게 되어있나?

드럼식 탄창으로는 갱 영화에서 나오는 「토미건」에 장착된 원반형이 유명하다. 일반적인 상자형 탄창으로는 겨우 10발 전후, 많아도 20~30발 정도밖에 사격을 할 수 없지만, 드럼식 탄창은 50발~100발을 사격할 수 있다.

● 기관총용 드럼식 탄창은 단순한 수납 케이스

드럼식 탄창은 일반적인 상자형 탄창(박스 매거진)에 비하여 많은 탄약을 휴대할 수가 있다. 사격을 마친 탄창을 교환하는 회수가 줄어들기 때문에, 탄 막힘(재밍)과 같은 문제가 없다면 그만큼 많은 탄환을 발사할 수 있다는 장점이 있다.

반면, 드럼식 탄창은 내부에 기어가 내장되어 있거나 송탄 작용을 하는 스프링의 구조가 특수한 것 등, 구조가 복잡하여 고장이 나기 쉬운 단점도 있다. 이것은 권총이나 기관단총(서브머신건)용 드럼식 탄창에서 자주 나타나는 경향이었지만, 오래 전에 설계된 **경기관총**에 사용된 것도 마찬가지였다.

그러나 제2차 세계대전 당시 독일이 개발한 『MG34』의 드럼식 탄창은 고장과는 거리가 멀었다. 그 이유는 내부에 기어라던가 스프링과 같이 잘 고장 나는 부품이 하나도 들어가 있지 않은 「단순한 수납 케이스」이기 때문이었다.

드럼식 탄창을 장착한 MG34는 **탄띠 급탄** 방식이다. 탄약이 사전에 하나로 연결되어 있는 탄띠 급탄에서는, 기어나 캠과 같은 것을 이용하여 송탄을 할 필요가 없다. 긴 탄띠가 중간에 꼬이지 않고 부드럽게 기관부로 보내지기만 하면 문제가 없기 때문에, 단순한 수납 케이스 수준의 물건으로 충분하기 때문이다.

이 방식은 탄띠 급탄 방식에 의한 장시간 사격이 가능하다는 장점과 탄창 방식이 가진 기동의 용이함 양쪽을 다 갖춘 아이디어였다. 전후에는 미군의 **분대지원화기**(SAW)로서 벨기에의 FN사가 개발한 『M249 (MINIMI)』의 상자형 탄약 박스가 이것에 근접한 사고 방식으로 만들어진 것이라 할 수 있다.

이것은 드럼식이 아닌 토대 형태에 가까운 것으로, 총을 들고 이동할 때 사수의 다리에 닿지 않는 각도로 만들어졌다. 수지 재질에 장탄수는 200발이지만, 엎드려서 사격할 때 방해가 되기 때문에 최근에는 나일론으로 만든 100발들이 타입을 선호하고 있다.

드럼식 탄창의 내부는……

드럼식 탄창은 상자형 탄창(박스 매거진)보다 더 많은 탄환을 휴대할 수 있다.

토미건(톰슨)의 드럼식 탄창

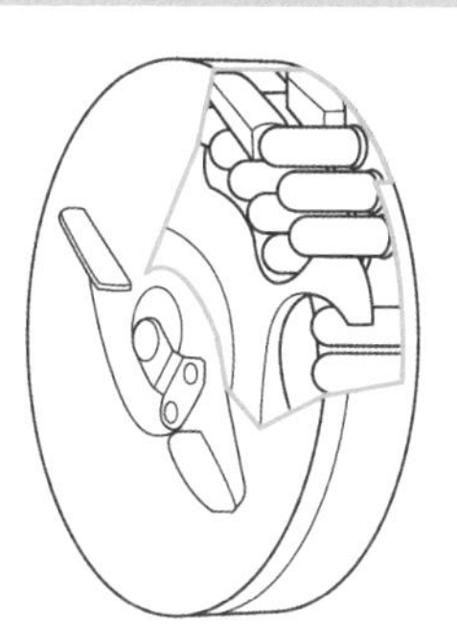

태엽식이다. 구조가 복잡하기 때문에 자주 고장이 났다.

『MG34』와 『MG42』용 드럼식 탄창

안에 아무것도 없는 『단순한 수납 케이스』이다. 여기에 50발 탄띠를 둘둘 말아서 넣는다.

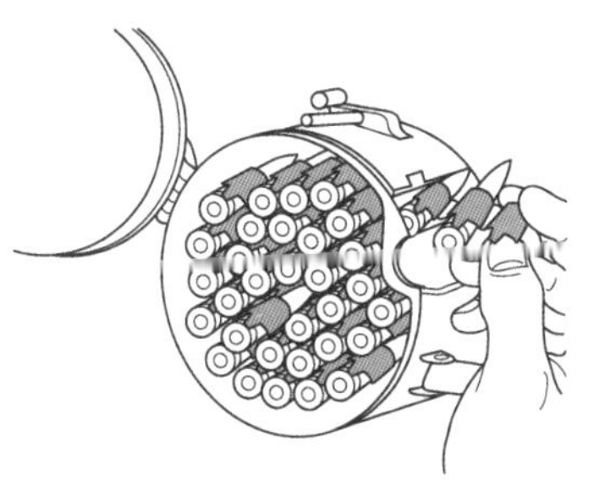

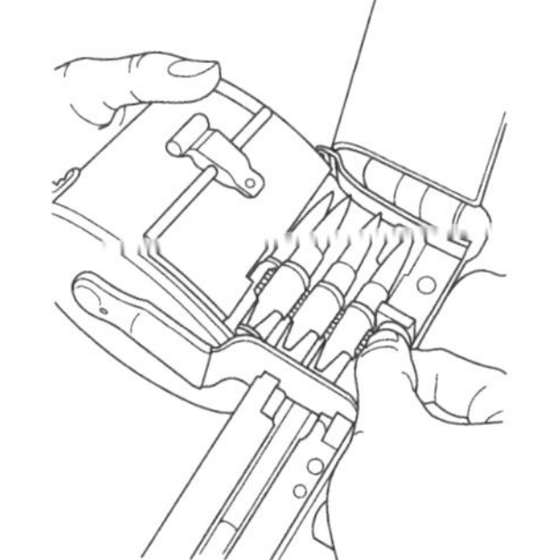

MG34에는 「서들 매거진」이라는, 태엽을 이용한 일반탄용 드럼식 탄창도 있었다. 장탄수는 75발이다.

원포인트 잡학상식

일반탄을 사용하는 서들 매거진의 개념은 현재 독일의 『G36』이나 미국의 『M4』에 사용되는 「C매그」로 계승되었다.

No.046

나팔처럼 생긴 총구는 어떤 기능을 수행하는가?

예전에 설계된 총, 특히 군용 총기의 총구(끝 부분)에는 얇고 긴 나팔 모양으로 벌어진 형태의 물건이 장착되어 있는 경우가 많다. 이것은 「소염기(플래시 하이더)」 라는 부품으로, 사격시의 섬광을 제어하는 효과가 있다.

● 불꽃을 숨기는 「플래시 하이더」

총을 사격할 때, 탄과 동시에 화약의 연소 가스도 총구에서 뿜어져 나온다. 통상적으로 연소 가스는 약실이나 총열 안에서 탄환을 가속시킬 때 완전 연소되기 때문에 총구에서는 연기만 뿜어져 나온다. 그러나 화약량에 비해 총열이 짧거나 강력한 탄약(=화약량이 많다)을 사용했을 때에는, 연소되는 도중에 가스가 불꽃이 되어 총구에서 뿜어져 나오는 경우가 있다.

이러한 불꽃을 「머즐 플래시(총구화염)」 라 부르며, 총구에서 원과 같이 뿜어져 나와서 확산되는 성질이 있다. 머즐 플래시를 사수가(특히 연속 사격 때) 직시하게 되면, 시계가 차단되고 시력이 순간적으로 저하되어 조준이 흐트러지는 등 상당한 악영향을 끼친다. 특히 야간 사격에서는 적의 목표가 될 위험성이 있고, 사수의 동공이 수축하여 야간 전투에 대응을 할 수 없게 되어버린다.

총구에 장착된 나팔 형태의 부품은 「소염기(플래시 하이더)」 라 불리며, 발사 화염을 감소시키는 기능이 있다. 단 「소음기(사일렌서)」 가 완전하게 소리를 없애는 것이 아닌 것처럼, 소염기도 불꽃을 완전히 없애는 것은 불가능하다(불꽃을 숨긴다는 의미의 「플래시 하이더flash hider」로 불리는 것은 이러한 이유 때문이다). 소염기를 통과한 불꽃은 총구의 전방이나 측면으로 향하게 되어, 사수의 눈을 빛의 자극으로부터 지킨다. 게다가 불꽃과 동시에 나오는 「발사음」 의 확산을 억제하는 효과도 있어서, 소리를 전방으로 방출시켜 사수의 귀가 받는 부담을 경감시키는 기능도 있다.

나팔 형태의 소염기는 소염 효과가 강한 반면에, 총의 반동을 강하게 만드는 특징이 있다. 그래서 나팔 형태를 만들되 각도를 그다지 크지 않게 만든 「내로우 타입narrow type」 이라는 것도 만들어 졌으나, 소염 효과 역시 그렇게 좋지 않은 물건이 되어버렸다.

최근에는 발사 가스의 연소 효율 향상과 총기 설계의 진보에 의하여, 소염기를 사용할 필요가 있을 정도로 강력한 불꽃을 내뿜는 총은 많이 없어졌다. 그 때문에 불꽃을 숨기는 효과와 반동을 억제하는 **머즐 브레이크**를 겸한 것이 일반화되었다.

총구 화염을 억제하는 머즐 디바이스

플래시 하이더
총구에서 발생하는 「머즐 플래시」를 억제하는 부품

아무것도 장착하지 않은 총구의 경우

총열 안에서 완전하게 연소되지 않은 발사 가스가, 총구를 나온 순간 공기에 접촉하여 불꽃을 만든다.

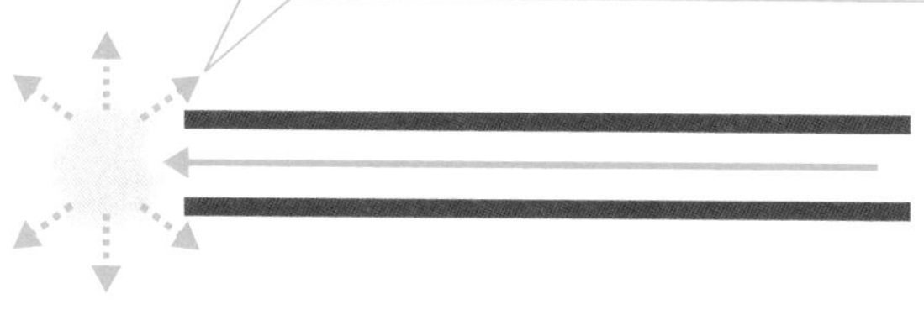

머즐 플래시(총구 화염)는 눈에 잘 띄기 때문에 적의 목표가 될 수 있고, 눈이 부시기 때문에 사수의 시야에도 나쁜 영향을 준다.

소염기를 장착한 경우

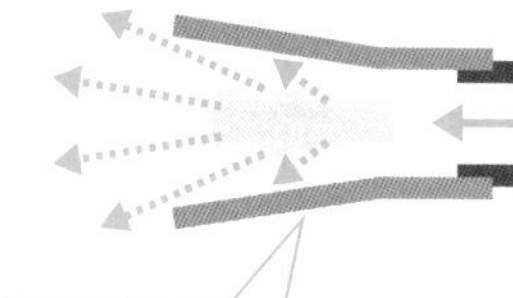

나팔 모양이 발사 가스가 앞으로 빠져나가도록 유도를 하여, 한 번에 확장하지 않기 때문에 불꽃이 잘 발생하지 않는다.

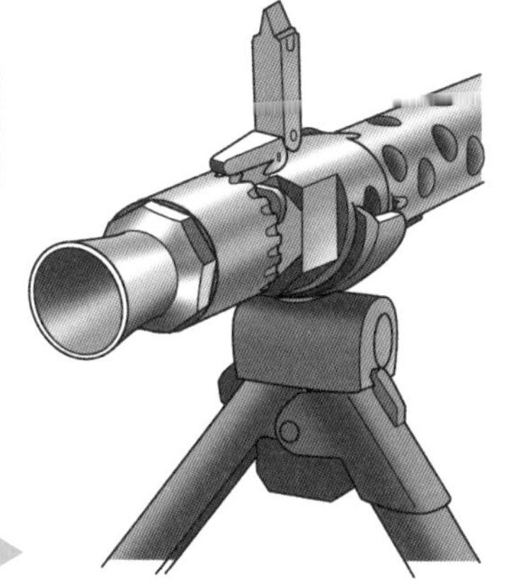

『MG34』의 플래시 하이더 ▶

원포인트 잡학상식

총구 화염은 실제 연소되는 가스가 다시 압축되어 일어나는 현상이기 때문에, 총신이 짧은 총이라도 강력한 불꽃이 일어나는 경향이 있다.

No.047

숄더 레스트는 어떻게 사용하는가?

숄더 레스트는 「풀 오토 사격이 가능한 총」에 장착되어 있는 경우가 많다. 주로 경기관총이나 범용기관총, 분대지원화기나 7.62mm 사이즈의 어설트 라이플 및 자동 소총에 장착되어 있다.

● 사격 시에 위에서 어깨를 눌러준다

숄더 레스트는 **풀 오토 사격**을 할 때, 개머리판이 어깨에서 떨어지지 않도록 하기 위한 플레이트이다. 총이 격렬하게 떨리는 것을 억제하기 위해 고안된 것으로, 기본적으로 **양각대**와 같이 엎드려서 사격을 할 때 사용한다.

일반적으로 풀 오토 사격을 할 때, 사수는 개머리판을 자신의 어깨에 견착해 총을 안정시킨다. 그러나 연사를 하는 동안 계속 견착을 하게 되면 쉽게 지치게 되고, 팔이나 어깨에 힘이 많이 들어가는 것도 좋지 않다.

숄더 레스트가 장착된 총을 어깨에 견착하면, 플레이트가 어깨 위에 올라가서 개머리판이 밑으로 내려가지 않도록 해준다. 오른손잡이 사수의 경우, 숄더 레스트를 오른쪽 어깨에 대고 왼손으로 개머리판을 위에서 누르는 식으로 고정하면, 적은 힘으로 확실하게 고정할 수 있다.

현재의 숄더 레스트는 「위로 올라가는 방식의 플레이트」로 되어 있는 것이 일반적이지만, 제2차 세계대전 당시의 **경기관총** 등에는 개머리판 끝 부분의 디자인 자체가 "어깨에 견착하기 쉬운 형태인 곡선으로 되어있는" 것이 많았다.

숄더 레스트는 기본적으로 「양각대를 이용하여 엎드려 쏴」를 할 때 사용하는 장비이기 때문에, 양각대가 장착되어 있는 모델에는 세트로 숄더 레스트가 장착되어 있다. 숄더 레스트는 장착되어 있으나 양각대가 없는 총도 있으나, 이러한 모델은 별도 옵션으로 양각대가 준비되어 있는 경우가 있다.

구경 5.56mm 사이즈의 **어설트 라이플** 등 그렇게까지 반동이 강하지 않은 모델에는, 기본적으로 숄더 레스트가 장착되어 있지 않다. 그러나 5.56mm라도 『M249 SAW』와 같은 **분대지원화기**에는 장시간 풀 오토 사격을 할 필요가 있고 기관총이라 본래 중량의 밸런스가 뒤쪽으로 설계되어 있는 특징 때문에, 총을 지지하기 위한 목적으로 숄더 레스트를 장착하고 있는 모델도 많다.

풀 오토 사격시의 안정성을 향상시킨 부품

풀 오토 사격을 할 때, 개머리판이 어깨에서 밀리는 것을 방지하기 위한 플레이트.

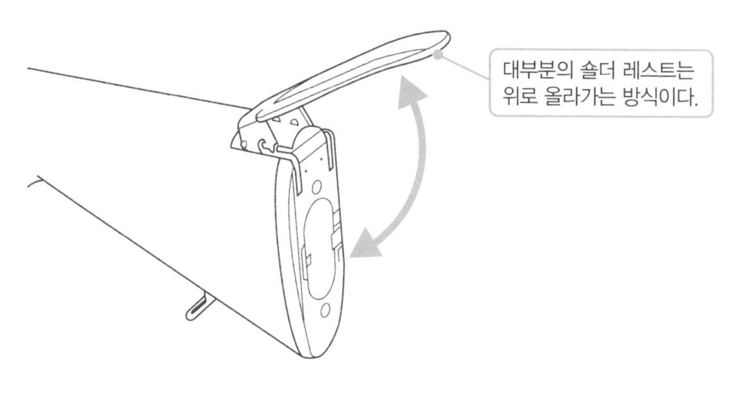

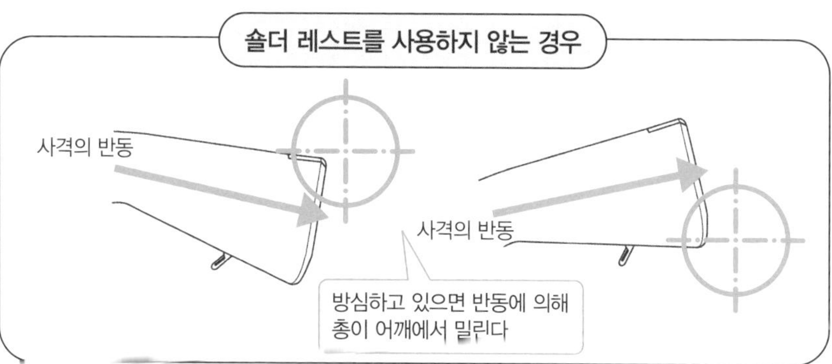

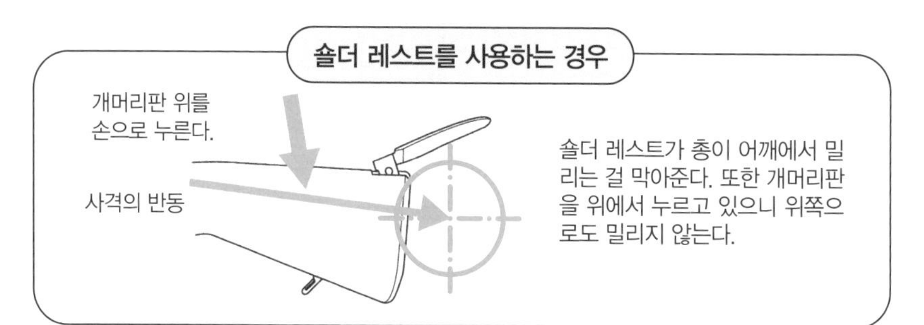

원포인트 잡학상식

자위대의 『64식 소총』에도 숄더 레스트가 장착되어 있는데, 자위대에서는 「개머리판 상판」이라고 부른다.

No.048

머신 피스톨은 쓸모가 있는가?

탄환을 연속으로 사격하는 「풀 오토 사격」은 샷건의 산탄과 마찬가지로 근거리의 총격전에서 절대적인 위력을 자랑한다. 근거리용 무기인 권총에 풀 오토 기능을 집어넣는 것은, 총기 개발에서 자연스러운 시도이기도 했다.

●전문적인 훈련을 받지 않으면 사용할 수 없다

권총에 **풀 오토** 기능을 집어넣는 것 자체는 어려운 것이 아니었으나, 권총은 기관총처럼 무겁지 않고 기관단총(서브머신건)처럼 양손으로 잡아서 안정시키는 것도 어렵다. 그 때문에 실용적인 (반자동 사격을 반복하는 것 이상의) 발사 속도로 풀 오토 사격이 되게 만들면, 총구가 격렬하게 흔들리게 된다. 그러면 당연히 조준이 맞지 않고, 결과적으로 탄착이 한 군데에 집중되지 않고 퍼지게 된다.

샷건의 산탄이 「확산」하기 때문에 조준을 할 필요가 없듯이, 탄착이 어느 정도의 범위로 퍼진다면 환영할만한 일이다. 그러나 최초의 1발 이외에 전부 엉뚱한 방향으로 날아가 버린다면 너무나도 효율이 나쁘다. 표준적인 머신 피스톨의 장탄수는 10발 정도 밖에 되지 않기 때문에, 눈 깜짝할 사이에 탄약이 없어지는 것도 고려해야 할 사항이었다. 옵션으로 나와있는 「롱 매거진」을 사용하면 20~30발 정도로 장탄수를 늘릴 수 있지만, 이 경우에는 권총이 홀스터에 들어가지 않게 되어 "작은 크기"라는 권총의 최대 장점이 없어진다.

머신 피스톨의 의의는 평소에는 방해가 되지 않도록 홀스터 안에 넣어 두었다가, 위기에 빠졌을 때 「뽑자마자 풀 오토 사격으로 적을 구축한다」는 사용법에 있다. 이것이 불가능하다면, 같은 크기로 더욱 성능이 좋은 기관단총을 사용하는 편이 나을 것이다.

그렇지만 절대적으로 크기가 작기 때문에 좁은 공간에서의 전투가 유리한 점이나 무기를 숨길 수 있다는 점에서 오는 유효성이 아주 없는 것은 아니다. **어설트 라이플**과 같이 일반 병사용의 표준 장비가 되지는 않지만, 소련의 『스테츠킨』이나 서방의 글록사에서 나온 『G18』과 같이 용법을 숙지하고 혹독한 훈련을 거듭한 특수부대의 인간이 한정적으로 사용하는 경우는 존재한다.

머신 피스톨

머신 피스톨의 단점

- 안정시키는 것이 어렵기 때문에, 탄착이 한 군데로 모이지 않는다.
- 장탄수가 적어서 눈 깜짝할 사이에 탄을 전부 소모하는 경우가 생긴다.

머신 피스톨의 장점

- 좁은 공간에서의 전투에 유리
- 무기를 숨길 수 있어서 유리

↓

훈련을 거듭한 특수부대의 인간이 한정적으로 사용한다.

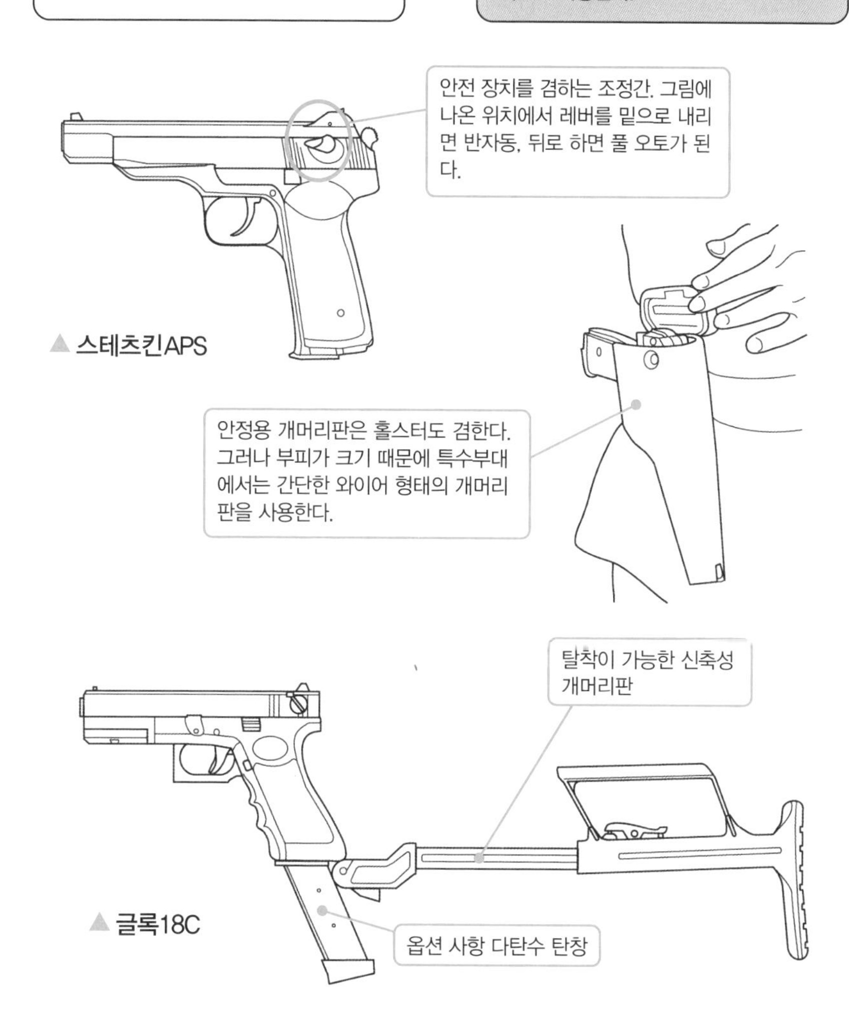

▲ 스테츠킨APS

▲ 글록18C

원포인트 잡학상식

스테츠킨은 생산량이 적어서 소련의 붕괴 후에도 미국으로 넘어간 것이 거의 없었다. 그 때문에 수집가들 사이에서는 매우 희귀한 아이템이 되었다.

매그넘탄에 맞으면 뒤로 날아간다?

위력이 강력한 매그넘탄은 명중했을 때의 충격도 다른 것과 비교할 수 없을 정도로 매우 크다. 영화나 만화에서는 「매그넘탄을 맞은 상대가 요란하게 뒤로 날아가는」 장면도 많다. 예를 들어 뒤로 날아가서 그대로 벽에 부딪히고 힘없이 무너지거나, 뒤로 날아가서 그대로 창문을 뚫고 밑으로 떨어진다…… 같은 패턴이 있다.

그러나 아무리 강력한 힘을 자랑하는 매그넘탄이라도, 노린 상대를 날려버리는 것은 매우 어려운 일이다. 탄(비행물)을 맞춰서 무엇인가를 움직이게 만드는 것을 생각할 경우 「탄의 중량(질량)과 속도」가 중요하지만, 인간 1명의 중량을 움직이기에는 총탄 1발의 무게가 너무나도 가볍다 (제2차 세계대전 말기의 대전차 라이플용 20mm탄이라도 130g~160g 정도, 브라우닝M2용 12.7mm탄이라면 약 43g, 44매그넘탄의 경우는 15.6g 정도이다).

가벼운 탄이라도 속도를 올리면 에너지가 증가하지만 탄이 고속이 될수록 관통력도 증가하기 때문에 결국 「뒤로 날릴 만큼의 에너지」를 전달하기 이전에 탄이 목표를 관통하고 만다.

총탄이 인간을 살상하는 방법은 「작은 탄을 고속으로 명중시켜서, 그 충격(임팩트)으로 신체 조직이나 내장과 같은 급소를 파괴하는 것」이다. 사격 자세의 운동에너지는 「인체의 파괴」라는 목적을 달성하기에는 충분하지만, 수 십kg이나 되는 물체를 이동시키기에는 부족하다.

만약에 초중량탄을 초고속으로 발사할 수 있는 총이 있다고 하더라도, 이번에는 탄환을 맞는 인간이 버틸 수가 없다. 사격 자세에서 에너지가 전달되어 몸이 뒤쪽으로 움직이기 전에, 육체가 먼저 분쇄되어 버린다.

영화와 같이 "인간이 뒤로 날아가는" 일이 있다고 한다면, 그것은 총을 맞은 쪽의 「반사 행동」에 의한 경우이다. 이것은 「뜨거운 다리미를 만지면 화상을 입는다」는 것을 알고 있는 인간에게 갑자기 다리미를 가져다 대는 경우, 스위치가 들어와 있는지 여부에 관계 없이 깜짝 놀라서 펄쩍 뛰며 뒤로 물러나는 것과 마찬가지로 영화나 만화에서 나오는 「총을 맞으면 화려하게 뒤로 날아간다」고 생각한 피해자가 맞은 순간에 (무의식적으로) 뒤집어지거나 넘어지는 것이다.

물론 야생의 짐승은 영화관에도 가지 않고 만화도 보지 않기 때문에, 아무리 강력한 매그넘탄을 맞더라도 (몸의 크기가 작은 사냥감은 사방으로 흩어질지도 모르지만) 날아가거나 하지는 않고 그 자리에서 쓰러질 뿐이다. 인간의 경우에도 반사 행동이 일어나는 것은 「탄이 급소를 빗겨나가서 생명 활동이 즉시 정지하지 않은 경우」로서, 즉사할 수 있는 장소에 탄을 맞는다면 야생동물과 마찬가지로 아무런 반응 없이 쓰러질 뿐이다.

제 3 장

하이파워 웨폰

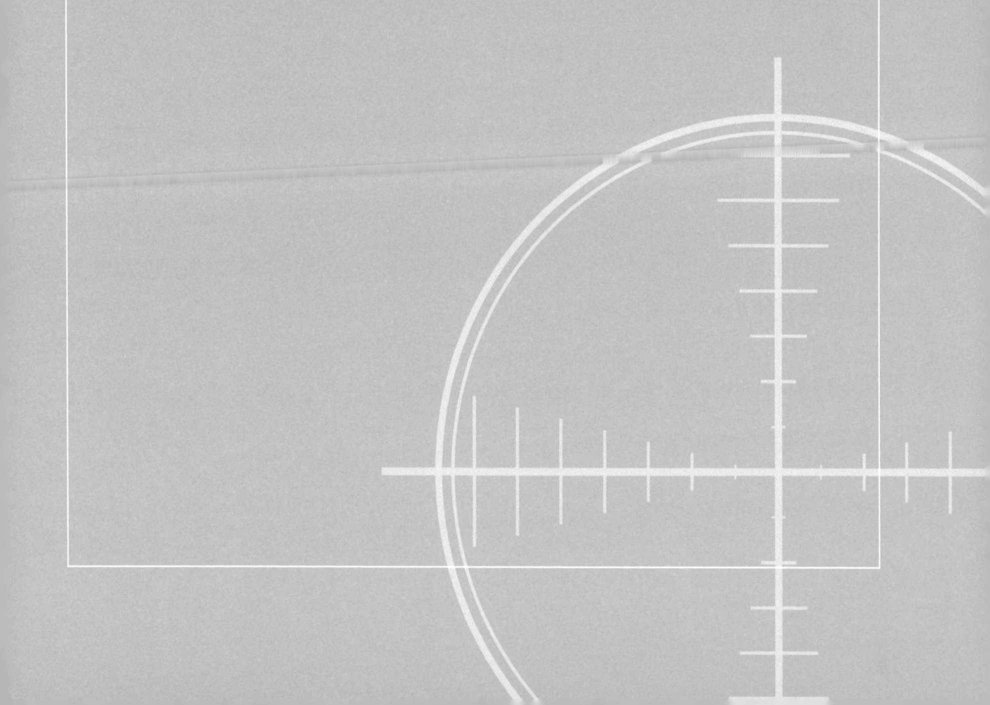

No.049

어느 정도부터 「대구경」인가?

구경이란 「총열의 내경」을 가리키는 말이다. 전문적으로는 「탄약의 규격이나 스팩」까지를 포함하여 표시하는 경우가 있다. 총의 구경을 대구경과 소구경으로 구분하지만, 엄밀하게 「몇 밀리 몇 인치부터 대구경」이라는 구분은 없다.

● 대구경 모델은 모두 하이파워 웨폰인가?

확실히 구경은 "총의 위력"을 재기 위한 기준이 되긴 하지만, 반드시 「구경의 숫자」가 클수록 강력한 것만은 아니다.

예를 들어 군이나 경찰에서 많이 사용되는 권총의 구경은 「9mm」인데, 이 구경은 전문 서적에서는 "다소 위력이 불안"하다고 평가되어 있는 경우가 많다. 그러나 라이플용 탄환 「7.62mm」는 9mm보다 숫자가 작지만, 대구경의 범주에 들어간다.

이것은 권총과 라이플에서 사용되는 탄약의 차이로, 라이플이나 기관총용 탄약은 권총탄에 비하여 발사약(화약)의 양이 많다. 그렇기 때문에 「구경의 숫자」가 작더라도 위력이 큰 것이다.

권총의 경우 「45구경(11.43mm)」 정도부터 대구경이라는 것에 비하여, 라이플의 경우는 「30구경(7.62mm)」 사이즈라도 당당하게 대구경탄들과 어깨를 나란히 한다. 군용 **어설트 라이플** 『M16』의 「22구경(5.56mm)」이라는 숫자도 권총탄이라면 "위력이 약한 탄의 대명사"라고 취급될만한 사이즈이지만, 라이플용 22구경탄은 권총과는 위력도 사정거리도 비교할 수 없을 정도의 물건이다. 즉 구경을 비교할 경우, 그 총이 권총인지 라이플인지 같은 요소가 중요하지 단순하게 구경의 숫자 크기만을 비교해도 의미가 없는 것이다.

또한 구경의 표시 중 「38구경」「45구경」과 같이 표시되는 경우, cm이나 mm이라고 표기되어 있지 않는 한 구경의 단위는 「인치」이며 숫자의 앞에 있어야 할 「.」이 생략되어 있다. 예를 들어 「38구경」이라 표시된 총의 경우 정확한 표기는 「.38구경」이고, 0.38인치라는 것이다(참고로 이것을 「1인치=25.4mm」로 환산하면 약 9.6mm).

이러한 「구경의 인치 표기」는 미국의 총기나 메이커에서 사용되는 표기 방법으로, 유럽에서는 「밀리리터 표기」가 주류이다.

어떠한 것을 기준으로 대구경이라 하는가

대구경의 기준은, 「권총」이나 「라이플」과 같은 총의 카테고리에 따라 다르다.

권총의 경우

45구경(11.43mm)~

탄피 사이즈가 작고 탄을 가속하는 총열도 짧기 때문에, 밀리미터 단위로 「10mm 이상」이지 않으면 대구경이라 할 수 없다.

라이플의 경우

30구경(7.62mm)

권총탄보다 탄피의 사이즈가 크기 때문에 발사약을 많이 넣을 수 있다.
따라서 30구경 정도면 충분히 대구경이라 할 수 있다.

구경의 인치 표기에 대하여

구경이 숫자만(몇 mm라던가 몇 cm라고 적혀있지 않고) 표기되어 있는 경우, 그것은 「인치 표시」이다.

45구경=0.45인치(11.43mm)
38구경=0.38인치(9.6mm)
22구경=0.22인치(5.56mm)

데이터에 따라서는 「.45구경」과 같이 표시되어있는 것도 있지만, 0을 생략하고 있는 것은 마찬가지.

「45구경」=45mm나 45cm는 아닌 것에 주의하자!

원포인트 잡학상식

장총(라이플이나 기관총)용 7.62mm탄이라고 해서 전부 하이파워에 들어가는 것은 아니라, M1카빈탄과 같이 「위력이 약한」 탄도 존재한다.

No.050

대전차 라이플은 전차에 먹혀 들지 않았다?

대전차 라이플이란 이름 그대로 "전차에 대응하기 위한 라이플" 이다. 보병 라이플을 크게 만든 대형 총기이지만 「명중시키면 전차가 날아가는」 병기는 아니고, 장갑이 얇은 부분으로 전차병을 노리는 총기였다.

● 라이플탄으로는 무리였다

제1차 세계대전의 신병기로 등장한 전차는 육상 전투의 양상을 완전히 바꿀 수 있는 가능성을 가지고 있었다. 그러나 개발 당사자인 영국에서도 완벽한 테스트가 이루어지지 않은 채, 서둘러서 전장에 투입되었다. 영국군과 싸웠던 독일은 고장난 전차를 포획하고 약점을 분석하여, 자군의 전차가 실전에 투입될 때까지의 대응책을 만들어냈다.

최초의 전차는 장갑이 얇거나 경화 처리가 되어있지 않았기 때문에, 보병 라이플용 스틸코어(강철탄심)가 들어간 특수탄으로도 응전이 가능하였다. 그리고 영국군이 장갑 강화형 전차를 내놓자, 독일군도 더욱 대형의 탄환을 고속으로 발사하는 대전차 라이플을 개발하였다.

이처럼 큰 사이즈의 라이플은 제1차 세계대전 말기나 그 이후의 지역 분쟁에서는 나름대로 활약했다. 이 시기에는 각국이 군사비를 절감하던 영향으로 인해 소형이며 경장갑인 「공전차」가 주류였기 때문이다. 그러나 제2차 세계대전이 발발하던 무렵에는 대형화, 중장갑화된 전차의 장갑에 대응하기에는 위력이 부족했다.

대전차 라이플의 위력 부족은 **『바주카』**와 같은 휴대형 로켓런처가 실용화 된 것이 결정적인 원인이 되어, 독일에서도 대전차병기를 『팬저슈렉』과 같은 로켓런처로 바꾸면서 필요가 없어진 대전차 라이플은 **라이플 그레네이드**로 개조되었다.

제2차 세계대전 이후에는 「라이플과 같은 개인휴대 사이즈의 운동에너지 병기로는 전차의 장갑을 꿰뚫는 것은 불가능하다」는 사고 방식이 정착되어, 대전차 라이플은 모습을 감추었다. 그러나 원거리용 저격라이플이나 경장갑 차량에 대한 공격 수단으로는 사용할 방법이 있다고 여겨져, 현재에는 12.7mm 클래스의 탄약을 사용하는 대형 라이플인 「**대물 저격총**(안티 머티리얼 라이플)」으로 부활하였다.

제1차 세계대전 때는 좋았지만……

신병기 「전차」가 등장!

장갑 방어력의 급속한 발전

대응책

- 스틸코어(강철탄심)가 들어간 특수탄
- 보병 라이플을 크게 만든 「대전차 라이플」의 개발

아무리 크기가 큰 총이라 하더라도, 라이플탄으로는 전차의 장갑을 뚫는 것이 어려워졌다.

그렇다면 탱크에 나있는 창문을 통해서 안에 있는 병사를 처치하자. 엔진의 흡배기구나 캐터필러의 약한 부분을 노리자.

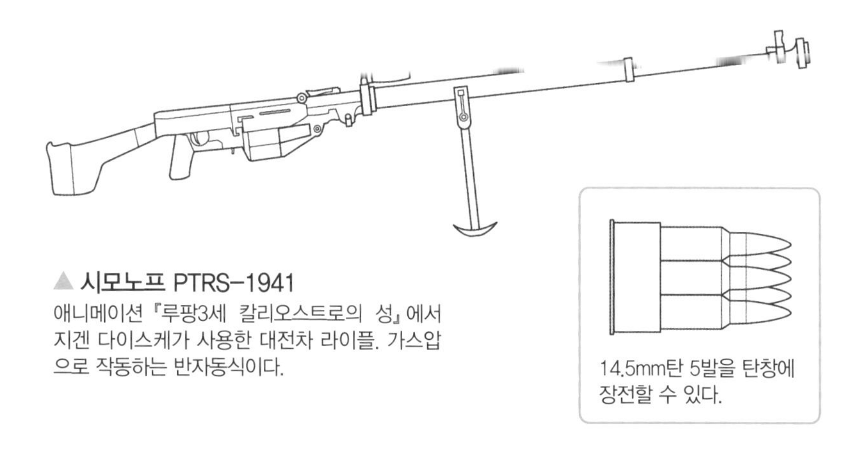

▲ 시모노프 PTRS-1941

애니메이션『루팡3세 칼리오스트로의 성』에서 지겐 다이스케가 사용한 대전차 라이플. 가스압으로 작동하는 반자동식이다.

14.5mm탄 5발을 탄창에 장전할 수 있다.

원포인트 잡학상식

대전차 라이플은 각국에서 개발, 생산되었는데 그 중에서도 소련은 제2차 세계대전 말기까지 사용하였다.

No.051

일본군도 대전차 라이플을 가지고 있었다?

『97식 자동포』는 제2차 세계대전 때에 일본이 개발한 대전차병기이다. 유럽의 대구경 대전차 라이플을 따라잡으려고 개발을 진행하여, 1937년(쇼와 12년)에 제식화되었다.

● 자동포라는 이름의 대전차병기

『97식 자동포』는 20mm라는 대구경 대전차병기이다. 당시의 육군에서는 병기 구분상「포」로 취급되어(12.7mm 이상을 포로 정의하고 있다), 제식 명칭으로도 반영되어 있다. 그렇다고 하지만 현장에서는 **대전차 라이플**과 같은 방식으로 운용을 하여, 쇼와 14년 노몬한에서 일어난 전투에 관한 소련의 전투 보고서에도 97식은「대전차 라이플」이라고 기록되어 있다.

97식 자동포에 채용된 20mm탄은「거리 200m에서 두께 15mm의 강철판을 관통」할 수 있어, 라이플 타입의 병기로서는 파격적인 구경이라 할 수 있었다. 그러나 97식이 등장했던 시기는, 대전차 라이플이라는 병기 그 자체가 시대에 뒤쳐지고 있었다. 아무리 20mm의 대구경탄이라 하더라도, 운동에너지만으로는 전차의 장갑을 관통할 수 없게 된 것이다.

일본에 있어서「전차」란 보병의 지원병기로, 전차 vs.전차라는 사고 방식은 없었다. 전쟁을 지도하는 상층부도「전차를 잡는 것은 대전차 진지」라는 생각이었기 때문에, 미국 **『바주카』**와 같은 보병용 대전차 병기도 그렇게 중요하게 생각하지 않아 시험, 시작試作하는 것에 그쳤다. 97식 자동포 역시 설치병기인『94식 연사포』의 보조병기로 사용되어, 총 인원 10명의 팀으로 운용되었다.

독일이나 소련의 대전차 라이플은 어느 정도 이상의 숫자가 생산되었으나, 일본의 97식은 겨우 200정 정도가 생산되었다. 쇼와 18년(1943년)에는 약 100정이 추가 생산되었으나「최신전차에 대응하여 강화」를 하지 않았기 때문에, 중국 대륙에서는 장갑차나 트럭만을 노리고 인도네시아에서는 항공기에 대응하는 대공포 대용으로 사용되었다. 이 시기의 97식에는 발사장치를 개조하여 풀 오토 사격이 가능한 것이 있어서, 미군의 전후 조사에서는「**풀 오토 사격**만이 가능한 대전차 라이플」이라고 보고되었다.

일본의 대전차 라이플은 「포」

제2차 세계대전 당시의 일본군은
「적 전차에는 "대전차진지"로 대항하는 것이다」
라고 생각하였다.

대전차용으로 설치형 무기인 『94식 연사포』와 『97식 자동포』를 개발.

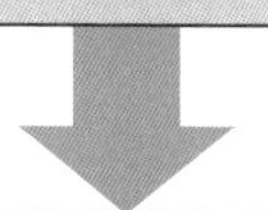

그러나 연합군의 전차에는 통하지 않았다.

▲ **97식 자동포**
발사할 때 총열이 앞뒤로 움직여서 반동을 흡수하는 시스템을 갖추었지만, 그래도 반동이 강하였기 때문에 탄약수가 양각대를 잡아서 안정시켰다.

20mm라는 구경은 「소형 대전차포」라고 불러도 좋을 사이즈였으나, 배치 시기나 생산수의 문제로 큰 전과를 올리지는 못하였다.

원포인트 잡학상식

97식 자동포의 장비품에는, 만약의 사태에 대비한 자폭용으로 대전차공격용 파갑폭뢰(破甲爆雷—지뢰와 같은 형태를 한 대전차 수류탄의 일종)가 준비되어 있었다.

No.052

현대판 대전차 라이플이란?

전차의 장갑 진화를 따라가지 못하고 전장에서 사라진 대전차 라이플(안티 머티리얼 라이플)이었지만, 긴 총열에서 발사되는 대구경 탄약의 사정거리와 위력은 경장갑 차량을 파괴하거나 1km가 넘는 곳에서의 초 원거리 저격에 효과가 있었다.

● 안티 머티리얼 라이플=대물저격총

「안티 머티리얼 라이플(대물저격총)」, 「대물라이플」과 같은 이름이 붙여진 대구경 라이플은, 현대에 부활한 **대전차 라이플**이라 불리고 있다. 그렇지만 대전차포도 통하지 않는 최신 전차를 상대로 고작 라이플로는 대응할 수가 없다. 이러한 라이플의 목표는 전차가 아닌 「경장갑 차량」이나 「일반 저격총으로는 사정거리가 닿지 않는 원거리 목표」이다.

구경 사이즈는 **중기관총** 『브라우닝M2』에도 사용되고 있는 12.7mm(50구경)클래스가 일반적으로, 보병 라이플의 사정거리 밖에서 공격할 수 있는 12.7mm탄의 유효성은 제2차 세계대전 후의 지역 분쟁에서 널리 알려졌다. 미군은 한국 전쟁이나 베트남 전쟁에서, 12.7mm탄에 의한 2km 이상의 원거리 사격으로 전과를 올리고 있었고, 포클랜드 분쟁에서는 7.62mm 구경의 보병 라이플밖에 장비하지 않았었던 영국군에게 아르헨티나군이 12.7mm 중기관총의 원거리 저격으로 막대한 피해를 주었다. 결국 영국군은 대전차미사일 『밀란』으로 상대의 진지를 통째로 날리는 전술을 사용해야만 할 정도의 상황이었다.

그러나 아무리 강력하고 사정 거리가 길다 하더라도, 중기관총은 원래 **풀 오토 사격**으로 탄막을 치기 위해 설계된 총이다. 그래서 같은 클래스의 탄약을 이용한 전용 스나이퍼 라이플이 설계되었다. 탄약 사이즈가 크기 때문에 1km 이상 떨어진 거리에서, 게다가 저격―불의의 습격을 전제로 제작한 병기이기에 총격전은 고려하지 않았다. 그 중에는 내구성과 구조의 간략화를 이루기 위해 단발(싱글샷) 볼트 액션 방식을 채택한 모델도 있다.

대형 탄약을 사용하기 위해 총의 크기도 커서, 전장 2m 이상의 모델이 대부분을 차지한다. 그렇기 때문에 개머리판이 신축식으로 되어있거나, 기관부의 위치를 뒤로 빼는 「불펍」 방식을 채용하여 전체 길이를 줄이려 하는 총이 많다.

노리는 것은 전차가 아닌, 장잡차나 원거리 목표

예전에 전차를 상대하였던 「대전차(안티 탱크) 라이플」이라는 총이 있었다.
그러나 전차의 장갑이 두꺼워지며 최전선에서 사라졌다.

하지만 장거리 목표에 대응하는 파워와
명중률은 쓸만한 것이었다.

안티 머티리얼 라이플 탄생
일반적인 저격총과 마찬가지로, 명중 정밀도가 높은 볼트 액션
방식과 재빠른 연사가 가능한 반자동식으로 구분된다.

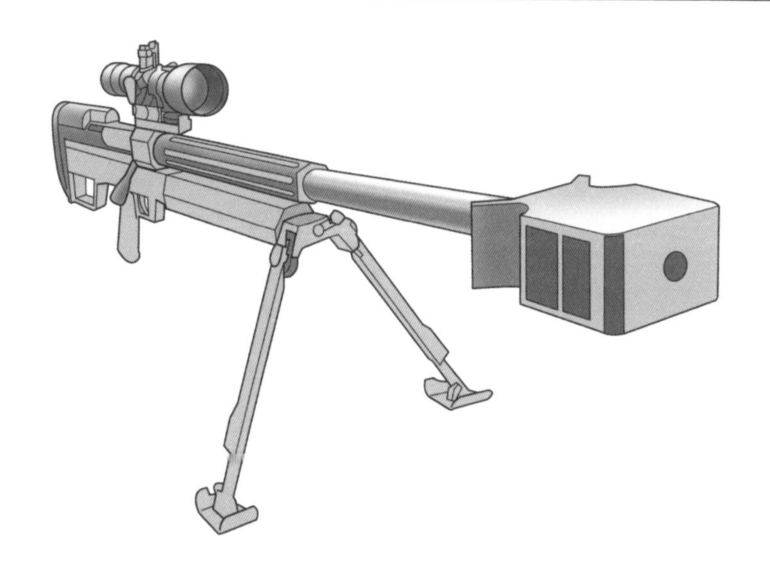

안티 머티리얼 라이플이 목표로 삼는 것은……

- 장갑이 두껍지 않은 전투 차량.
- 하늘을 나는 항공기나 연료, 발전과 같은 지상 시설
- 일반적인 라이플로는 닿지 않는 원거리 목표

원포인트 잡학상식

포클랜드 분쟁의 교훈은 「안티 분커」라고 불리는 진지파괴용 로켓탄과, 안티 머티리얼 라이플이라는 2가지 신병기 체계를 출현시키게 되었다.

No.053

대물저격총의 유효사거리는 어느 정도인가?

대물저격총은 강력한 위력의 탄약으로 경장갑 목표를 관통하는데 사용되는데, 이 위력 덕분에 바람의 영향을 받지 않고 멀리까지 탄을 보낼 수 있다. 그 때문에 일반적인 라이플이 저격을 할 수 없는 원거리 목표를 저격하는 것이 가능해졌다.

● 1km 이상의 저격은 당연

일반적으로, 보병이 장비하고 있는 라이플의 유효 사거리는 『M16』**어설트 라이플**이 사용하는 「5.56mm탄」 클래스로 약 200~350m 정도이다. 한 세대 예전의 자동 소총인 『M14』에서 사용되는 「7.62mm탄」 클래스는 약 800~1km 정도가 한계라고 한다.

그러나 50구경의 대물저격총(안티 머티리얼 라이플)『해리스 M87R』이 사용하는 「12.7mm탄」의 유효사거리는 족히 1km를 넘어 1.8~2km에 달한다. 무거운 탄두를 대량의 장약(발사용 화약)으로 쏘기 때문에 에너지가 크고, 탄도의 특성이 낮고 똑바르게 뻗어나가기 때문이다. 또한 탄두의 사이즈가 크다는 것은, **철갑탄**이나 소이탄과 같이 사용할 수 있는 특수탄두의 종류가 풍부하다는 장점이 있다.

1km가 넘는 장거리 사격이 가능한데다 사용할 수 있는 탄환의 종류가 많은 점은, 병기로서 크나큰 장점이다. **50구경**에 의한 장거리 사격의 유효성은 1982년의 포클랜드 분쟁이나 1991년의 걸프 전쟁에서도 증명되어, 이러한 사례를 참고로 개발된 안티 머티리얼 라이플은 지금까지 널리 보급, 많은 특수부대의 표준 장비가 되었다.

군용뿐만 아니라 경찰 및 치안 유지 조직 등의 특수부대에서도, 50구경의 장거리 하이파워 저격 능력은 매우 필요한 것이다. 특히 차폐물이 없는 공항시설에서 일반적인 7.62mm 클래스 저격총이라면 거리에 따른 위력의 감쇄가 심하기 때문에, 기내에 있는 항공기 납치범을 확인한다 하더라도 강화유리를 뚫고 무력화를 시키는 것이 어렵기 때문이다.

또한 일반적으로 「12.7mm탄에 의한 대인사격은 국제법 위반」이라고 이야기되지만, 이것을 항공기 납치 사건에 적용할 수 있는지는 명확한 기준이 존재하지 않는다. 일단, 대물저격총이란 이름은 「사람을 쏘려고 만든 총이 아니라는」 명분상 지어진 것이다.

대물저격총의 사정거리

안티 머티리얼 라이플은 기본적으로 1km가 넘는 장거리 저격이 가능하다.

각종 라이플의 유효 사거리

『M16』과 같은 「5.56mm」 클래스

유효 사거리 200~350m

명중 정밀도나 치사 위력을 우선으로 한 수치. 상대가 부상을 입는 것으로 충분하다면 사정거리는 더욱 늘어난다.

『M14』와 같은 「7.62mm」 클래스

유효거리 800m~1km

『M87R』의 「12.7mm」 클래스

유효거리 1.5km~2km

※상기의 사정거리는 어디까지나 하나의 기준에 불과하다. 같은 구경의 탄약이라도 발사약(발사용 화약)의 양이나 종류의 차이, 기상 조건에 따라 사정거리는 늘어나거나 줄어들기도 한다.

원포인트 잡학상식

단발 볼트 액션인 『맥밀런 M87』은 원래 「맥밀런 건 웍스(McMILLAN GUN WORKS)」가 제조하였으나, 1995년에 아리조나주의 해리스(HARRIS)사에 매수되어 장탄수 5발의 탄창식 『해리스 M87R』로 개량되었다.

No.054

대물저격총이 파괴할 수 있는 것은?

「현대판 대전차 라이플」이라 평가되는 대물저격총이지만, 그 표적에 전차는 포함되어 있지 않다. 방어력이 뛰어난 최신형 장갑으로 방어하고 있는 현대의 전차에는, 아무리 대구경이라 하더라도 고작 라이플탄으로는 데미지를 줄 수 없기 때문이다.

● 라이플탄의 한계에 도전

현대의 전차는 긴 세월 동안 기술 발전에 의하여 장갑 방어력이 월등하게 향상되어 있다. 이에 비해 **대물저격총**(안티 머티리얼 라이플)은 대전차 라이플의 시대보다 진화하였다고는 하지만, 전차의 복합장갑을 관통할 만큼의 위력은 획득할 수 없었다. 보병용의 대전차병기로는 『바주카』와 같은 로켓런처나 대전차 미사일 쪽이 위력도 강하고 사용하기도 쉽기 때문에, 무리하게 라이플로 공격하는 것을 고집할 필요가 없어졌다는 이유도 있다.

안티 머티리얼 라이플의 역할은 전차의 파괴가 아니라 장갑차나 방탄 차량을 공격하는 것이다. 이러한 차량은 현대전에서 반드시 필요한 정보를 관리하는 지휘중추로서 사용되거나 레이저, 통신 설비를 운용하는 경우가 많다. 7.62mm 라이플에서는 전혀 위력을 발휘 할 수 없었던 이러한 차량의 방탄 설비도, 50구경의 12.7mm탄이라면 간단하게 꿰뚫을 수 있다. 노리는 부분은 엔진이나 흡배기 장치, 연료탱크로, 통신 장치나 컴퓨터와 같은 정밀 전자기기도 한 발 먹이기만 하면 그대로 날려버릴 수 있다. 물론 트럭이나 지프와 같이 장갑으로 방어가 되어있지 않은(소프트 스킨) 차량도 공격 대상이 된다.

바렛 라이플이라는 『M82』 시리즈는 안티 머티리얼 라이플 중에서도 잘 알려진 존재로, 1980년대 후반에 스웨덴이 대량 구입한 것을 시작으로 미군이 걸프 전쟁 때 투입하였다. 용도는 지휘 차량이나 레이더 기기의 저격뿐만 아니라, 헬리콥터나 지상에 주기駐機 중인 항공기의 파괴, 여기에 지뢰와 같은 폭발물을 안전한 거리에서 폭파시키는 일이었다.

또한 이런 대구경총은 「보이지 않는 곳에 숨어서 목표를 차폐물과 같이 관통한다」 같은 방법으로 사용하는 경우도 있다. 50구경탄은 (사용 탄약이나 거리에 따라 다르지만) 콘크리트벽 정도는 간단하게 관통할 정도의 위력이 있어서, 전자센서를 사용하거나 먼 곳에 있는 관측원과 연계하여 숨어서 적을 소탕한다.

장갑 차량 정도의 방어 장비라면 일격으로 날려버린다

안티 머티리얼 라이플은 12.7mm탄의 위력으로

다음과 같은 임무에 사용된다.

- 지휘 차량이나 레이더 기기를 저격한다.
- 헬리콥터나 주기 중인 항공기를 파괴한다.
- 지뢰와 같은 폭발물을 안전한 거리에서 폭발시킨다.

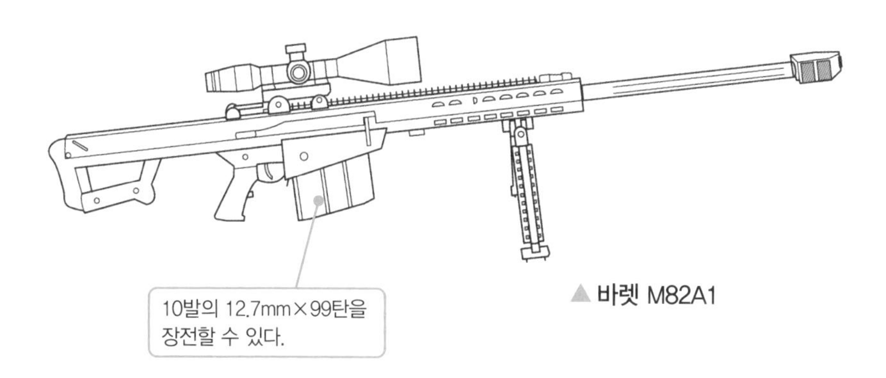

▲ 바렛 M82A1

이 총은 「숨어있는 적을 차폐물과 같이 관통」시키기 위하여 사용된다.
라이플탄을 튕겨내는 콘크리트벽이나 방탄 장비도, 12.7mm 클래스의 탄 앞에서는 무력하다!

단지……

「전차」에 대해서는 로켓 런처나 미사일 등으로 대응하는 편이 효과적이기 때문에, 안티 머티리얼 라이플은 사용할 일이 없다.

원포인트 잡학상식

미국에서는 안티 머티리얼 라이플이 일반적으로 판매되고 있다. 위력은 매우 강력하지만 숨겨서 가지고 다닐 수 없는 크기이기 때문에, 오히려 범죄에 사용되기 힘들다고 판단하였기 때문이다.

No.055

일반적인 저격총과 대물저격총의 차이는?

「대전차 라이플」이나 「50구경의 중기관총」의 후손이라 할 수 있는 안티 머티리얼 라이플이지만, 운용 방법 측면에서는 저격총과 같이 사용되고 있다. 이 둘은 어떤 점이 같고 어떤 점이 다를까?

● 사이즈, 중량, 반동……

일반적으로 저격총—스나이퍼 라이플이라는 것은 구경 7.62mm의 볼트 액션, 혹은 반자동식 라이플이다.

대물저격총(안티 머티리얼 라이플)이란, 이런 스나이퍼 라이플의 기본 메커니즘을 계승하면서 구경을 한 단계 위인 12.7mm로 확대한 것이라 할 수 있다.

그러나 12.7mm(50구경)의 대형 탄약을 사용하는 이상, 안티 머티리얼 라이플과 7.62mm 구경의 저격총 사이에는 커다란 차이가 존재한다.

일단은 총의 사이즈이다. 대부분의 안티 머티리얼 라이플은 총열에서 개머리판까지의 길이가 2m에 다다른다. 그 때문에 운반할 때에는 분해할 필요가 있다. 총이 너무 길어지면 사용하기 어렵기 때문에, 기관부를 총의 중앙이 아닌 개머리판의 위치에 설치하는 「불펍」 모델이 만들어지는 경우도 많다.

또한 중량도 상당히 많이 나간다. 12.7mm탄으로 저격을 하면 반동이 커서, 이 반동을 흡수하기 위해 총 자체를 크게 만드는 것이다. 물론, 조준할 때 무거운 총을 안정, 고정시키기 위한 **양각대**(바이포드)는 필수 장비이다.

총구에는 반동 경감용 대형 **머즐 브레이크**가 장비되어 있다. 같은 대구경탄을 발사하는 총이라도 "난사를 하여 탄막을 치는" **중기관총**이라면 다소의 반동이 있더라도 문제는 없지만, 저격을 목적으로 하는 안티 머티리얼 라이플에서는 중요한 장비이다. 총의 중량, 양각대, 머즐 브레이크의 조합으로, 안티 머티리얼 라이플은 대구경이면서도 발사할 때의 반동을 7.62mm 클래스 정도까지 경감할 수 있다.

처음부터 저격총으로 만들어진 안티 머티리얼 라이플과는 다르게, 일반적인 저격총은 "완성도가 높은 총을 골라서 커스텀 업을 한 것"이 많다. 『PSG-1』과 같이 저격 시스템이라고 형용할 수 있는 모델도 존재하지만, 이 총 역시 기존의(같은 메이커의) 라이플을 고성능화 시킨 것이다.

저격총과 대물저격총의 비교

일반적인 스나이퍼 라이플

주로 구경 7.62mm의 볼트 액션 혹은 세미 오토 방식의 라이플로, 정밀 사격에 필요한 기능을 추구한 것.

대부분은 일반 군용이나 시판 총기가 베이스이기 때문에, 저격수의 육성이나 탄약과 부품의 조달이 쉽다.

목표와의 거리나 장갑의 두께 등, 일반적인 저격총으로는 감당할 수 없는 경우에 사용된다.

안티 머티리얼 라이플 (대물저격총)

스나이퍼 라이플의 기본을 답습하면서, 구경을 12.7mm 클래스로 확대한 것.

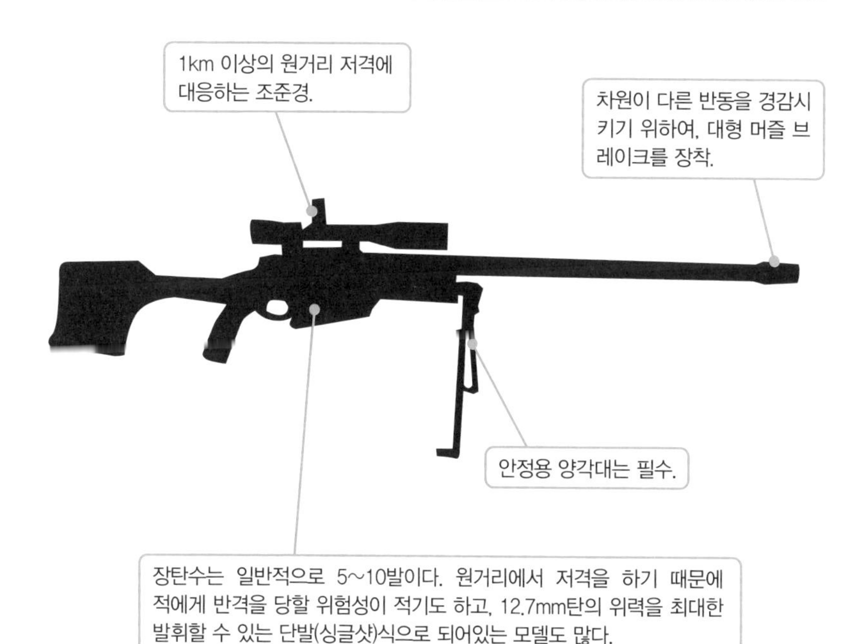

원포인트 잡학상식

안티 머티리얼 라이플은 총의 사이즈가 크기 때문에, 개머리판에 충격 흡수 장치(쇼크 업소버)를 내장하는 등 여러 가지 장치가 설치된 모델이 있다.

No.056

숙련된 병사에게는 구식 라이플이 더 인기있다?

『M14』는 7.62mm탄을 사용하는 자동 라이플이다. 소구경 고속탄인 5.56mm탄을 사용하는 『M16』이 채용되자 제식 라이플의 자리에서 쫓겨났으나, 특수부대의 대원이나 고참병들 중에서는 M14를 선호하는 자도 적지 않았다.

● 현대전에도 통용되는 구식 라이플 『M14』

예전에 미군의 보병용 라이플 중에 『M14』라는 모델이 있었다. 제2차 세계대전이나 한국 전쟁에서 활약한 『M1 개런드』를 **풀 오토 사격**이 가능하게 만든 총으로, 1957년에 제식 채용된 총이다. 그러나 1960년대의 베트남 전쟁에서 정글전에 대응하지 못하여, 후속작인 『M16』시리즈에 의해 자리에서 쫓겨난 불운의 라이플이다.

분명 길고, 무겁고, 풀 오토 사격시 컨트롤이 어렵고, 정글전에서는 시계가 나쁘기 때문에 긴 사정거리가 의미가 없는 등, 베트남전에서 사용하는 주력 화기로는 적당하지 않았지만, M16의 위력과 신뢰성을 불안하게 여긴 대부분의 특수부대나 해병대의 대원, 고참병들은 강하고 위력이 있는 M14를 선호하였다. M14의 7.62mm탄은 5.56mm탄보다 풀숲에 맞아서 탄이 튕기는 일이 적었기 때문이다.

제식 채용되자마자 M16에게 그 자리를 빼앗긴 M14를 「미국 제식 라이플의 오점」이라 보는 의견도 있지만, 이것은 "총의 성능이 떨어졌던 것"이 아니라 당시 미국이 처해졌던 상황에 적합하지 않았기 때문이다. M14의 남은 분량은 제3국에 떨이로 넘겨졌으나, 일정 수는 저격총 『M21』로 개조되어 육군에서 사용되고 있다. 80년대 이후 롱 레인지 전투가 많은 중동에서의 전투에서 특수부대나 저격병들이 사용하였다.

특히 2001년 9월 11일의 테러 이후, 이라크와 아프가니스탄에서 일어난 일련의 대 테러 작전에서는 사막이나 산악 지대가 전장이었기 때문에, M16 계열의 소구경 **어설트 라이플**로는 사정거리나 위력이 부족하다는 보고가 올라오게 되었다. 그래서 KAC(나이트 아마먼트)사 등이, 『M4』에 장착되어 있던 적외선 레이저나 암시 장비와 같은 근대화 장비를 장착 가능하도록 M14를 개량한 모델을 『M14 SOPMOD(특수작전 순응화 M14)』라고 제안하여 육군을 중심으로 사용되고 있다.

M14의 발자취

베트남 전쟁의 노병『M14』

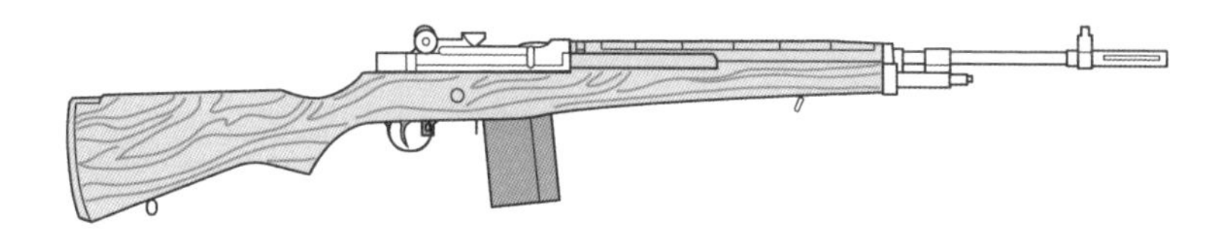

수지 재질 개머리판으로 교환 하는 등 근대화!

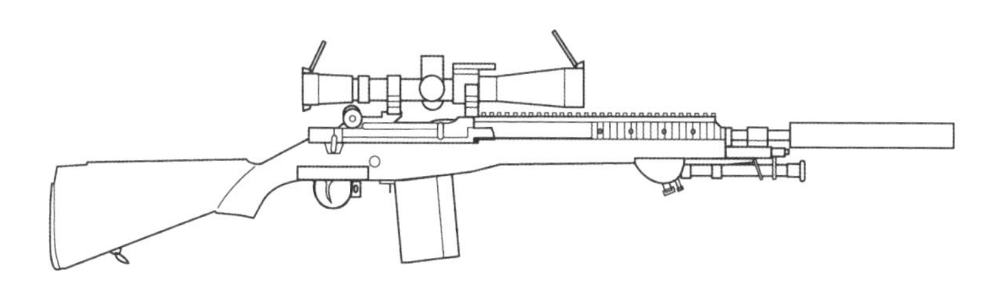

여기에……

미군의 근대화 개조는 철저하게 이루어졌다.

원포인트 잡학상식

베트남 전쟁 이후 M14는 중남미 각국에 헐값으로 팔리거나 무상으로 제공되었다.

No.057

「웨더비」는 세계 최강의 라이플이다?

웨더비는 특정 총의 명칭이 아닌 「콜트」나 「아머라이트」와 같이 미국의 총기 메이커 이름이다. 강력한 매그넘 라이플을 만들고 있는 메이커로서, 특히 『마크V』라 불리는 모델이 유명하다.

● 고급이며 강력한 위력으로 유명한 총

웨더비(Weatherby) 라이플의 탄약은 대부분이 **매그넘** 사양으로 되어있어, 같은 구경의 다른 메이커 탄약과 비교하여 강력한 위력을 가지고 있다. 웨더비 『마크V』에서 사용하는 「460 웨더비 매그넘탄」의 운동에너지는 「7.62mm NATO탄」의 3~4배 가까이 된다고 이야기될 정도이다.

그 에너지에 견디기 위하여 총의 기관부도 튼튼하게 제작되어, 탄약을 고정하는 볼트 부분도 일반적인 볼트 액션식 라이플과는 다르게 "회전하는 볼트를 고정하는 돌기(록킹 러그(locking lug))의 숫자나 위치를 연구"한 독창적인 구조로 되어있다. 볼트 액션 라이플은 탄약을 장전할 때 볼트 핸들이 90도 세워져서(회전시켜) 수동으로 앞뒤 왕복 동작을 하지만, 이 방식에서는 54도의 각도로 일으켜 세우면 되기 때문에 작은 동작으로 탄약 장전이 가능하다.

매그넘 라이플의 탄약은 높은 압력에도 버틸 수 있게, 탄피(케이스)의 밑 부분이 두꺼운 띠 모양으로 더 크게 만들어져 있는 것이 특징이다. 이러한 형태의 탄약은, 벨트를 두른 것과 같이 띠가 있는 것에서 「벨티드(belted)」라고 불린다.

라이플탄은 탄두 부분이 뻬죽한 것이 많지만, 웨더비 라이플의 탄약은 앞 부분이 둥그렇게 되어 있다. 또한 탄피의 「숄더 앵글」이라는 부분—탄두를 고정하는 입 부분에서 한 단계 두꺼워지는 곳의 각도—이 다른 탄약보다 급격하게 꺾여있는 것이, 웨더비 매그넘탄을 구분하는 포인트이다.

웨더비는 가격이 비싼 고급 총기로 유명하다. 대부분의 웨더비제 라이플은 「몬테카를로 스톡」이라는 독특한 형태의 개머리판이 장착되어 있다. 이것은 조준할 때 뺨을 대는 부분(치크 피스)이 한 단계 높이 올라가있어, 조준경을 사용한 조준에 적합하게 만들어져 있다.

웨더비 라이플

「웨더비」= 총기 메이커 명

매그넘 라이플의 고급 브랜드로 「마크V」라는 모델이 유명하다.

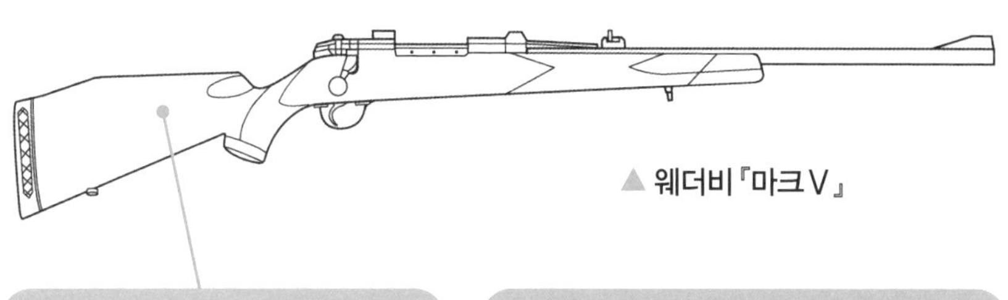

▲ 웨더비『마크V』

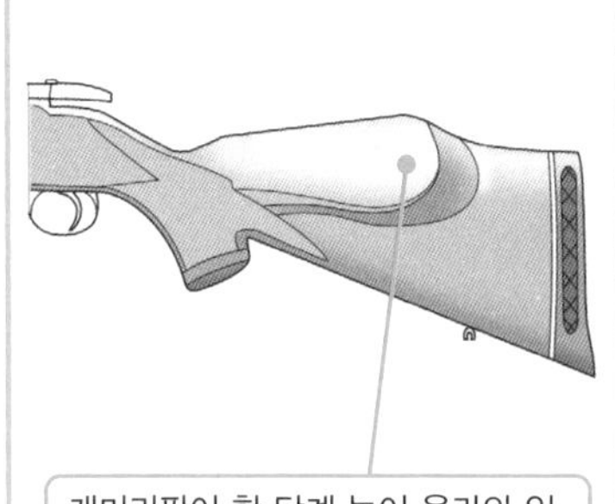

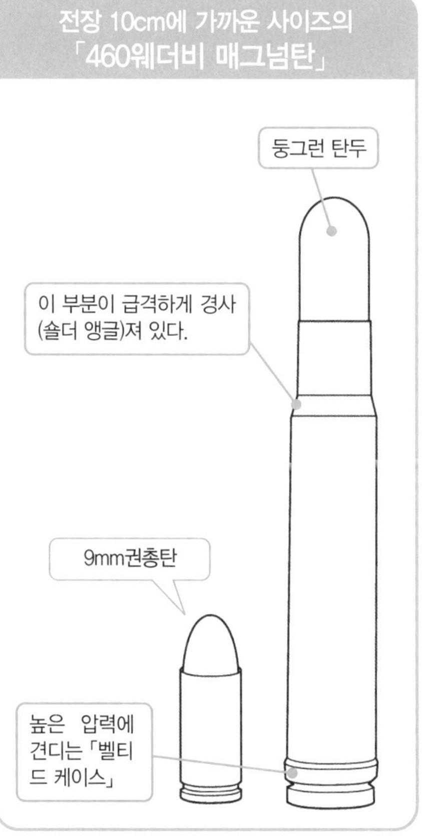

원포인트 잡학상식

「마크V」는 카트리지 사이즈(구경)에 맞춰서 장탄수가 2~4발로 변화한다(460모델은 2발).

No.058

어떤 총을 핸드 캐넌이라 부르는가?

핸드 캐넌이란 「손으로 잡고 쏘는 대포와 같이 위력이 강한」 권총의 속칭이다. 수치상으로 정해진 기준이 있는 것은 아니지만, 각 시대의 모델 중 "이건 강하다"고 인정을 받을 정도의 위력이 있는 총이 핸드 캐넌이라 불리게 된다.

● 무식하게 크고 강력한 권총

매그넘이라고 이름이 붙은 총이 "잘 팔리는 상품"인 것처럼, 위력이 있는 총은 시대를 불문하고 인기가 있다. 특히 미국은 이러한 경향이 강하여 "그런 괴물 같은 총으로 뭘 쏘려고?"라는 이야기가 나올 정도의 모델이 꾸준하게 팔리고 있다.

핸드 캐넌(손 대포)이라는 이름은 원래 14세기부터 16세기 정도까지 만들어졌던 「대포와 총의 중간에 위치한 화기」에 붙여진 것이었지만, 세월이 지나서 S&W(스미스 & 웨슨)사의 44매그넘 리볼버인 『M29』와 같은 총으로 대표되는 대구경&하이파워 권총의 대명사로 사용되었다.

현재까지 핸드 캐넌이라는 권총은 수없이 많이 출현하였는데, 44매그넘탄 이상의 위력을 가지고 있는 「454캐줄탄」이나 「480루거탄」을 발사할 수 있는 『레이징 불』, 『슈퍼 레드호크』와 같은 총이 계속 개발되어 인기를 얻으면서 M29의 인기는 과거의 영광이 되어 버렸다. 그러나 S&W사는 2003년에 50구경의 「500S&W매그넘탄」을 사용하는 초 대형 리볼버 **『M500』**을 개발하여 크게 히트를 쳐서, 리볼버 명가의 영광을 되찾았다.

핸드 캐넌에는 **리볼버**가 많다. 이유는 구조적으로 튼튼하고 강력한 탄약을 쏠 수 있기 때문인데, 반면에 오토 피스톨이면서 **매그넘탄**을 쏠 수 있는 『데저트 이글』은 시장에서 성공한 매그넘 오토로 유명하다.

데저트 이글은 「357매그넘탄」, 「44매그넘탄」, 「50AE(액션 익스프레스)탄」과 같이 여러 가지 탄약에 대응한 모델이 있어, 사수의 체격이나 훈련 완성도, 용도에 따라 각 버전을 선택할 수 있다.

핸드 캐넌이란 불리는 대부분의 총은 「총격전」을 목적으로 한 것이 아니라, 수렵이나 타깃 슈팅에서 사용되고 있다. 개인 레벨에서 만들어진 모델도 있어서, 더욱 강력한 권총을 개발하는 레이스는 지금도 계속되고 있다.

대포와 같은 권총

핸드 캐넌
「손으로 잡고 쏘는 대포와 같이 위력이 강한」 권총을 부르는 속칭

예전의 핸드 캐넌은 말 그대로 「손으로 잡고 쏘는 대포」 그 자체였다.

그리고 현재 핸드 캐넌은……

44매그넘『M29』 를 시작으로……

454캐줄『레이징 불』

480루거『슈퍼 레드호크』

50AE『데저트 이글』

각 메이커가 경쟁하듯이
하이파워 모델을 개발!

500S&W매그넘『M500』

하나의 도달점으로서 군림하는 M500이지만, 헨드 메이드 총이라면 더욱 강력한 모델도 존재한다.

원포인트 잡학상식

「실용적인 위력」이란 관점에서는 실제 44매그넘의 레벨로 충분하다 할 수 있다. M500과 같은 모델도 "이 정도의 위력이 필요했다"는 것보다 "개발하는 것 자체에 의미가 있었다" 는 측면이 강하다.

No.059

「매그넘」이란 무엇인가?

매그넘이란 원래, 와인용 큰 병(매그넘 보틀)을 의미하는 말이었다. 이러한 명칭이 영국에서 무기에 이용된 것은 1920년경, 대구경으로 위력이 강한 라이플탄을 선전하기 위한 상품명이었다.

● 「곱빼기」=매그넘

「콜트 파이슨 357매그넘」, 「44매그넘」 과 같은 권총의 이름은 물론 「매그넘탄」, 「웨더비 매그넘 라이플」 등, 매그넘이란 이름은 총과 관계된 여러 제품에서 사용된다.

매그넘이란 말의 의미는 원래 「큰 술병」을 가리키는 것이었다. 이것이 총기 용어로 사용되게 된 것은, 영국의 식민지였던 아프리카나 인도에서 유행했던 대형 짐승 사냥이 계기였다고 한다. 사냥에 사용되는 대구경 라이플용 탄약에, 메이커가 「매그넘」이라는 이름을 붙인 것이다. 이것은 「술 증량 보틀=커다란 케이스에 화약이 곱빼기」 라는 이미지를 연상시키려는 판매 전략으로, 이 탄을 발사하는 라이플도 「매그넘 라이플」이라 불리게 되었다.

미국에서는 "매그넘" 이란 명칭이 권총용 탄약에도 사용되었다. 유명한 「357매그넘탄」은 이전부터 있었던 38구경 「38스페셜탄」의 케이스(화약이 들어가는 금속통 부분)를 조금 길게 한 것이다. 그 후, 44구경이나 45구경의 매그넘탄이 등장하여 시민권을 얻게 되어, 매그넘이란 이름은 「일반 탄보다 화약량이 많은 탄」으로 통용되었다.

그러나 매그넘탄에는 "이 정도의 위력이 있으면 매그넘탄" 이라는 기준이 있는 것은 아니다. 즉 베이스가 된 탄약보다 상대적으로 화약량이나 위력이 증가한 탄약에 대하여, 메이커가 (멋대로) 붙이는 상품명—트레이드 네임과 같은 것이다. 구경 사이즈는 관계가 없어서, 소구경이라도 일반탄보다 많은 화약이 들어가 있으면 매그넘탄이라 불린다.

또한 「357매그넘」 이나 「44매그넘」과 같이 이름에 "매그넘" 이라 붙인 총이라도, 그것은 「매그넘탄을 발사할 수 있다」 는 의미로 사용되는 것에 지나지 않아서, 그 총에서 발사되는 탄이 전부 「매그넘탄」 인 것은 아니다.

「매그넘」은 트레이드 네임

매그넘탄 = 큰 사이즈의 술병(매그넘 보틀)이 어원
즉 「장약(발사용 화약)이 많이 들어간 탄약」을 가리킨다.

매그넘의 발상지인 영국에서는……
대형 짐승 사냥용 라이플과 그 탄환에 사용되었다.

바다 건너 미국에서는……
대구경 리볼버와 그 전용 탄약의 상품명으로 대 히트.

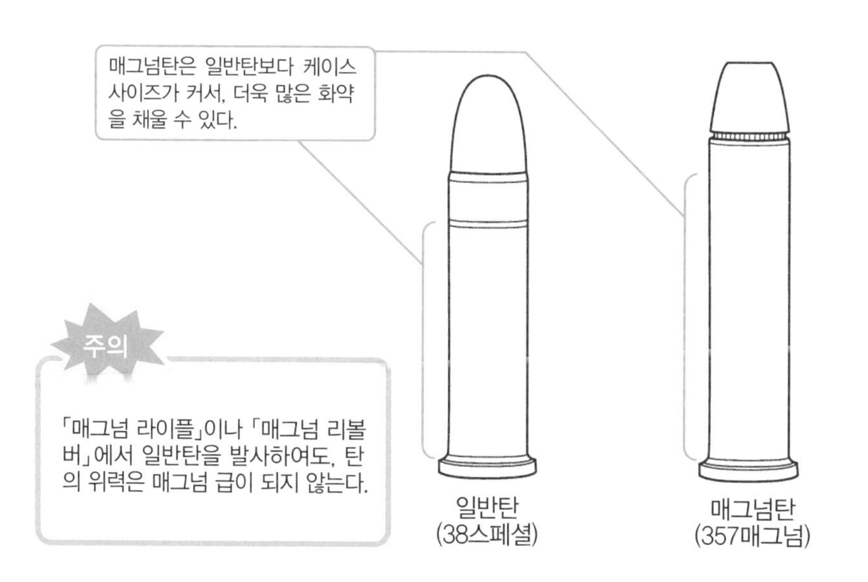

「철갑탄」이나 「예광탄」, 「소이탄」과 같은 탄은 탄두 그 자체에 이름의 유래가 되는 가공(딱딱한 탄심이나 발화제)이 되어있으나, 매그넘탄의 경우 탄두가 아닌 카트리지 부분(채워져 있는 장약의 종류나 양)에 명칭의 본질이 있다.

원포인트 잡학상식

매그넘이란 명칭을 처음 사용한 곳은, 영국의 고급 건 메이커 「홀랜드&홀랜드(H&H)」라고 한다.

No.060

스스로 매그넘탄을 만들 수 있다?

매그넘탄은 메이커가 붙인 상품명이다. 즉 실제로는 「화약의 양을 늘리거나 성질을 조절하여 탄을 가속하는 압력을 높인 탄환」을 가리키는 말로, 탄약을 자작하는 것이 일반적인 미국에서는 매그넘탄을 직접 만드는 것도 가능하다.

● 하이파워 탄약(강장탄)을 자작

탄약(카트리지)을 직접 만드는 것을 「핸드 로드」라고 한다. 탄약은 「탄두」, 「탄피」, 「발사약(발사용 화약)」, 「뇌관」으로 구성되어 있어, 헌팅이나 타깃 슈팅이 활발한 미국에서는 사용자 자신이 목적이나 총에 맞추어서 탄약을 직접 만든다.

실질적으로 "**매그넘탄**(기능적으로는 「강장탄装彈」이라 부른다)"을 직접 만들려면, 발사약의 양과 종류를 조절하면 된다. 발사약은 연소 속도나 압력과 같은 성질에 따라 형태나 크기가 다르기 때문에, 종류에 따라 용적률이 다르다. 총의 탄약은 다양하고 많은 종류의 발사약에 대응하기 위하여, 규정된 양을 채워도 탄피 내부에 「에어 스페이스」라 불리는 여유가 생기도록 설계되어 있다.

특히 라이블보다 작은 권총에서는 탄이 총열을 금방 빠져나가기 때문에, 라이플용보다 연소 속도가 빠른 발사약이 사용된다. 이 발사약은 입자가 곱고 양도 적기 때문에 에어 스페이스의 용량도 커서 발사약의 양을 조절하기 쉽다. 발사약의 양을 2배로 한 것을 「더블 차지」, 3배로 한 것을 「트리플 차지」라고 부르는데, 이러한 화약양의 조절도 눈대중으로 해치우면 되는 것이 아니라 카트리지의 설계상 내구도나 발사약의 종류를 고려하여 정확한 계산과 계량이 필요하다.

라이플탄은 에어 스페이스가 거의 없어, 탄피의 입 부분(케이스 마우스)까지 가득 발사약이 들어 있는 경우가 많다. 그렇기 때문에 사정거리를 조절하거나 반동경감을 목적으로 발사약을 줄인 「약장탄」은 가능해도, 강장탄을 만드는 것은 어렵다.

에어 스페이스가 없는 탄약으로 강장탄을 만들려면 탄피 그 자체를 길게 하거나, 약실 사이즈를 넓히는 등의 가공이 필요하다. 또한 강장탄은 위력 상승의 효과는 있지만, 풀 오토 사격시의 반동이 강해져서 컨트롤하기 어려워지는 경우도 있는 탓에 군용탄으로는 채용되기 어려운 경향이 있다.

자택에서 만드는 매그넘탄

탄약을 자작하는 것은 그렇게 어렵지 않다.

매그넘탄 ➡ 메이커에서 만든 하이파워 탄

강장탄 ➡ 화약량을 늘린 탄. 메이커에서 만들지 않는 것도 있다.

일반탄을 베이스로 「강장탄」을 자작하는 경우

- 발사약(화약)의 양을 일반탄보다 늘린다.
- 발사약의 종류를 연소 속도가 느린 것으로 한다.

탄약의 자작이 일반적인 미국에서는 이를 위한 부품을 따로 팔고 있다.

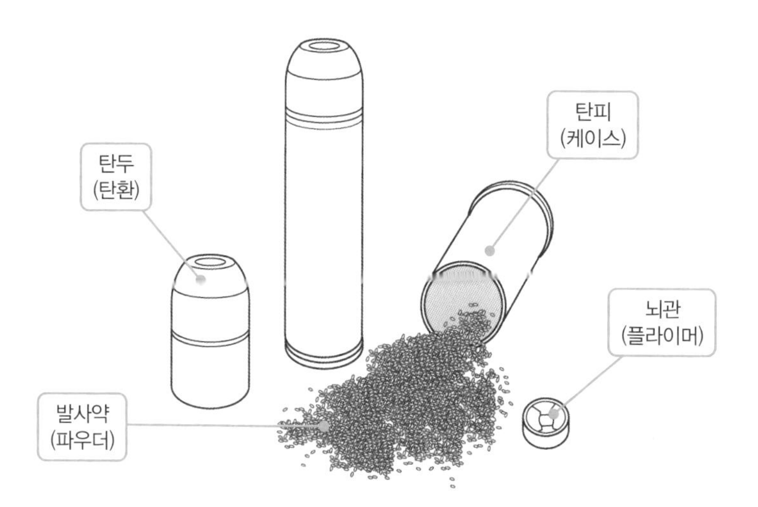

매그넘탄용 부품을 사서 모으고 조립하면 「매그넘탄」이 만들어진다. 무리하게 일반탄을 베이스로 한 「강장탄」을 만들어도, 강도나 신뢰성이 불안하기 때문에 추천할 수 없다.

원포인트 잡학상식

메이커에서 제조된 탄약을 「팩토리 로드」라고 부른다.

No.061

「가스 커팅」이란 어떤 현상인가?

리볼버는 실린더라 불리는 탄 창부분과 총열 사이에 작은 틈이 만들어져 있다. 이 공간은 「실린더 갭」이라 하여, 실린더가 회전하기 위해 필요한 공간을 확보하고 있다.

● 리볼버의 숙명

리볼버는 방아쇠를 당겨서 탄을 쏠 때, 실린더 갭에서 탄환 발사용 가스가 격렬하게 새어 나온다. 일반적인 탄약을 사용하는 보통 리볼버에서는 그리 신경 쓸 필요가 없지만, 이것이 무거운 탄환을 고압으로 쏘는 대구경 리볼버라면 「가스 커팅」이라는 현상이 문제가 된다.

이것은 실린더 갭에서 고온, 고속으로 분출된 발사 가스가 프레임에 부딪히는 것이 원인이 되어 일어나는 현상으로, 프레임을 절단해버릴 정도로 위험한 것이다. 물론 한두 발 분량의 가스가 닿는 것만으로 산산조각이 날 정도로 프레임도 약한 것은 아니지만, 탄을 쏠 때마다 데미지가 축적되는 것은 틀림없는 사실이다.

가스 커팅에 대응하기 위해서는 프레임의 두께를 늘리거나 가스가 닿는 부분에 딱딱한 소재의 「실드」를 덧대는 방법을 생각할 수 있지만, 가스 커팅이라는 현상 그 자체를 없애는 것은 매우 어렵다. 가스가 새나가는 것을 막으려고 실린더 갭을 작고 좁게 만들면, 이번에는 발사 가스가 늘어붙어서 실린더가 회전하지 않게 된다. 이러한 경향은 대구경(=발사약의 가스가 많다) 리볼버로 가면 갈수록 현저해지는 일종의 딜레마이다.

19세기 말에는 방아쇠나 헤머의 움직임에 연동해 실린더가 전진하여, 발사할 때만 기계적으로 실린더 갭의 넓이를 좁히는 「나강 리볼버」라는 모델이 만들어 졌다. 제정(帝政) 러시아군이 대량으로 채용하였고, 제2차 세계대전에서는 소련군에 의해 사용되기도 하였다. 그러나 구조가 복잡하여 사격 후에 탄피를 배출하는데도 손이 많이 갔기 때문에, 현재 이러한 메커니즘을 계승한 리볼버는 찾아볼 수 없다.

대구경이 아니라면 그렇게 문제될 것은 없지만……

가스 커팅이란……

「실린더 갭」에서 뿜어져 나오는 고압, 고열 가스가 프레임을 절단하는 현상

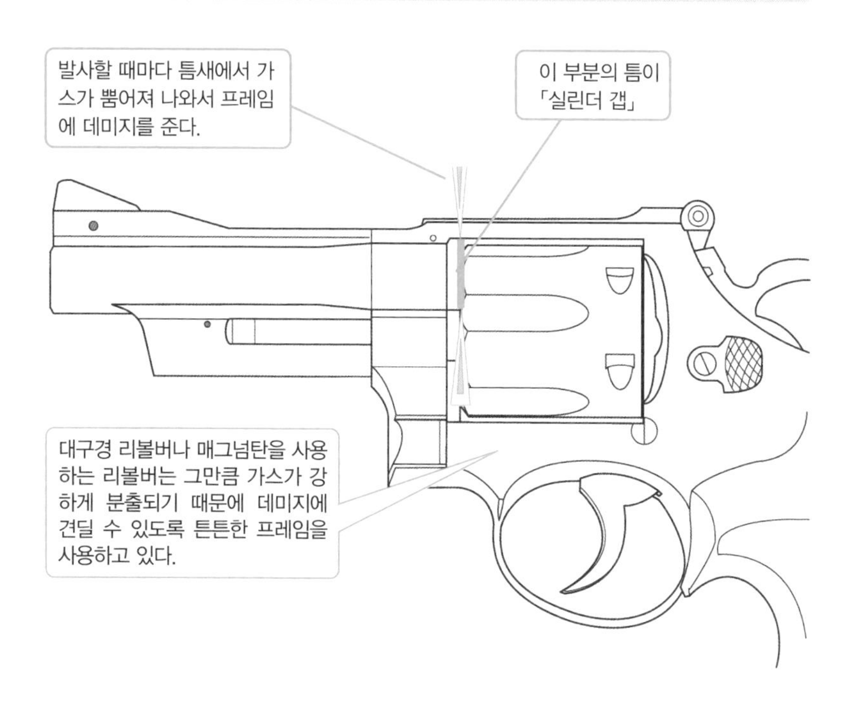

나강 리볼버 ▶

벨기에의 나강 형제가 개발한 리볼버로, 제정 러시아군이 대량으로 채용하였다. 탄피를 배출하는 것이 매우 불편하다.

탄약은 탄두가 케이스 안에 들어가 있는 드문 형태.

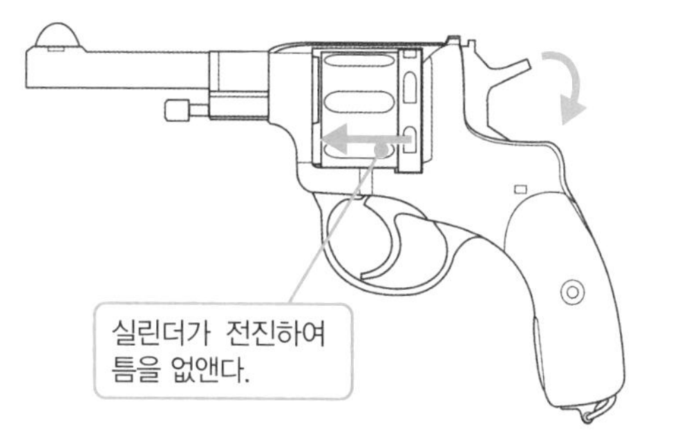

원포인트 잡학상식

실린더 갭은 틈에서 가스와 동시에 소리도 새어 나오기 때문에, 리볼버의 총열에 소음기(사운드 사일렌서)를 장착하여도 소음 효과를 기대할 수 없다.

No.062

44매그넘에 사용되는「N프레임」이란?

미국의 총기 메이커「S&W」사에서는 자사의 리볼버에, 사이즈나 사용 탄약에 맞춰서 프레임 규격을 정하고 있다. 그 중에서도「N프레임」은, 위력이 강한 44매그넘탄을 발사할 수 있는 대형의 튼튼한 프레임이다.

● 규격화된 리볼버 프레임

리볼버의 프레임이란 해머나 방아쇠와 같은 부품이 조립되어, 총열이나 실린더 등을 지지하는 "골격"의 역할을 하는 부품이다. 프레임이 약하면 탄을 발사하였을 때 충격을 받아줄 수 없기 때문에, 강력한 탄을 발사하는 총일수록 프레임을 크고 튼튼하게 만들 필요가 있다.

라이벌인 콜트사와 경쟁하듯이 많은 총을 개발한 S&W(스미스&웨슨)사에서는, 자사의 리볼버 프레임을 목적이나 사용 탄약에 맞춰서 규격화하였다.「N프레임」이란 그 중에 하나로서, 44매그넘탄의 발사를 버틸 수 있는 대형 프레임이다.

사냥이 활성화되어 있는 미국에서, 대구경 매그넘 리볼버는 꾸준한 인기가 있다. 필드에서 주 무장인 라이플이 고장나거나 예측하지 못한 장소에서 사냥감이 나타났을 때 자기방어용으로 사용하기 좋기 때문이다. 대표적인 N프레임 사용 모델인『M29』는 당초 이러한 목적의 총으로 판매되었으나, 영화에 등장하여 화려한 활약을 보여준 덕분에 야외파 이외의 사격 애호가들에게도 인기가 있었다.

그러나 N프레임 리볼버는 평소에 형사나 경관이 근무 중 휴대하기에는 크고 너무 무거웠고, 게다가 사격할 때의 반동도 지나치게 강력하였다. 세일즈 포인트인「44매그넘탄을 발사할 수 있다」는 장점도 경찰용으로 사용하기에는 위력이 지나치게 강하다고 간주되어, 어느 조직에서도 공용권총으로 대대적으로 채용되는 일은 없었다.

그러나 사용할 곳은 제쳐두고「강력한 위력」그 자체는 세상의 인정을 받았기 때문에, 더욱 강력한 총과 탄약(454캐줄탄이나 50AE탄 등)이 나오는 90년대까지는「최강의 권총」,「핸드 캐넌」으로서 픽션에서 주연급 캐릭터가 사용하는 무기로 중용되었다.

S&W사의 리볼버용 프레임

「N프레임」이란 강력한 위력을 가진 44매그넘탄을 발사하기 위해 만들어진, 대형이고 튼튼한 프레임이다.

프레임은 용도별로 규격화 되어있다.

프레임	구경이나 사용 탄약
M프레임	= 22구경. 현재는 없음.
I프레임	= 32구경. J프레임에 통합됨.
J프레임	= 32구경 / 38구경.
K프레임	= 38스페셜 / 357매그넘
L프레임	= 357매그넘 (38스페셜도 가능).
N프레임	= 44매그넘 (44스페셜도 가능).
X프레임	= 500S&W매그넘

밑으로 갈수록 프레임이 묵직하고 커진다.

M29 (44매그넘) ▶
영화 『더티 해리』에서 클린트 이스트우드가 연기하는 칼라한 형사가 사용한 것을 계기로 지명도가 올라가서 대히트를 쳤다.

원포인트 잡학상식

S&W사만큼 엄밀한 것은 아니지만, 콜트사에서도 리볼버 프레임을 규격화하고 있다.

No.063

오토 피스톨로도 매그넘탄을 쏠 수 있다?

권총용 매그넘탄이 등장했을 때, 매그넘탄을 사용할 수 있었던 것은 리볼버뿐이었다. 당시의 오토 피스톨의 구조나 내구도가 매그넘탄의 반동에 견딜 수 없었기 때문이었는데, 현재에는 많은 매그넘 오토가 등장하였다.

● 오토 매그에서 데저트 이글로

「매그넘탄을 쏠 수 있는 오토 피스톨」(매그넘 오토)의 개척자적 존재가, 1970년대 초반에 등장한 『44오토매그』였다.

이 총은 매그넘탄을 발사할 때 생기는 충격을 견디기 위하여, 신소재인 스테인리스와 라이플에 가까운 내부 구조(폐쇄 방식)를 이용해 의욕적으로 설계된 총이었다. 그러나 당시는 스테인리스 가공 기술이 발달하지 않았고, 구조도 복잡하였기 때문에 재밍(장탄 불량)이 자주 일어났다. 또한 전용탄인 「44AMP」를 입수하기도 어려웠기 때문에 사용자들이 탄약을 직접 만들어야 했는데, 이로 인해 재밍이 더욱더 자주 일어났다.

결국 오토매그는 시장에서 인정을 받지 못하고 사라졌으나, 1985년에 『데저트 이글』이라는 새로운 매그넘 오토가 등장하였다. 일반적으로 **리볼버**와 오토 피스톨의 탄약에는 호환성이 없지만, 이 총은 「리볼버용 357매그넘탄 사격이 가능」하다는 것이 세일즈 포인트였다. 처음에는 작동 불량이 많이 일어나 낮게 평가되었지만, 44매그넘탄 모델이 등장할 즈음에는 동작이 안정되고 시판되는 「357매그넘탄」이나 「44매그넘탄」을 사용할 수 있다는 점에서 인기를 얻었다. 1991년에는 한 단계 더 구경이 큰 「50AE탄」 모델이 발표되어, "쓸만한 매그넘 오토" 라는 평가를 확고하게 다졌다.

총열 상부에 조준경 같은 것을 장착하기 위한 「마운트 레일」을 갖추고 있어, 이러한 모델은 다른 대구경 권총과 마찬가지로 총격전을 위한 것이 아닌 사냥이나 슈팅용으로 구입하는 경우가 많았다.

데저트 이글은 반동이 강하여 왜소한 체격의 사수는 다루기 힘들다고 이야기하지만, 357매그넘 클래스 정도라면 총 자체의 무게가 어느 정도의 반동을 흡수하기 때문에 같은 구경의 리볼버보다 사용하기 쉽다. 그러나 오토 피스톨의 경우, 총을 확실하게 잡지 않으면 재밍이 일어날 수 있으니 이러한 점은 주의가 필요하다.

시장에서 가장 성공한 「매그넘 오토」

얼마 전까지 「매그넘탄을 오토 피스톨로 사격하는 것은 무리가 있다」는 생각이 일반적이었다.

실패 사례 : 44오토매그 (1970년대)

설계, 가공 등의 기술적인 문제와, 탄약을 구하기 어려웠던 점으로 시장에서 제대로 된 평가를 받지 못했다.

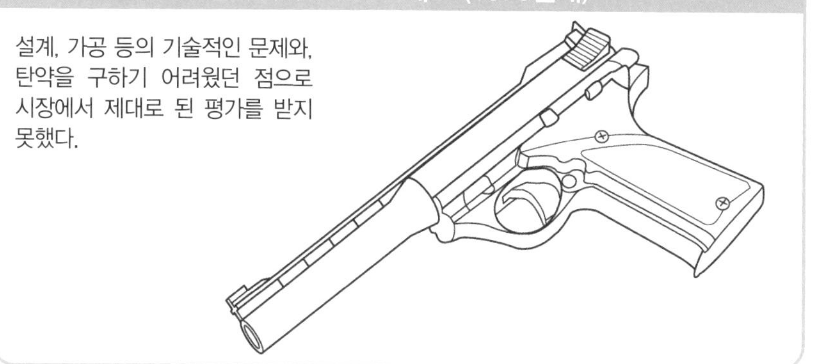

그리고 세월이 흘러서……

성공 사례 : 데저트 이글(1985년~)

발매 당시에는 작동 불량이 발생하였지만 점차 안정되었다. 강한 위력과, 다수의 픽션에서 등장한 덕분에 인기 모델이 되었다.

원포인트 잡학상식

「오토 피스톨에 매그넘탄」이라는 말은 꽤나 매력적인 것이었는지, 데저트 이글이 등장하기 이전에도 『윌디(Wildey)』나 『그리즐리(Grizzly)』와 같은 매그넘 오토가 발매되고 사라졌다.

No.064

이상적이라 여겨졌던「41매그넘」이란?

매그넘이라는 말을 들었을 때 머리에 떠오르는 것은 역시「44매그넘」이나「357매그넘」이다. 41매그넘이란 것은 그리 익숙치 않은 이름이지만, 44매그넘을 잘못 쓴 것이 아니라 실재로 존재하는 매그넘탄이다.

● 357보다 강력하며, 44보다 부드럽다

권총용 매그넘탄으로 유명한「357매그넘탄」은, 1935년에 S&W(스미스&웨슨)사와 윈체스터사에서 발매되었다. 38구경의「38스페셜탄」을 길게 만들고 매그넘용 발사약을 채워 넣은 것으로서 탄약의 직경은 같았기 때문에 "357매그넘탄용 리볼버에서 38스페셜탄을 쏜다" 는 방식으로 구분하여 쓸 수 있는 것이 가능해 인기가 있었다.

그리고 357탄을 더욱 강화한「44매그넘탄」이 등장하였다. 이 탄은 라이플이나 샷건으로 유명한 레밍턴사가 1954년에 개발했고, 1956년에는 S&W사가 44매그넘탄용 리볼버인『M29』를 발표한다. M29(44매그넘)는 357매그넘탄용 권총보다 강력한 위력을 가지고 있었으나, 반동이 강하고 위력 역시 경찰이 사용하기에는 과격하다는 의견이 일반적이었다.

그래서 등장한 것이, 44매그넘탄과 357매그넘탄의 중간의 위치를 노린「41매그넘」이었다. 44매그넘과 마찬가지로 탄약은 1964년 레밍턴사가 개발하고 이 탄환에 대응하는 리볼버인『M57』을 S&W사가 발매하였다. 프레임은 M29와 마찬가지로 대형인 N프레임을 채택하고 있어,「44매그넘보다 사격하기 쉽고, 357매그넘보다 파워풀!」이라고 선전하였다.

그러나 이러한 어필에도 불구하고, 시장에서 내린 41매그넘의 평가는 좋은 것이 아니었다. 원래 44매그넘에는 "357매그넘과 38스페셜의 관계" 처럼 함께 사용할 수 있는「44스페셜탄」이 있기 때문에, 반동이 강하다고 생각하는 사람은 44스페셜탄을 사용하면 일부러 별도의 총이나 탄약을 살 필요가 없다. 또한 위력적인 면에서도「357매그넘으로 충분하다」는 의견이 강하였고, 역으로 강력한 파워를 원하는 사람들은 어중간한 위력을 지닌 41매그넘에 매력을 느끼지 못하였다.

결국 41매그넘은 사용자들에게 있어서, "좋은 것만 모아놓은 제품" 이라기 보다 "어중간한 제품" 이란 인상을 강하게 남기게 되었다.

그다지 인기가 없었던 41매그넘

357매그넘

- 38구경탄을 파워업한 탄약

더욱 위력을 강화!

44매그넘

- 반동이 강하다
- 위력이 지나치다

조금 위력이 과했다……
중간 정도의 성능이라면 어떨까?

41매그넘

▲ M57
41매그넘탄 총으로 판매된 S&W사의 리볼버. 사이즈는 『M29』 등의 44매그넘 리볼버와 크게 차이가 나지 않는다.

시장의 반응

위력은 357매그넘으로 충분하고, 44매그넘의 반동이 너무 강하면 「44스페셜탄」을 쓰면 되잖아?

원포인트 잡학상식

41매그넘탄 대응 권총은 리볼버만 있는 것은 아니다. 매그넘 오토인 『데저트 이글』에도 41매그넘 대응 모델이 있다.

No.065

논플루트 실린더란 무엇인가?

플루트란 총열의 바깥쪽이나 리볼버의 실린더 등에 새겨진 홈을 가리키는 말이다. 홈에 의해 표면적을 넓히게 되어 총열과 같은 경우는 방열(냉각) 효과도 있지만, 플루트가 들어가는 가장 큰 이유는 「경량화」이다.

● 홈이 없는 실린더

리볼버의 실린더(탄이 들어가는 원통형 부품)에는 일반적으로 바깥쪽에 「플루트flut」라는 홈이 파여 있다. 장탄수 6발의 리볼버라면 6개의 홈이, 5발의 리볼버라면 5개의 홈이 파여 있는 것이 리볼버의 특유의 외관적인 형태라 할 수 있다.

얇은 금속판을 접어 만들거나 수지로 일체성형을 한 오토 피스톨의 탄창(매거진)과는 다르게, 연근과 같은 모양의 리볼버 실린더는 그만큼 두껍고 무겁다. 그래서 플루트를 만들어 그만큼 여분을 없애서 실린더를 경량화 시킬 수 있다. 리볼버뿐만 아니라 권총 자체의 장점이 뛰어난 휴대성인 이상, 실용적인 문제가 없는 한 중량은 가벼울수록 좋다.

또한 실린더는 리볼버의 구조상, 1발 사격할 때마다 회전하여 다음 탄이 준비되는 방식이다. 래칫(실린더 놋치)과 같은 방지 장치가 들어가 있기 때문에 걱정할 필요는 거의 없지만 실린더가 너무 무거우면 "회전시 관성으로 오버런"할 수 있는 가능성 역시, 경량화의 이유 중 하나이다.

플루트가 없는 실린더는 「논플루트 실린더」라 불린다. 이런 실린더는 사냥용이나 사격 애호가들이 좋아하는 총—특히 44매그넘 클래스 이상의 하이파워 탄약을 사용하는 모델에 채택되는 경우가 많다.

일반 모델은 플루트가 있는 실린더를, 파워 업 모델은 강도를 확보하기 위하여 논플루트 실린더를 탑재하는 것이 일반적이지만, S&W사가 사상 최강의 위력을 가지고 있는 시판 리볼버라고 강조했던 『M500』과 같은 모델은 총 자체의 사이즈가 지금까지의 리볼버와는 차원이 다를 정도로 컸기 때문에 플루트가 파여 있는 실린더라도 충분한 강도를 확보할 수 있다.

무겁지만 견고한 실린더

Non-flut(non-fluted)=플루트가 없다
플루트가 파여 있지 않은 「홈이 없는 실린더」를 가리킨다.

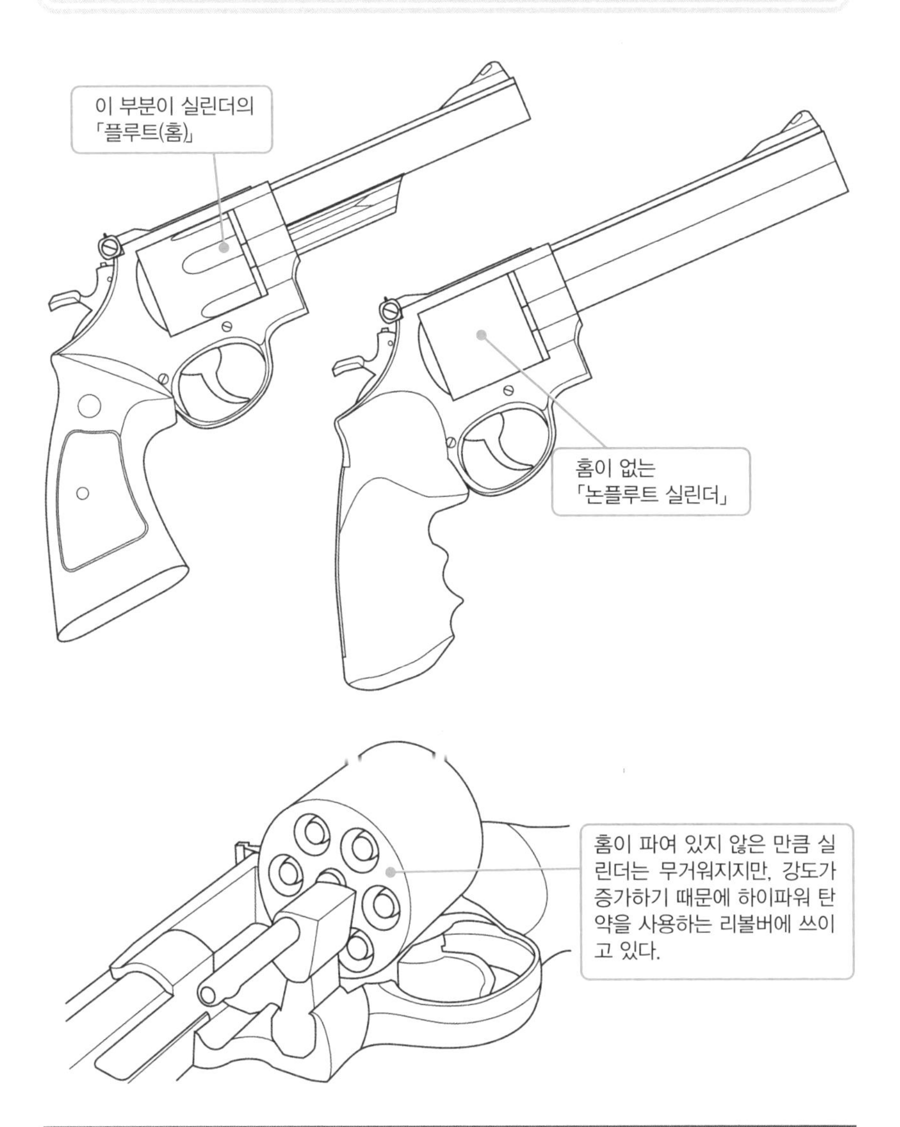

원포인트 잡학상식

예전에 설계된 리볼버에도 플루트가 없는 모델이 있는데, 그것은 시대적으로 플루트를 새겨 넣는 것이 일반적이지 않았고 사용 탄약이 소형이었기 때문에 실린더 구경도 작아서 경량화할 필요가 없었기 때문이다.

No.066

「세계 최강의 위력」을 자랑하는 리볼버란?

예전에 「가장 위력이 강한 리볼버」는 44매그넘탄을 사용하는 S&W사의 『M29』였다. 이후 다른 회사에서 M29를 상회하는 강력한 총을 발매하게 되자, S&W는 50구경 매그넘탄인 『M500』을 발표하였다.

●『최강의 칭호』

『M500』은 미국의 S&W사가 2003년에 발매한 초대형 **리볼버**이다. S&W사는 이때까지 44매그넘탄을 사용하는 『M29』를 판매하였으나, 다른 회사의 **『데저트 이글』**이나 『레이징 불』과 같은 "44매그넘을 뛰어넘는 하이파워 탄약"을 발사하는 총의 등장으로 인해 **핸드 캐넌**으로서의 존재감이 흐려졌다. 그래서 「최강의 위력을 지닌 권총」의 자리를 되찾기 위하여 개발된 것이, 50구경(하프인치)의 「500 S&W매그넘탄」을 사용하는 M500이다.

M500의 개발 목표는, 당시 최강의 리볼버 탄약이라 불렸었던 「454캐줄탄」을 넘는 탄약을 발사 할 수 있는 리볼버로 만드는 것이었다. 전용 탄약인 500 S&W매그넘탄을, S&W사는 「44매그넘의 3배에 가까운 에너지를 실현하였다!」라고 선전했다. 그러나 총구에서 나온 순간의 에너지는 3배이지만 발사 후에는 탄속이 급격하게 떨어져서, 20m를 넘길 때에는 44매그넘과 그렇게 차이가 나지 않는다.

이것은 M500의 총열이 무거운 50구경탄을 충분하게 가속시키기에는 너무 짧은 것이 원인으로, 종합적인(실용적인) 위력의 측면에서는 454캐줄탄을 사용하는 총과 큰 차이가 없다는 견해도 있다. 또한 탄이 고압으로 발사되기 때문에 총열 안에 납 가스가 늘어붙기 쉬워서, 자주 닦아주지 않으면 성능이 현저하게 저하되는 점도 지적되고 있다.

M500은 총의 개발 경위부터, 총의 편리성이나 사수의 육체적 부담은 그다지 고려되지 않았다. 용도도 한정되고 가격도 비싼 M500이었지만, 발매 당초부터 주문이 쇄도하여 생산이 쫓아가지 못하였다고 한다.

사용자 측면에서도 "호기심으로", "흥미 위주"라는 측면도 있었겠지만, 역시 「최강」이라는 임팩트가 미국 사격 애호가들의 마음을 사로잡은 것 같다.

저희 회사에서는 이렇게 강력한 모델도 만들 수 있습니다

S&W사의 50구경 리볼버『M500』

「454캐줄탄을 뛰어넘는 탄약을 사용할 수 있는 리볼버」를 개발할 수 있다는 **기술력 어필**이 목적이다.

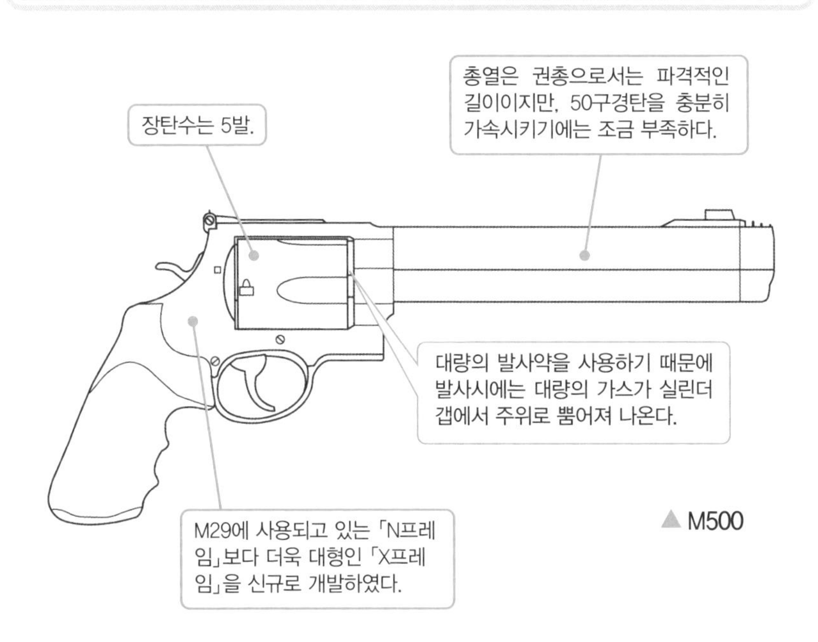

▲ M500

◀ M500 헌터 모델
대형 짐승을 사냥할 때 사용되는 커스텀 모델도, S&W사의 「퍼포먼스 센터」에서 제작되었다.

원포인트 잡학상식

세계 최강을 자랑하는 M500이지만, 오스트리아제 싱글 액션 리볼버인 『첼리스카(Zeliska)』는 더욱 대 구경인 「600NE탄」을 사격할 수 있다.

No.067

전차도 격파할 수 있는「전투 권총」이란?

제2차 세계대전 중이던 1930년대. 독일의 발터사는 총구에 수류탄을 장착하여 간이 유탄발사기로 사용되던 『26.6mm 신호총』의 활공 총열에 강선을 집어넣어, 보병용 대전차 권총을 만들었다.

● 신호용 총기를 베이스로 한 대전차병기

제2차 세계대전 당시, 전장에서의 의사소통은 전령이나 수기 신호, 신호탄으로 이루어졌다. 독일은 자국의 전차에 무전기를 표준 장착하는 등 정보의 전달에 신경을 써서, 많은 병사에게 신호 권총(권총형 신호탄 발사기)를 장비시켰다.

소련 침공으로 전선이 확대되어 전차포와 같은 대전차병기가 부족해지기 시작한 독일군에서는, 대량으로 배치한 신호 권총과 수류탄을 합쳐서 즉석 유탄발사기를 만들어냈다. 대전차병기로서 새로 태어난「강선이 들어간 신호 권총」은『전투 권총(캄프 피스톨레Kampf Pistole)』으로 제식화 되었고, 신호 권총과 구별하기 위하여 각인된「Z」문자로 인해「Z피스톨」이라고도 불렸다. 처음에는 신호탄과 같은 크기의 유탄을 사용하였지만 위력이 부족하였기 때문에, 결국 총구에 끼우는 대형 사이즈의 유탄을 사용하게 되었고 여기에 대전차용 특수유탄인「성형작약탄」도 사용할 수 있게 되었다.

사용 탄약의 대형화에 의하여 발사시의 반동도 커졌기 때문에, 접절식 개머리판을 장착할 수 있게 되었다. 또한 탄의 속도가 느린 탓에 탄도가 호를 그려, 멀리 있는 목표에 명중시키기 위해서는 각도를 주어서 사격할 필요가 있었다. 이를 위하여 전용 조준기가 만들어졌지만, 앙각 20도 정도밖에 조준이 되지 않았기 때문에(실제로는 40도 정도에서 발사하는 경우가 많았다) 거의 사용되지 않았다고 한다. 이러한 옵션을 장착한 버전은『슈툼 피스톨레Sturm Pistole』라는 명칭으로 알려져 있으나, 총 그 자체의 기능은 캄프 피스톨레나 슈툼 피스톨레나 거의 비슷했다.

이 총들은 결국, 크기의 문제로 인하여 대전차병기로서 충분한 위력을 발휘하지 못했다. 어디까지나 현장의 인간이 임시 방편으로, 긴급시의 간편한 응급병기로서 만들어진 것이라 할 수 있다. 그러나 손으로 던지는 것보다 정확하게 폭발물을 날릴 수 있기 때문에, 적의 기관총 진지를 제압할 때도 사용되었다.

신호용 총기에서 전투 권총으로

플레어 피스톨

신호탄 발사용 권총으로 「시그널 피스톨」이라고도 한다.

캄프 피스톨레

대인・대전차용 유탄발사기

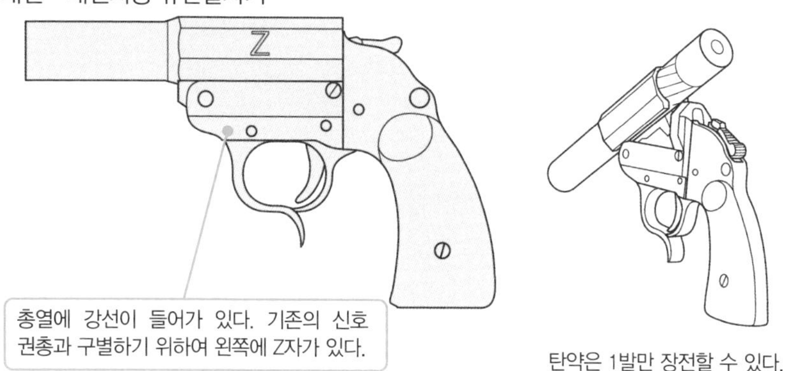

총열에 강선이 들어가 있다. 기존의 신호 권총과 구별하기 위하여 왼쪽에 Z자가 있다.

탄약은 1발만 장전할 수 있다.

슈툼 피스톨레

조준기와 접절식 개머리판을 장착하였다.

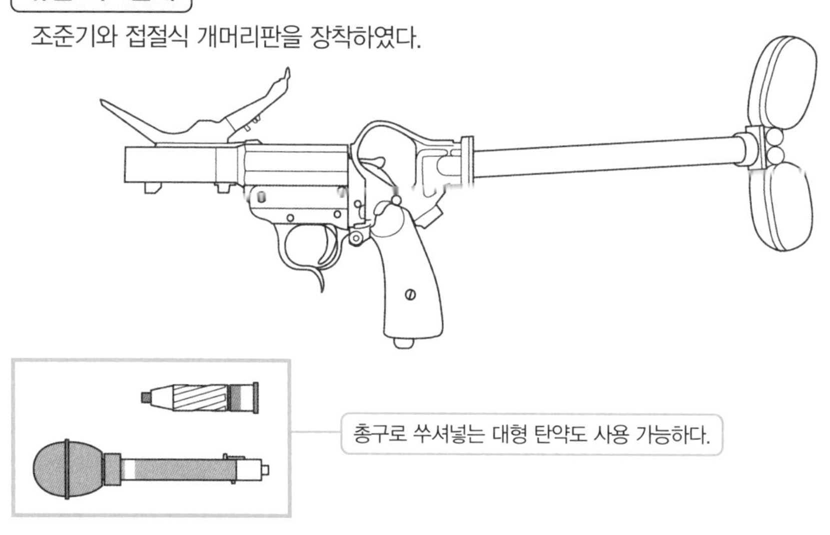

총구로 쑤셔넣는 대형 탄약도 사용 가능하다.

원포인트 잡학상식

오늘날 유명한 「캄프 피스톨」은 영어식 읽기. 독일어로는 「Kampf Pistole(캄프 피스톨레)」라고 발음한다.

No.068

샷건을 접근전용이라 하는 이유는?

근거리의 접근전에서 절대적인 위력을 자랑하는 것이 샷건이다. 새나 들짐승을 사격하기 위한 수렵용이나 민간에서 자기 방어용으로 쓰이던 것을 시작으로, 군이나 경찰의 특수부대에서도 폭넓게 사용된다.

● 조준할 필요가 없기 때문에 급작스러운 경우에 강하다

샷건을 산탄총이라 번역하는 것에서 알 수 있듯이, 발사되는 것은 기본적으로 「산탄」이라는 조그만 탄이다. 「샷셸Shot-shell」이라는 샷건 전용 카트리지에는 유리 구슬이나 은단 크기의 금속구가 수십~수백 발이 꽉 들어차 있어, 발사와 함께 총구에서 단번에 확산하여 목표를 벌집으로 만드는 것이다.

산탄은 납이나 철로 되어있어 작고 가볍기 때문에 총열 안에서 충분한 가속을 얻을 수 없다. 탄체가 「공」이기 때문에 공기 저항의 문제도 있어서, 사정거리는 같은 사이즈의 라이플보다 짧다. 그러나 조그만 탄들이 광범위하게 확산하기 때문에 근거리 총격전에는 효과적이다. 즉 1발의 탄밖에 발사할 수 없는 권총이나 라이플보다, 여러 개의 탄을 한 번에 발사 할 수 있는 샷건이 명중률적인 면에서 유리하다고 할 수 있다.

특히 상대와의 거리가 가까우면 표적이 재빠르게 움직일 때는 조준하기가 힘들다. 급작스러운 상황으로 사수가 서두를 경우에는 더욱 힘들다. 샷건의 경우 적당히 조준하고 방아쇠를 당기면, 확산된 산탄 중에 어느 것 하나는 명중한다. 권총이나 라이플이 「점으로 공격하는」 총인 것에 비해, 삿건은 「면으로 데미지를 주는」 총이라 할 수 있다.

샷건은 수렵용 총기로서 발전되어온 탓에, 일본에서의 이미지는 「버드 샷」, 「더스트 샷」과 같이 입자가 작은 산탄을 발사하는 총이다. 그러나 대인용으로 사용되는 산탄은 같은 수렵용이라 하더라도 「벅샷」이라는 입자가 큰 것으로, 9mm 정도의 납 구슬이 8~9개가량 들어가 있다. 유효 사정거리는 50m 이하로 권총 정도의 수준이지만, 산탄이 확산되는 것을 생각하면 20m 이내의 거리가 실용 범위이다. 휴대성은 권총에 뒤지지만, 적이 숨어있는 건물을 소탕할 때는 믿음직한 무기다.

샷건과 접근전

접근전(근거리)에서는 조준을 하는 것이 어렵다.

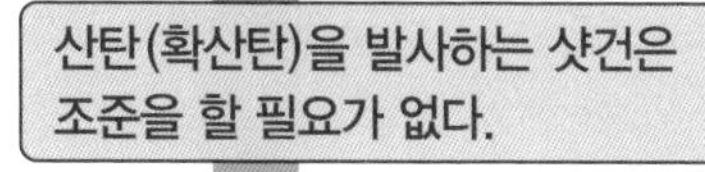

산탄(확산탄)을 발사하는 샷건은 조준을 할 필요가 없다.

산탄의 입자가 큰 것을 사용하면 어느 정도 위력을 확보할 수 있다.

참호나 건물 내부, 정글과 같은 곳에서 펼쳐지는 전투(근거리이면서 적이 급작스럽게 튀어나오는 총격전)에서 즐겨 사용하게 되었다.

샷건의 특징

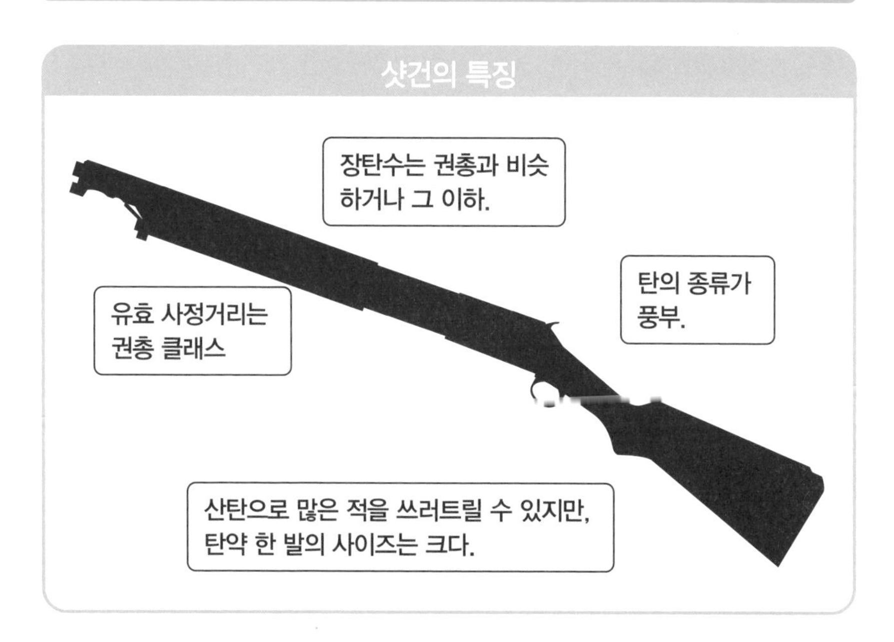

산탄으로 입은 상처는 보기에도 잔인하고 치료하기도 힘들다. 대인용으로서는 잔혹한 무기이지만, 이 점이「샷건에 맞으면 반드시 죽을 것」이라고 상대방에게 정신적인 압박을 주기도 한다.

원포인트 잡학상식

미국에서는 개척 시대의 역사도 있다 보니 샷건이 일상적이고 믿음직한 무기로서 인식되고 있다.

No.069

연장식 샷건의 장탄수는?

총열이 위아래나 좌우로 2개가 연결되어있는 샷건을 「연장식(連裝式)」이라 한다. 오른쪽, 왼쪽의 좌우로 연결되어 있는 것이 「수평 2연 샷건」, 상단 하단의 2단으로 되어있는 것이 「상하 2연 샷건」이다.

● 1발+1발=2발

연장식이라는 방식의 총은, **싱글샷** 총을 연속으로 발사하려는 시도에서 등장하였다. 1발밖에 쏠 수 없는 싱글샷 총을 2개 늘어놓고, 2연발로 사용한다는 발상이다. 당연히 장탄수는 2발뿐 이며, 총신을 늘어놓은 상태에 따라 「수평 2연발」과 「상하 2연발」이 있다.

수평 2연발 방식은 총열을 좌우로 늘어놓은 것이다. 총열이 가로 방향으로 서로 붙어있기 때문에 「사이드 바이 사이드」라고도 불린다. 가볍고 휴대가 편하기 때문에 수렵용으로 선호되는, 샷건 중에서도 표준적인 형식이라 할 수 있다.

상하 2연발 방식은 가로 방향이 아닌 세로 방향으로 총열이 붙어있는 방식으로, 위 총열+아래 총열이라는 의미에서 「오버 언더(오버&언더)」라고 불린다. 수평 2연식보다 튼튼하게 만들 수 있는 반면 중량이 무거워진다. 탄약을 장전할 때에는 수평식보다 총을 더 많이 꺾어야 하기 때문에 수렵용으로는 적합하지 않다고 하지만, 조준을 하는 감각이 일반 라이플에 가까워 클레이 사격이나 트랩 사격에서 널리 사용된다.

연장식 샷건은 싱글샷 총을 가로나 세로로 연결한 것으로, 방아쇠도 2개가 달려있다. 좌우나 상하의 총열은 같은 곳을 노리는 것이 아니라, 예를 들어 오른쪽 총열은 가까운 목표를 노리고 왼쪽 총열은 멀리 있는 목표를 노리는 것과 같은 방식으로 조준이 되게 만들어져있다. 지금의 연장식 샷건은 방아쇠가 하나밖에 없는 「단방아쇠」 모델이 일반적인데, 이 경우에는 처음 방아쇠를 당기면 오른쪽(상하식의 경우에는 밑)에서 탄이 발사되고 두 번째로 당기면 남은 한쪽이 발사된다.

이 순서를 반대로 만들 수 있는 조정간이 장착된 모델도 있어서, 자신의 취향이나 상황에 맞춰서 바꾸어 사용할 수가 있다. 이러한 모델에는 빈 케이스를 자동 선택하는 「셀렉티브 이젝터」가 장착되어있는 것이 많아서, 총열을 접었을 때 발사하지 않은 탄은 그대로 있고 「빈 케이스」만 배출된다.

처음에는 탄수를 늘리려는 시도에서부터

연장식이란 주로 「싱글샷 총」을 두 개 늘어놓은 것이다.
따라서 장탄수는 2발이다.

좌우로 늘어놓은 수평 2연 (사이드 바이 사이드)

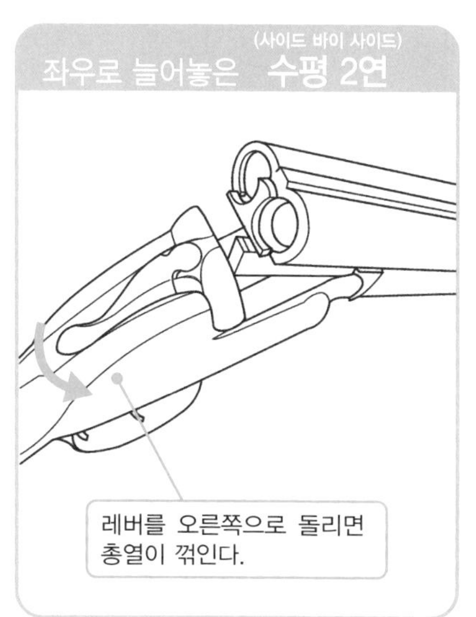

상하로 늘어놓은 상하 2연 (오버 언더)

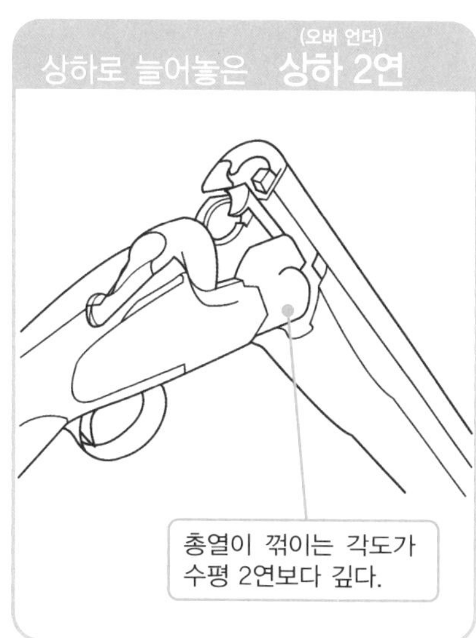

과거의 연장식 샷건은 「양방아쇠」이다

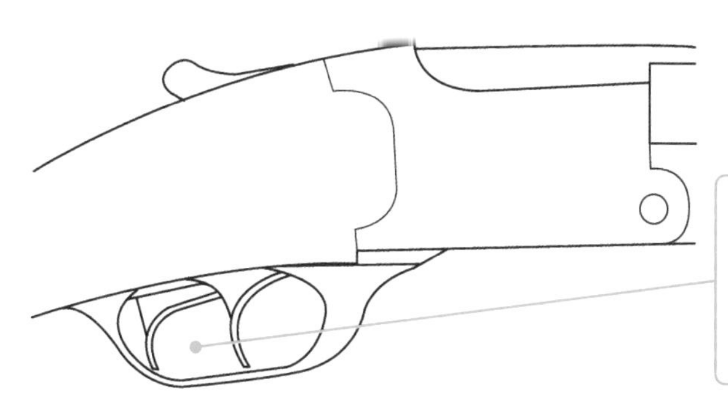

원포인트 잡학상식

총을 꺾어서 샷쉘을 장전(배출)할 수 있는 상태를 「브레이크 오픈」이라 한다.

No.070

「래피드 파이어」란 어떤 사격 방식인가?

「래피드 파이어(rapid-fire)」란, 펌프 액션식 샷건을 사용한 연사 스타일이다. 「rapid」란 고속, 급속, 신속을 의미하는 말이지만, 풀 오토 사격과 같은 연속된 자동 사격과는 다르다.

● 수동 연발총으로 탄막을 친다

래피드 파이어는 짧은 시간에 많은 탄을 뿌리는 사격 테크닉이지만, 반동이나 발사 가스를 이용해서 장전이나 발사가 기계적이고 자동적으로 이루어지는 반 자동 사격이나 풀 오토 사격과는 다르다. 기본적으로 수동식 연발총인 「펌프업 방식」 샷건에서 사용되는 방식으로, 수동 사격을 고속으로(연달아서) 하는 것이다.

다음 탄의 장전을 수동으로 하는 펌프 액션은, 총열 밑 부분에 있는 「포어엔드」라는 부품을 앞뒤로 왕복시켜서 배출과 재장전을 재빠르게 할 수 있는 방식으로 「슬라이드 액션(혹은 리피터)」이라고도 부른다. 즉 펌프 액션식 샷건은 「포어엔드를 당긴다→원래 위치로 놓는다→방아쇠를 당겨서 발사한다」는 사이클로 사용된다.

탄약의 장전과 배출을 수동으로 하는 방식은, 가스압이나 반동을 이용하여 작동하는 「자동식」에 비해 확실하게 작동한다. 샷건의 탄약(샷쉘)에는 여러 종류가 있어서 가스압도 일정하지 않기 때문에, 장전 불량을 일으키지 않는 확실한 방법을 선호한다. 그러나 수동이라서 아무리 노력해도 발사 속도에는 한계가 있다. 조금이라도 연발 속도를 향상시키려고 고안된 래피드 파이어는, 포어엔드의 조작을 「방아쇠를 당긴 채로」 하는 것이 특징이다. 그러면 포어엔드를 원래 위치로 되돌리는 것과 동시에 방아쇠를 당기는 셈이라 사이클을 단축시킬 수 있다.

래피드 파이어는 사격 중 계속 포어엔드를 잡을 손을 앞뒤로 움직여야 하기 때문에 총이 많이 흔들린다. 그 때문에 명중 정밀도를 기대하기는 어렵지만, 원래 샷건이란 조준 사격을 하는 총이 아니라서 명중 정밀도 부분은 신경을 쓰지 않는다. 기본적으로는 「참호전과 같은 급작스럽게 적과 마주쳤을 때 엄청난 양의 탄을 쏘아 넣는 스타일」이기에, 사용하는 샷쉘도 **슬러그탄**이 아닌 산탄이 기본이다.

포어엔드를 재빠르게 앞뒤로

래피드 파이어 = 수동으로도 매우 빠르게 발사하는 사격 테크닉
(사람의 힘이 필요 없는 「풀 오토 사격」과는 다르다)

일단 최초의 발사 준비

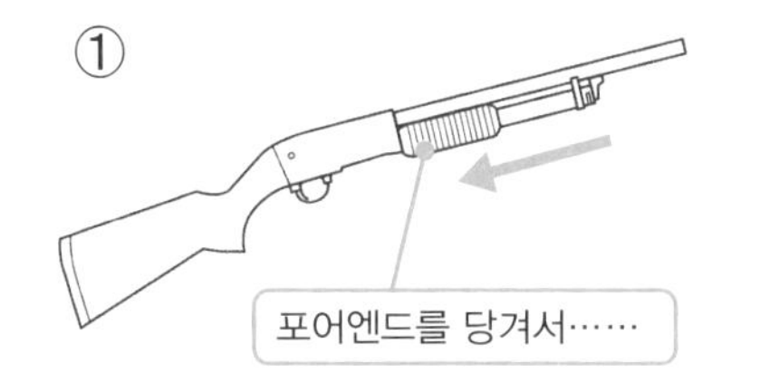

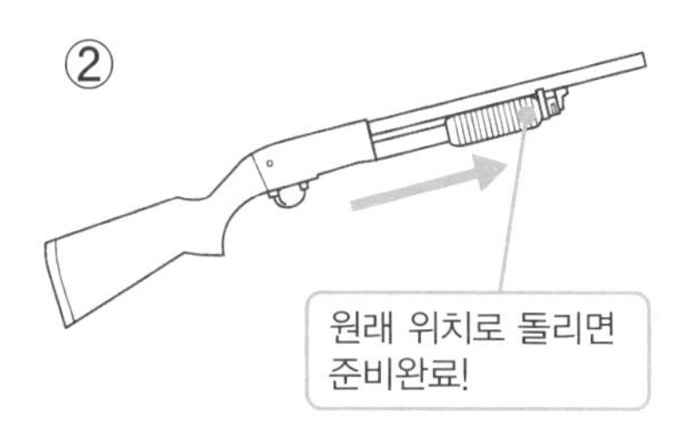

일반적인 사격 방법

방아쇠를 당겨서 발사

당기고……

되돌려서……

다시 발사!

래피드 파이어

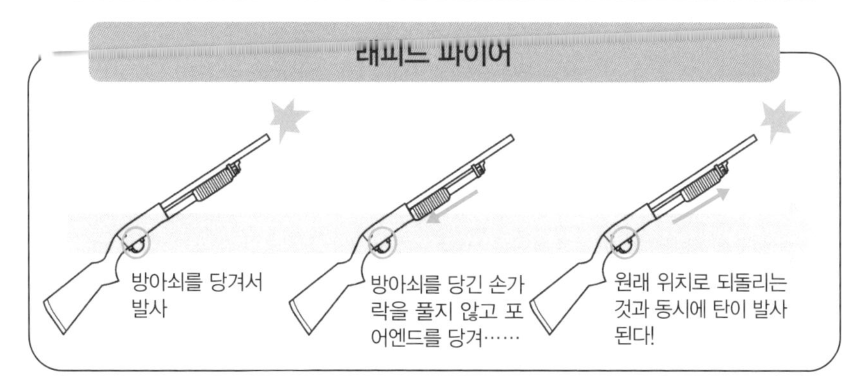

원포인트 잡학상식

래피드 파이어는 자동식 샷건의 신뢰성이 향상된 현재에는 그렇게까지 일반적인 사격 방법은 아니다. 안전성의 문제로 인해 래피드 파이어가 불가능한 모델도 많이 있다.

No.071

슬러그탄에는 어떤 종류가 있는가?

슬러그탄은 샷건용 탄약으로 「슬러그샷」, 「일입탄(一粒彈)」이라고도 불리는 단발탄이다. 산탄과 같이 탄이 퍼지지 않기 때문에 라이플처럼 조준 사격도 가능해지지만, 가장 큰 장점은 근접전에서 보여주는 파괴력이다.

● 큰 위력의 샷쉘(장탄)

일반적으로 샷건에서 발사되는 「산탄」은 납이나 철과 같은 금속탄이 수~수십 발, 많게는 수백 발이 채워져 있는 것으로, 발사되면 이것이 확산하여 목표에 명중한다. 넓은 범위에 데미지를 주는 반면 거리가 벌어지면 급격하게 위력이 저하하고, 무엇보다 "조준 사격" 이 불가능하다.

슬러그탄은 샷건용 단발탄이다. 일반적인 권총이나 라이플과 같이 발사되는 탄은 하나로, 목표를 어느 정도는 조준 사격할 수 있다. 산탄은 날아다니는 새를 노릴 때는 좋지만, 탄 입자가 작으면 멧돼지나 곰과 같은 대형 짐승을 쏴서 제압할 수는 없다. 이에 비하여 입자가 큰 단발탄인 슬러그탄은 대구경 라이플 정도의 에너지를 가지고 있지만, 탄의 형태가 「공기를 가르고 비행하는 것」처럼 생기지는 않았기 때문에 공기저항이 크고 원거리가 되면 급격하게 속도가 저하하여 위력이 떨어지는 것이 특징이다.

샷건은 총열에 강선이 없기 때문에 슬러그탄을 그대로 발사한다 하더라도 탄이 좌우로 흔들려서 안정되지 않는다. 그래서 고안한 것이 탄 자체에 강선을 새긴 「라이플 슬러그」이다. 이것은 홈이 공기의 저항을 받아서 탄 몸체를 회전하게 만든 것으로, 납으로 만든 탄 몸체는 명중과 동시에 버섯과 같이 찌그러지며 충격이 증가하는 "머쉬루밍" 현상을 일으킨다.

탄 몸체를 「사보(sabot)」라 불리는 수지 슬리브로 감싼 「BIR슬러그(사보탄)」는 라이플 슬러그보다 사정거리나 관통력이 뛰어나서, 차의 엔진이나 바리케이드와 같은 차폐물을 파괴하는데 사용된다. 「라이플드 배럴」이라는 강선이 들어간 총열에서 발사되며, 사보는 총구를 나오면 산산조각으로 분해된다. 사보탄의 특성은 라이플탄에 가까워서 100m 정도까지의 정밀도는 라이플에 육박한다고 하지만, 종합적인 사정거리나 위력, 명중 정밀도에 있어서는 라이플을 이길 수는 없다.

슬러그탄의 종류

슬러그탄(슬러그샷) = 샷건용 단발탄

라이플 슬러그

곰이나 멧돼지, 사슴 등을 조준한다. 탄 몸체는 납으로, 명중하면 머쉬루밍 현상을 일으킨다.

BIR슬러그(사보탄)

일반적인 슬러그탄보다 관통력이 높다.

해튼슬러그

적이 농성을 하고 있는 실내로 돌입할 때 사용한다. 경첩이 파괴된 문은 간단하게 날려버릴 수 있다.

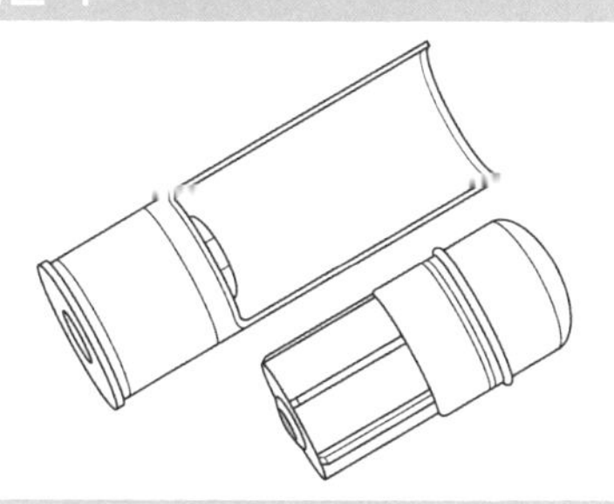

슬러그탄을 사용해도 샷건은 사정거리가 짧기 때문에 총격전에 사용되거나 원거리 저격 같은 행동은 하지 않고 어디까지나 건축물의 문을 파괴하거나 달려드는 자동차의 엔진을 파괴하는 데에 사용된다. 이러한 용도의 샷건을「브리처(Breacher)」,「마스터 키(master key)」라고도 한다.

원포인트 잡학상식

슬러그탄에는 공 모양의 둥근 탄도 있으나, 지금은 비살상용인「고무탄」을 제외하고는 그다지 사용되지 않는다.

No.072

라이어트건과 트렌치건의 차이는?

저격용 고성능 라이플을 「스나이퍼 라이플」이라 하듯이, 폭동 제압(라이어트 컨트롤)용 샷건을 라이어트건, 참호(트렌치) 전투에서 사용되는 샷건을 트렌치건으로 분류한다.

● 폭동 제압용과 참호 전투용

라이어트건도 트렌치건도 샷건의 베리에이션이다.

라이어트건(Riot-Gun)은 역마차나 철도를 악당들로부터 지키기 위해 예전에는 「**수평 2연식**」 샷건을 잘라서 사용하였고, 이후로는 더욱 장탄수가 많은 「펌프 액션식」을 사용하게 되었다.

범죄가 격화된 미국에서는 도시뿐만 아니라 중부나 남부와 같은 광대한 지역을 소수의 인원으로 담당해야 할 필요가 있는 탓에, 라이어트건이 위협이나 도로 봉쇄를 위해 순찰차 안에 표준으로 장비되어있다. 차에 집어넣어야 하는 특성상, 총의 길이는 일반적으로 같은 모델의 수렵용보다 짧다. 사정거리가 짧고 관통력도 높지 않다는 특성은 경비, 경찰용으로서는 좋은 조건이다.

트렌치건(Trench-Gun)은 그 이름대로, 참호(트렌치)에서의 전투에 이용되는 샷건이다. 라이어트건과 마찬가지로 총의 길이가 짧게 만들어져 있으나, 이쪽은 좁은 참호 안에서 기동성을 확보하기 위한 것이다.

다수의 민간용 샷건이 트렌치건 사양으로 개조되어 전장에 보내졌지만, 참호전에서 사용된 것은 제1차 세계대전 때까지이고 제2차 세계대전에서는 태평양 전선(대일전)의 정글이나 동굴에서 사용되었다. 시야가 나쁜 장소에서 샷건을 사용하면 일격에 주위의 적을 섬멸할 수 있기 때문에 제압력이 뛰어나서, 포인트맨(척후)들이 즐겨 사용하였다.

라이어트건도 트렌치건도 작동 불량의 위험을 피해야 할 필요가 있어서 수동으로 확실하게 장전이 되는 **『펌프 액션식』**을 선호하였다. 특히 상황에 따라 비치사성 탄약을 사용하는 경우도 있는 라이어트건은 탄의 종류에 따라 가스압이 다른 경우가 많아 자동식 샷건과의 상성이 좋지 않았다. 그러나 최근에는 자동식 샷건의 안정성도 향상되어, 펌프 액션식만을 고집하지 않는 군이나 경찰 조직도 늘어나고 있다.

라이어트건과 트렌치건

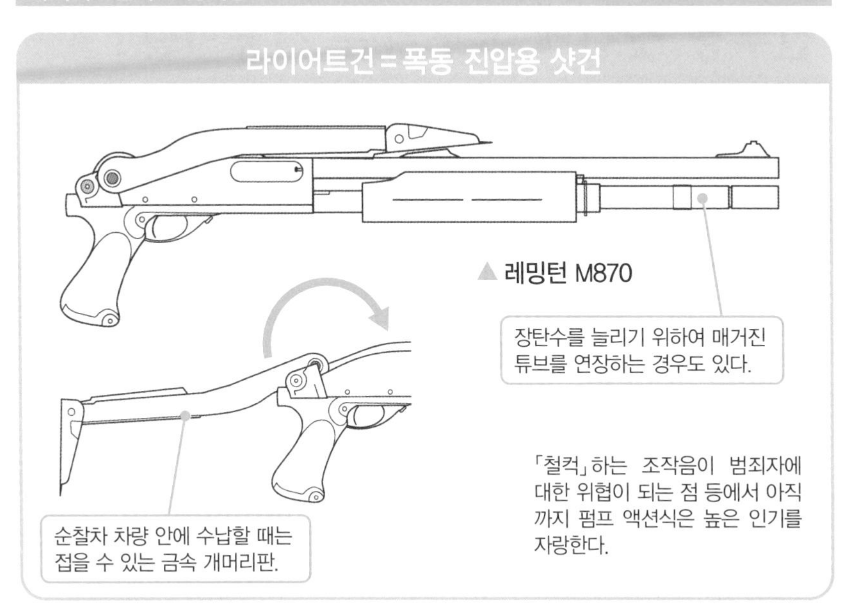

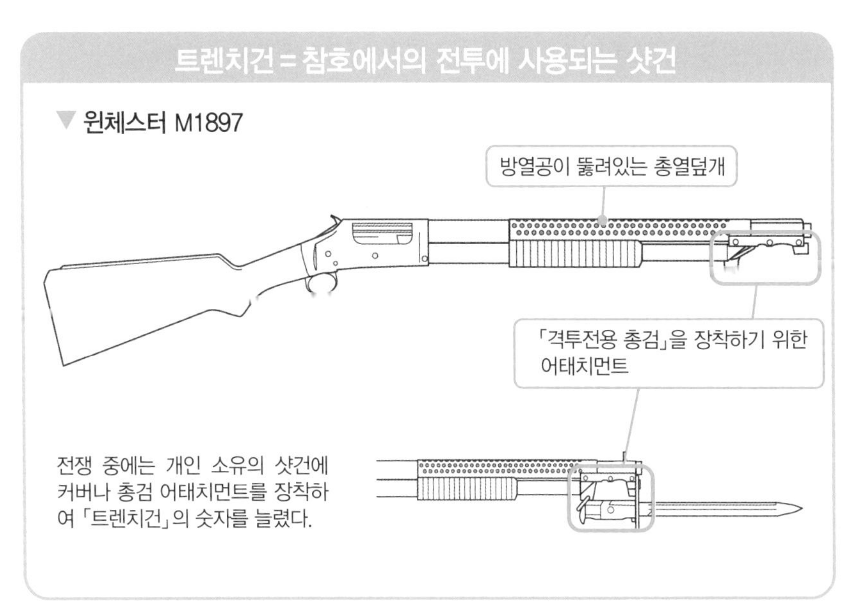

원포인트 잡학상식

일반적인 탄약보다 큰 10번 게이지 대위력 장약을 사용하는 라이어트건은, 도로 봉쇄에서 매우 중요한 역할을 하기 때문에 「로드 블록(road block)」이라고도 불린다.

No.073

전투용 샷건에 요구되는 기능이란?

샷건은 기계적인 신뢰성이 높고 가격도 저렴하며, 산탄을 사용하면 급작스럽게 적과 마주쳤을 때도 일격에 제압을 할 수 있을 정도의 위력이 있다. 이 때문에 제1차 세계대전 시대부터 정글이나 참호, 실내와 같은 근거리 전투에서 사용되었다.

● 범용성이 높은 근거리 전투용 무기

샷건이 사용되는 전투의 환경에는 현재 상당히 많은 변화가 일어났다. 고성능 기관단총이나 소형화된 **어설트 라이플**과 같은 무기의 등장으로 인하여, 샷건이 대인 전투용 무기로서 사용되는 일은 줄어들었다.

그렇다고 하더라도 샷건이 전장에서 그 모습을 감춘 것은 아니다. 무엇보다 산탄, 슬러그탄, 비치사성 장탄과 같은 여러 종류의 탄을 상황에 맞춰 선택, 사용할 수 있다는 장점이 크고, 방탄 조끼를 관통하는 「화살촉탄(flechette탄)」이나 폭동 진압용 「최루탄(CN탄)」, 「고무 스턴탄」 등 탄약 사이즈를 살린 특수탄도 많이 만들어졌다.

라이어트건도 **트렌치건**도 그 베이스는 민간용 샷건이었다. 이에 비해 처음부터 전투용으로 설계된 것을 「전투용(컴뱃) 샷건」이라 부른다. 상황에 따라서 다양한 탄약(샷쉘)을 사용할 수 있다는 샷건의 장점을 살리면서, 충격 내구성 수지를 많이 사용하여 가볍고 튼튼하게 만들거나 소형 라이트와 같은 옵션을 간편하게 장착할 수 있게 만들었다. 운반할 때는 방해가 되지 않도록 「접절식 개머리판」을 장착한 모델도 많다.

탄약의 품질 향상이나 작동 기술의 진보로 인해 세미 오토 사격이 가능한 「자동식 샷건」도 증가하고 있으나, 고장이 났을 경우 대처할 수 있고 특수탄을 확실하게 장전, 사격해야 할 경우에 대비하여 **펌프 액션식**으로 변환할 수 있는 모델도 있다. 자동식 샷건은 사수가 같은 자세로 연속 사격을 할 수 있어서, 제압 범위가 흔들리지 않는 것이 장점이다.

일부에서는 어설트 라이플과 같이 「상자형 탄창(박스 매거진)」을 사용하여 재빠른 탄약 보급이 가능한 샷건도 만들어졌으나, 한 발마다 적용 탄약을 골라서 사격을 할 수 없다는 문제도 생기게 되었다.

전투용으로 전용 설계된 샷건

컴뱃 샷건의 이상적인 조건

① 사수가 자세를 바꾸지 않고 연사성을 확보.
➡ 자동식 채용

② 장탄 불량이 일어나지 않는 확실한 작동.
➡ 펌프 액션식 병용

③ 서로 다른 종류의 탄약을, 재빠르게 변경하여 사용할 수 있다.
➡ 탄창식 채용(일부 모델만)

※단 개발 시기나 채용 조직의 방침에 따라, 이러한 조건은 여러 가지로 취사 선택된다.

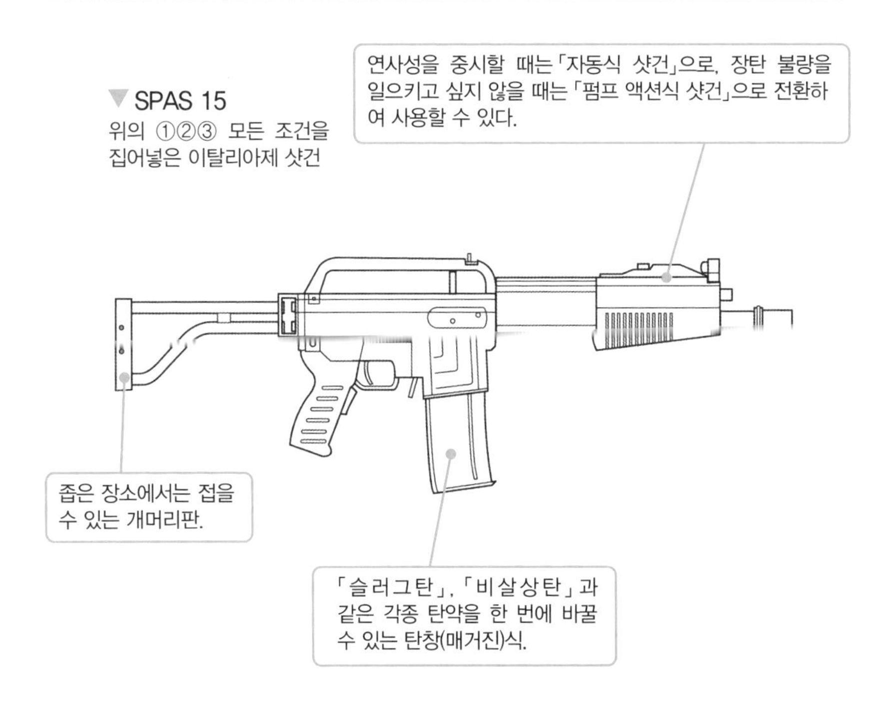

원포인트 잡학상식

많은 국가에서는 군용 총기의 일부를 소지 제한하거나 금지하고 있는데, 전투용 샷건을 이러한 범주에 집어넣은 경우도 많다.

No.074

드럼식 탄창을 사용하는 샷건이 있다?

샷건은 다른 무기에 비하여, 상황에 대응하여 여러 가지 탄약을 사용할 수 있는 범용성을 장점으로 가지고 있다. 그러나 샷건용 탄약은 일반 탄약보다 큰 「샷쉘」이라는 것으로, 장탄수가 제한되는 문제가 있었다.

● 샷건의 장탄수 증가 방법

샷건에 사용되는 「샷쉘」은 건전지와 같은 형태를 하고 있는 탄약으로, 권총이나 라이플 탄약에 비하여 상당히 두껍다. 산탄 사용을 전제로 한 샷건은 탄약 한 발의 내부에 「수십 ~ 수백 발의 산탄」이나 화약의 연소 에너지를 산탄에 전달하는 수지 「와드」, 그리고 「대량의 발사약」을 집어넣어야 하기 때문에 아무래도 크기가 커지게 된다.

그 때문에 일반적인 샷건에는 4~7발 정도밖에 샷쉘을 장전할 수 없다. 「매거진 연장 키트」와 같은 옵션을 사용해도 +3발 정도가 한계이다. **어설트 라이플**과 같은 「상자형 탄창(박스 매거진)」을 채용한 모델이라도, 쉘의 크기 탓에 장탄수는 6발 전후이다.

『스트라이커 12』로 대표되는 **드럼 매거진**식 샷건은 이러한 문제의 해결책 중 하나로 개발되었다. 12번 게이지의 샷쉘을 12발 장전할 수 있다는 점에서 이름이 붙여진 이 총에는, 기존의 샷건에서 일반적으로 사용되었던 파이프형 「튜브 매거진」이 아니라 두꺼운 통과 같은 「드럼 매거진」을 장착하고 있다. 드럼 매거진의 구조는 기관총이나 기관단총(서브머신건)용의 탄창보다는 **리볼버**의 「실린더」에 가까운 사고 방식으로, 「리볼링 매거진」이라고 불리는 경우도 있다.

튜브 매거진 샷건은 장탄수가 적지만, 탄창 교환이나 실린더의 스윙 아웃과 같은 동작을 하지 않고 "기관부에 직접적으로 추가 샷쉘을 장전" 할 수 있다. 현장에서는 자주 추가 장전을 해서 장탄수가 적은 것을 보충하지만, 공격해 오는 적병이나 폭도를 상대로 순간적으로 탄막을 쳐야 하는 경우를 생각한다면 역시 장탄수는 많을수록 좋다. 드럼식 샷건은 「범용성을 다소 희생하더라도 연사시의 탄막밀도를 높이는 것」을 중시한 설계 사상의 총이라 할 수 있겠다.

샷건+다탄수 매거진

드럼식 샷건은 연사시의 탄막 밀도를 중시!
부피가 크고 탄을 전부 쏘고 난 다음에 재장전이 번거롭긴 하지만, 뭐 그런 건 덮어두자.

▼ 스트라이커12 (별명 스트리트 스위퍼)

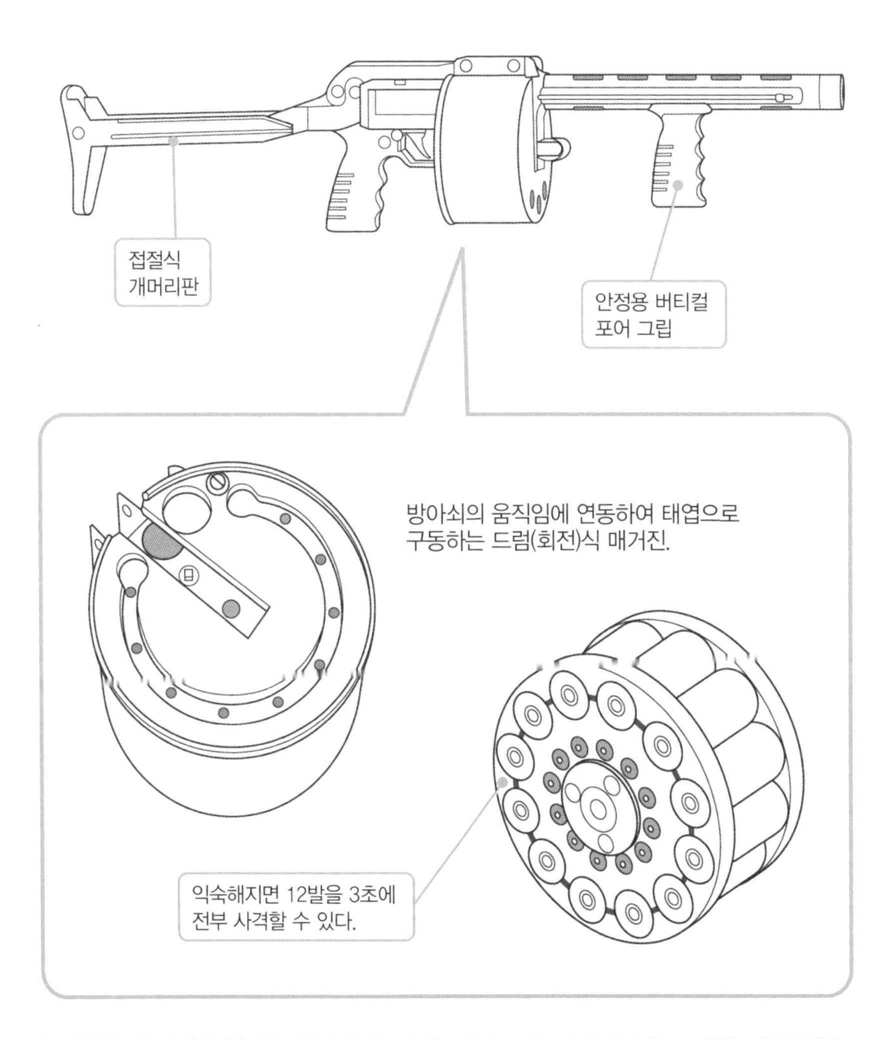

원포인트 잡학상식

『스트라이커12』는 당초 남미에서 제조되었으나, 1980~90년대에 걸쳐 『스트리트 스위퍼』라는 이름으로 미국에 수입되었다.

No.075

권총으로 산탄을 발사할 수 있다?

많은 산탄, 대량의 발사약, 산탄을 밀어내는 워드가 들어가 있기 때문에 「샷쉘」은 소형화가 어렵지만 권총용으로 만들어진 것도 존재한다. 그러나 권총용 사이즈로는 위력을 기대할 수 없고 유효 사거리 역시 고작 2~5m이다.

● 샷쉘과 권총

샷건과 권총 둘 다 근접전용 총이다. 근거리에서 절대적인 위력을 발휘하는 「산탄」을 권총에서도 발사할 수는 없을까 하는 생각에, 권총탄의 탄두를 산탄으로 교환한 것이 고안되었다.

이 권총용 샷쉘은 「스네이크샷(뱀탄)」이라 하는데, 크기상의 제약으로 샷건용만큼의 위력은 낼 수 없었다. "낚시를 할 때 다가오는 방울뱀을 격퇴하는 목적"으로 사용되지만 대인, 대광견용 자기방어 수단으로 사용하는 사람도 있다. 구조상의 문제로 자동권총의 동작에 필요한 가스 압력을 확보하는 것이 어렵고 연발이 불가능하기 때문에, 이러한 권총용 샷쉘은 기본적으로 **리볼버**용이다.

샷쉘을 작게 만드는 것이 무리라면, 기존의 샷쉘을 사용하는 전용 권총을 개발하면 된다. 이런 사상에 따라 개발된 것이 선더 파이브Thunder5라는 리볼버이다. 그렇다고 하지만 일반적인 샷쉘 「12번 게이지(18mm)」로는 실용적인 사이즈로 만들 수 없기 때문에, 사용하는 것은 「410번(포어 텐)」이라는 구경 10.4mm(0.410인치)의 소형 쉘이다.

이 쉘은 립스틱과 같은 형태를 하고 있고, 미국에서는 여성이나 젊은이, 입문자용으로 사용되고 있다. 스네이크 샷 정도로 위력이 약한 것은 아니지만, 역시 근거리에서 새나 작은 동물을 상대하는 용도로 사용하게 된다.

그러나 섬세한 강선 총열로 산탄을 사격하면 내부가 엉망이 되지는 않는 걸까? 납 산탄으로는 금속 경도의 차이로 강선에 데미지를 거의 주지 못한다(총열 안에 납이 들러붙는 경우는 있다). 그러나 조류나 짐승이 입는 납 피해를 없애자는 관점에서 요즘 일반화되고 있는 철제 산탄(스틸샷)은 그렇지 않다. 물론 한 발이나 두 발을 사격하였다고 총열이 못쓰게 되는 것은 아니지만, 역시 강선이 데미지를 입는다고 봐야 할 것이다.

권총용 산탄과, 산탄 발사용 권총

산탄은 단발탄에 비해 에너지 손실이 크다.

권총 사이즈로는 위력을 기대할 수 없다.

권총용 샷쉘
「스네이크 샷 (44매그넘)」

위력은 뱀과 같은 소형 사냥감에 통하는 정도.

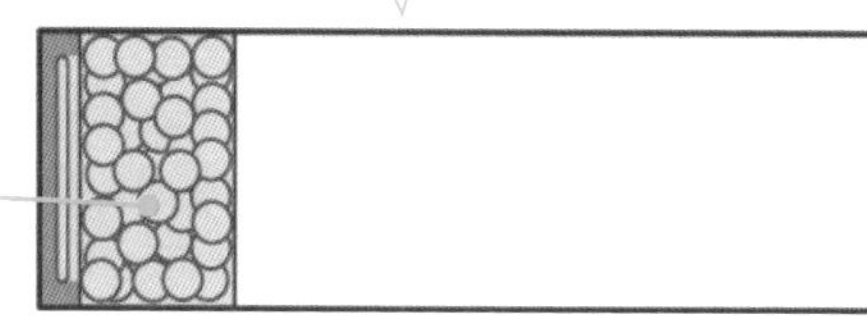

수지 케이스 내부에 산탄이 가득 차 있다.

410번 산탄을 발사할 수 있다

일반적인 12번 게이지

410번 샷쉘

「권총으로 취급」하기 때문에 강선이 들어가 있으나, 그다지 정밀하지는 않다.

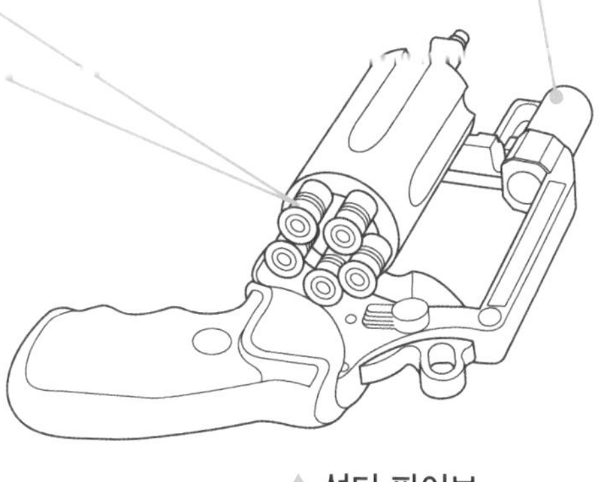

▲ 선더 파이브

원포인트 잡학상식

「스네이크 샷」은 44매그넘이나 357매그넘용 이외에, 싱글샷 피스톨인 『톰슨 컨텐더』에 대응하는 것도 제작되었다.

No.076

「엘리펀트 건」이란 어떤 총인가?

코끼리 사냥용 총이라고 번역되는 엘리펀트 건이란, 라이플 이상의 크기와 강력한 위력을 가진 무기의 속칭이다. "코끼리도 쓰러트릴 수 있는 위력" 이라는 의미에서 붙여진 것으로, 실제로 코끼리를 사냥하기 위한 전용 총기는 아니다.

● 매우 크고 강력한 수렵용 라이플

엘리펀트 건이란 「**핸드 캐넌**(강력한 권총)」, 「**매그넘탄**(화약량이 많은 권총탄)」과 같이 "선을 넘어 버린 물건"에 붙여진 관용적인 명칭이다. 기본이 되는 것은 수렵용 라이플로, 엘리펀트 건의 "건"에는 총 뿐만 아니라 "포"를 암시하는 의미도 담겨있다(총도 포도 스펠링은 같은 「Gun」).

예전에는 「더블 라이플」이라 불리던 것이 대표적인 엘리펀트 건이었다. 이것은 **싱글샷** 시대의 단발 라이플을 수평으로 2개 늘어놓고 쏘는 것처럼 만든 것으로, 아프리카에서는 「빅 게임」이라고 불리는 대형 짐승 사냥에도 사용되었던 것이다. 당시의 연발총은 강력한 탄환을 발사하기에는 아직 구조적으로 불안하였기 때문에, 대형 맹수를 일격에 쓰러트리는 강력한 위력을 가진 총은 크고 튼튼한 싱글샷 방식밖에 없었다. 물론 맞은 부위에 따라서는 격분한 맹수가 돌격해 오기도 하고, 불발의 가능성도 있다.

사냥꾼들은 예비 총기를 준비하여 이러한 위험에 대비하고 있었는데, 탄수는 한 발이라도 많은 쪽이 좋다. 더블 라이플의 장탄수는 연장식 샷건과 마찬가지로 2발이지만, 이것을 2자루 준비하면 2발+2발의 합계 4발이 된다.

물론 이것으로 충분하다고 할 수는 없지만, 의외로 트리플 라이플이 만들어지거나 예비 총기를 3자루 4자루 준비해두는 경우는 없었다고 한다. 이유로는 「사냥꾼이 2발(보험으로 +2발)로 사냥감을 쓰러트리지 못한다면 깨끗하게 패배를 인정해야 한다」는 사고 방식이 있었다고 한다.

엘리펀트 건은 볼트 액션 라이플이 일반화된 이후에 사라져, 현재는 일부 호사가들이 주문하여 제작하는 고급 총기가 되었다. 영화 『불가사리』에서는 인근 마을을 습격한 괴생물(그라보이즈)에 대항해, 주민이 수평 2연식 엘리펀트 건을 가지고 나와서 응전하는 장면을 볼 수 있다.

코끼리 사냥용 총이라는 빅 라이플

앨리펀트 건=코끼리도 쓰러트리는 강력한 총을 가리키는 말
「빅 게임」이라는 대형 짐승 사냥용 매그넘 라이플이다.

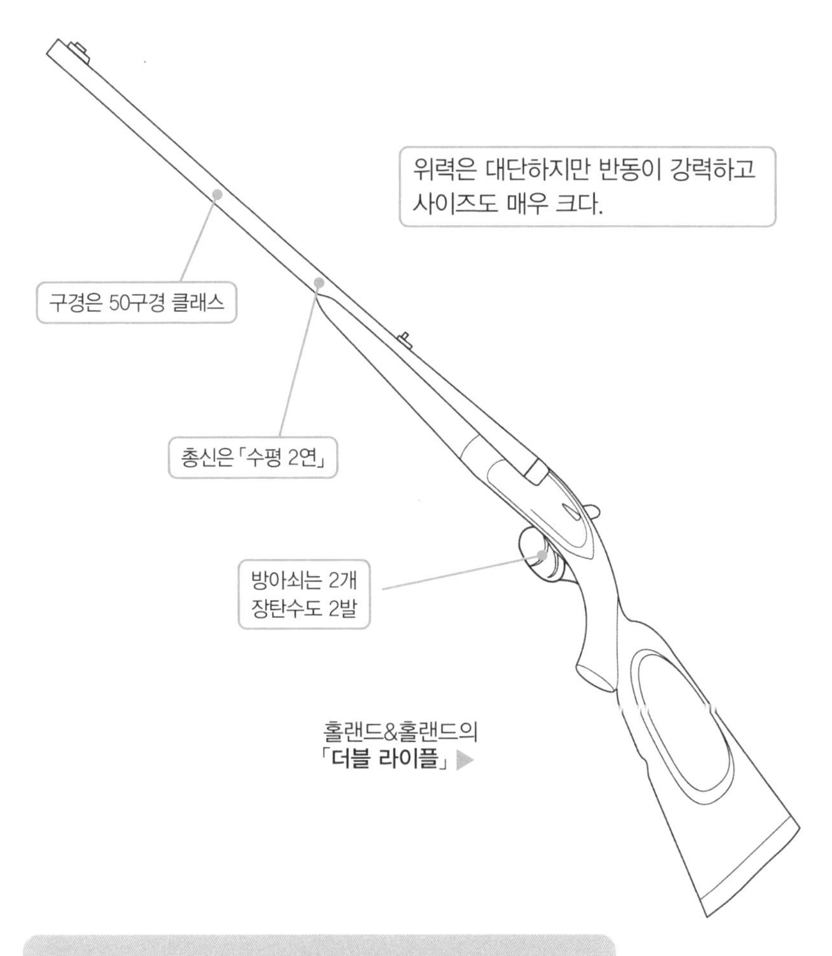

현재의 대형 짐승 사냥에는 「웨더비」와 같은 볼트 액션식 매그넘 라이플이 주류이고, 위와 같은 총은 수집용이 되었다.

원포인트 잡학상식

엘리펀트 건은 특별 주문 생산품인 경우가 많기 때문에, 개머리판이나 기관부에 섬세한 조각(인그레빙)이 되어있는 총도 있다.

여러 가지 대전차 수류탄을 개발한 독일 제3제국

수류탄이란 요컨대 「소형 폭탄」이다. 지금이야 "파편이나 충격을 이용한 대인병기"라는 것이 일반적인 인상이지만, 제2차 세계대전 무렵에는 장갑 차량을 공격 대상으로 하는 수류탄도 존재했다.

이런 수류탄의 아이디어가 많이 탄생하고, 이를 실제로 행한 것이 독일 제3제국이었다. 유럽뿐만이 아니라 소련과도 전쟁을 시작한 독일은, 전선이 넓어지자 항공기나 포병의 원호를 받는 것이 어려워졌다. 특히 라이플이나 기관총이 통하지 않는 「전차」를 상대할 때, 보병들이 마지막으로 기댄 것이 수류탄이었다.

그들은 먼저, 수류탄 몇 개를 다발로 묶어서 폭발력을 향상시키려고 하였다. 독일의 수류탄은 자루가 달려있는 봉 모양이었기 때문에, 1개의 수류탄을 심으로 하고 그 주의에 여러 개의 수류탄(탄두 부분만)을 철사로 묶은 것이다. 이런 수류탄은 「결속수류탄(게바르테 라둥(Geballte Ladung))」이라 불렸는데, 응급처치적인 성격이 강한 병기였다.

「대전차 수류탄(판저불프미네(Panzerwurfmine))」은 그 이름대로 대전차용으로 개발된 수류탄으로, 나중에 대전차 로켓런처의 탄두에도 사용되는 「성형작약탄」의 기술을 이용한 것이기도 하다. 성형작약이란 폭발의 에너지에 지향성을 부여하여 전차의 장갑을 관통하는 것으로, 손으로 던지는 정도의 느린 속도로도 적 전차를 관통할 수 있었다.

독일군은 이외에도 「T마인」이라는 이름으로 알려진 접시형 지뢰의 신관을 수류탄의 것으로 교환하여 대전차병기로서 운용하였다. 사이즈는 직경 30cm 가까이 되었기에 운반하기는 불편하였으나, 원래 지뢰인만큼 폭발력은 수류탄 그 이상이고 원반 모양이라 전차의 약점인 엔진 흡배기구에도 쉽게 올릴 수 있었다.

또한 장착된 자석 덕분에 전차의 장갑에 달라붙어, 성형작약 효과로 내부에 있는 포탄을 유폭시키는 「흡착지뢰」도 강력한 대전차병기였다. 던져서 부착시키는 방법으로는 사용할 수 없어서 사용자가 손에 들고 직접 전차의 장갑에 붙일 필요가 있었으나, 그만큼 발군의 위력을 자랑하였다(같은 컨셉의 병기는 「자갑폭뢰」라는 이름으로 일본에도 존재했다).

제2차 세계대전이 중반에 접어들면서 전차의 장갑도 두꺼워져, 수류탄 정도의 폭발력으로는 데미지를 줄 수 없게 되었지만 그래도 독일군은 캐터필러나 외부 감시창, 엔진 흡배기구나 환기장치 등을 노리고 수류탄을 투척하였다. 이와 동시에 자국의 전차에 대 흡착지뢰용 치메트리 코팅(자력을 차단하여 달라붙지 못하게 한다)을 하는 등의 조치를 취하였으나 미국, 영국이나 소련 등은 대전차 수류탄의 개발이나 사용을 그리 열심히 하지는 않았기 때문에 이러한 노력은 헛수고로 그치고 말았다.

제 4 장

익스플로시브 웨폰

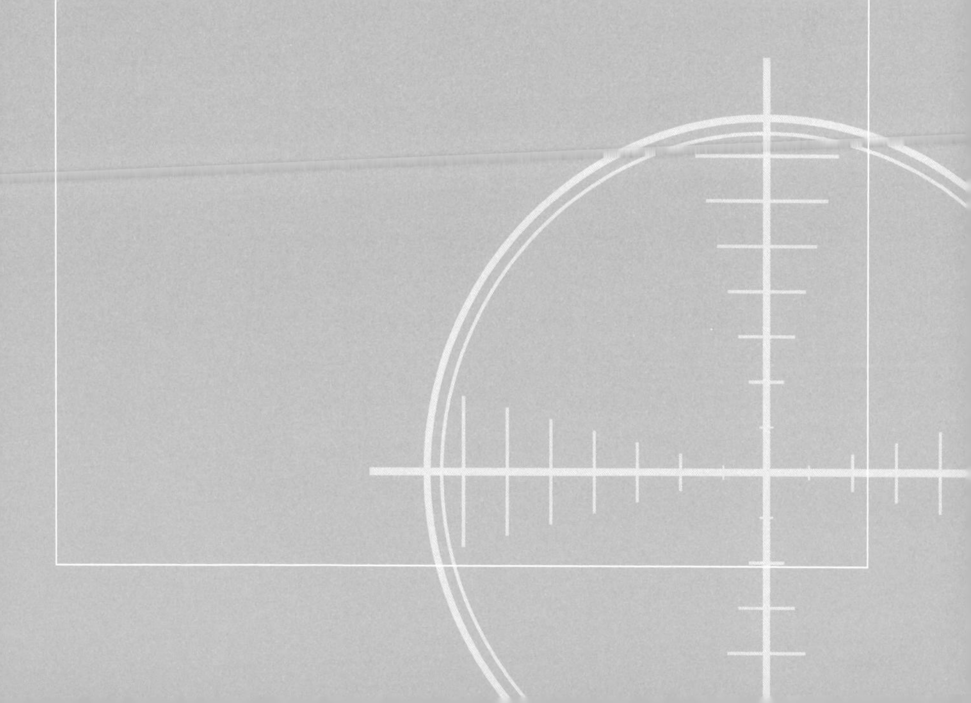

No.077

익스플로시브 웨폰의 존재 의미는?

폭발하지 않는 탄은 발사되었을 때의 「운동 에너지」로 명중한 목표에 데미지를 가한다. 그러나 폭발을 동반하는 탄이나 수류탄은, 운동 에너지에 더하여 더욱 많은 데미지를 줄 수 있다.

● 「폭발」시키는 것에 어떤 의미가 있는가?

권총이나 라이플과 같은 총으로 상대를 조준해서 사격할 경우, 일반적으로는 1명의 적만을 쓰러트릴 수 있다. 탄은 목표물에 다다를 때까지 많은 에너지를 소비하고, 물체를 관통하면서 또 다시 에너지를 소비하게 된다. 이러한 무기는 첫 번째 사람의 몸을 관통하고, 또 다시 뒤에 있는 사람을 쓰러트리는 것은 어렵다. 기관총과 같은 **에어리어 웨폰**을 사용한 경우에도 역시 대량의 탄이 필요하게 된다.

이러한 문제는 다이너마이트와 같은 「폭발물(익스플로시브 머티리얼)」을 이용하는 것으로 해결할 수 있다. 폭발의 에너지는 충격파로 변해 공기 중에 전파되어 효율적으로 목표를 파괴하는 것이 가능하기 때문이다. 폭발물의 표면을 딱딱하고 깨지기 쉬운 소재로 감싼다면, 폭발로 인해 비산된 파편을 통해 더욱 효율적으로 주변을 파괴할 수 있다.

근대전에서는 총탄에 의한 사상자 수보다, 폭발물이나 그 파편에 맞아서 사망하거나 부상을 당한 사람의 수가 많다는 통계가 있다. 현재도 병사들이 장비하고 있는 「헬멧」이나 「보디 아머」 같은 것은, 대부분이 이러한 파편(포탄 파편)으로부터 몸을 보호하기 위하여 설계된 것이다. 대규모 전투에서는 자주포 같은 화포에서 발사되는 포탄(유탄)이, 소규모 전투에서는 **박격포**나 보병용 **그레네이드** 등이 폭발에 의한 데미지를 만들어 내는 병기이다.

폭발할 때 발생하는 「굉음이나 진동」도 무시할 수 없는 요소이다. 인간은 화염을 보면 본능적으로 공포를 느끼는데, 이와 마찬가지로 커다란 폭음이나 진동을 느낄 때 순간적으로 "몸이 굳어 버리게" 된다. 보병에 의한 돌격은 먼저 포탄으로 적진을 때려놓고 적병이 얼이 빠져 있는 동안 하는 것이 정론이다.

물론 이러한 반사 작용은 훈련이나 "마음먹기에" 따라 극복이 가능하다. 그러나 많은 일반 병사는 그러한 능력도 기합도 가지고 있지 않다. 공격측은 적 부대의 한가운데 포탄을 때려 넣거나 폭약을 파열시켜서, 상대의 사기를 떨어트리는 것이 가능하다.

폭발의 영향은 「총탄 한 발」보다 크다

「폭발」에 의해 발생하는 충격파는
목표를 산산조각낼 수가 있다.

이것만으로도 효과가 크지만,
폭발에는 다음과 같은 장점도 있다.

비산한 파편에 의한 데미지

- 폭발물의 겉을 깨지기 쉬운 소재로 만들면 효과적.
- 헬멧이나 보디 아머는 이러한 파편을 방어하기 위해서 장비한다.

굉음에 의한 심리적 효과

- 커다란 소리나 진동은 병사들의 몸을 굳게 만든다.
- 공포를 극복하는 것은 어려워서, 징병되거나 경험이 부족한 병사들에게 있어서는 심각한 문제이다.

전투에서 사용되는 익스플로시브 웨폰

- 각종 화포 (자주포나 캐넌포, 유탄포 등)
- 각종 미사일
- 라이플 그레네이드
- 폭약
- 로켓런처
- 박격포
- 수류탄
- 그레네이드 런처

원포인트 잡학상식

폭발물을 사용하여 전투를 하면 소수라도 다수를 상대할 수 있다. 그 때문에 폭발물의 취급은 현대의 특수부대원이라면 반드시 갖추어야 할 기능이라 할 수 있다.

No.078

바주카포는 휴대용 대포이다?

총보다 크다는 점에서 「바주카포」라고 불리는 경우도 있으나, 바주카는 포가 아닌 로켓탄을 발사하는 발사기(런처)이다. 영어로도 포를 의미하는 「Canon」, 「Gun」과 같은 단어는 사용하지 않고 단지 「Bazooka」라고 표기한다.

● 대포가 아닌 「단순한 통」

일반적으로 「대포와 같은 포신을 어깨에 메고 쏘는」 무기는 전부 "바주카"라고 통틀어서 부르는 경우가 많다. 들판이나 산을 달리는 지붕이 없는 녹색 소형 차량을 전부 「지프」라고 불러도 괜찮다는 차원의 이야기라면 그래도 문제는 없지만, 원래 바주카란 미군이 사용하는 「로켓 런처」라는 병기의 별명이다.

로켓 런처란 "로켓의 발사기(런처)"라는 이름대로, 로켓 분사로 날아가는 포탄의 조준을 긴 통으로 해주는 것이다. 즉 바주카란 대포의 종류가 아니라 자력으로 추진하는 로켓탄의 가이드 레일 역할만을 하는 것에 지나지 않는다.

바주카와 많이 닮은 형태의 무기로 「무반동포」라는 것이 있다. 이것은 로켓 런처와는 다르게 제대로 된 "소형포"이다.

로켓 런처는 탄 몸체 전부가 로켓 추진으로 날아가지만, 무반동포는 발사용 화약이 들어가 있는 탄피를 사용한다. 대포의 탄피나 포미는 포탄을 가속하는 발사 가스를 효율적으로 사용하기 위하여 밀폐되어 있으나, 무반동포의 경우는 일부러 작은 구멍을 많이 뚫고 가스를 빼내어 포의 반동을 경감시키는 것이다.

이러한 구조 덕분에 인간이 짊어지고 쏴도 괜찮도록 만들어졌으나 에너지의 손실이 크기 때문에 사정거리는 짧고, 분출되는 가스(**후방폭풍**—백 파이어)로 인하여 사수가 숨어 있는 장소가 들키거나 좁은 장소에서는 사격을 할 수 없다는 문제점이 있다. (요즘 무반동포는 가스 대신에 수지 조각을 내뿜는 모델도 등장하였다.)

예전에 소련에서 대량으로 생산하여, 지금은 게릴라의 무기로서도 유명한 『RPG-7』은 무반동포와 로켓 런처 양쪽의 특성을 같이 가지고 있다. 무반동포의 원리로 로켓탄을 사출한 후, 일정거리에서 탄두 끝 부분의 부스터가 점화하여 로켓 분사를 시작하는 하는 것이다.

바주카는 「포」가 아닌 로켓탄의 발사기

혹은 바주카는 고유 모델의 명칭이기 때문에
카테고리로서는 「로켓 런처」가 정답이다.

로켓 런처

로켓탄을 발사하기 위한 런처. 현재는 포신이 짧은 것이 일반적.

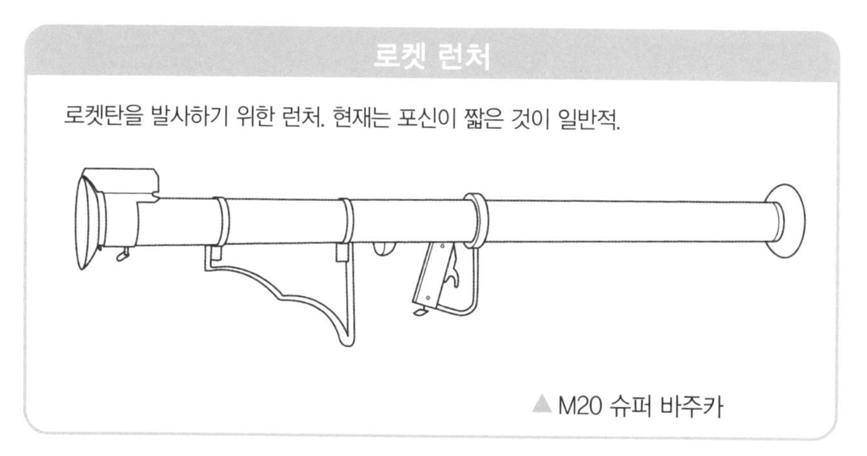

▲ M20 슈퍼 바주카

무반동포

반동을 작게 한 소형포. 대형 모델은 삼각대를 사용하거나 지프에
탑재되는 경우도 있다.

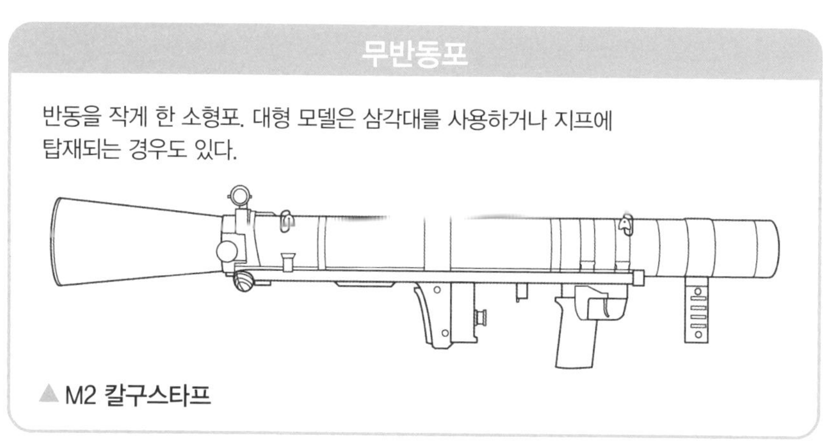

▲ M2 칼구스타프

『RPG-7』이나 『팬저파우스트 III』와 같은 모델은, 로켓 런처와 무반동포 양쪽의 성질을 가지고 있다.

원포인트 잡학상식

무반동포는 영어로 「리코일리스 라이플(Recoilless rifle)」이라고 표기되는 탓에, 오래된 영화의 자막이나 더빙에서는 「무반동총」이라고 하는 경우*도 있었다.

*현재 대한민국 국군 교범에는 「무반동총」이라고 표기하는 경우가 더 많다. 실제 보직명도 「무반동총 사수」로 사용한다.

No.079

로켓 런처로 발사하는 것은 어떠한 탄인가?

바주카로 대표되는 「로켓 런처」가 발사하는 것은 그 이름대로 로켓탄이다. 로켓탄이란 권총이나 라이플, 대포의 탄과는 다르게, 후미에서 불을 뿜으며 자력으로 목표를 향하여 날아가는 종류의 탄이다.

● 로켓탄+작약

로켓 분사로 날아가는 로켓탄은, 발사에 대포와 같은 튼튼한 약실(탄을 넣는 부분)이나 포신을 필요로 하지 않는다. 반면, 로켓 분사의 순간적인 가속력은 대포의 포탄에 뒤지기 때문에 탄 몸체의 속도가 느리다.

저속의 탄은 운동에너지가 작고 그만큼 관통력도 작아지기에, 로켓탄의 탄두를 "금속 덩어리를 부딪혀서 관통하는" 철갑탄과 같은 것으로 만들어도 효과가 적다.

로켓탄의 탄두에 사용되는 것은, 작약이 가득 담긴 「유탄」이라는 것이다. 폭풍이나 파편을 발생시키는 유탄이라면 탄 몸체의 속도와는 관계없이 위력을 발휘한다. 데미지를 주는 것은 탄의 운동에너지가 아니라, 내부의 작약이 폭발할 때 발생하는 열이나 충격파이기 때문이다.

또한 로켓탄은 사이즈가 크지만, 분사에 의해 스스로 날아가기 때문에 탄도가 낮은 것이 특징이다. 로켓 런처의 수평 발사는 지상을 이동하는 목표를 상대하기에 매우 좋아서, 특히 대형이며 저속인 전차는 매우 좋은 사냥감이라 할 수 있다. 이러한 상대에게는 「대전차유탄(성형작약탄)」이라는 특수한 탄두를 사용한다.

로켓탄의 폭발 타이밍은 비행기가 떨어트리는 폭탄과 마찬가지로 내부의 신관에 의해 제어된다. 명중하면 그 충격으로 신관이 작동하여 폭발하는 「착발신관」 장착식이 감각적으로는 사용하기 쉽지만, 로켓탄이 날아선 거리나 시간에 따라 작동하는 신관 등 여러 가지가 만들어진다.

포탄이나 로켓탄이 장거리를 비약하려면, 탄 몸체가 흔들리지 않고 안정될 필요가 있다. **무반동포**에는 권총이나 라이플과 같은 강선이 포신에 새겨져 있으나, 로켓 런처에는 강선이 없기 때문에 로켓탄의 끝 부분에 화살 깃과 같은 안정 날개(핀—fin)가 장착되어 있다.

로켓탄의 종류

철갑탄

금속 덩어리를 고속으로 부딪혀서 데미지를 준다.

로켓탄은 발사 속도가 느리기 때문에, 철갑탄 같이 전부 금속으로 만들어진 탄은 적합하지 않다.

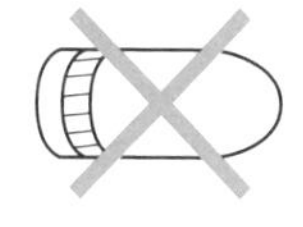

바주카 타입의 무기에서 발사되는 탄은 명중시에 폭파하여 데미지를 주는 것이 대부분이다.

유탄

탄두 부분의 작약으로 인해 발생하는 폭풍과 충격으로 데미지를 준다. 탄 몸체의 파편을 사방으로 날려서 인원을 살상하는 것도 있다.

대전차유탄 (성형작약탄)

유탄 가운데도 특히 전차와 같은 장갑 차량용 탄이다. 작약의 폭발 에너지를 한 곳으로 집중하여 장갑을 파괴한다.

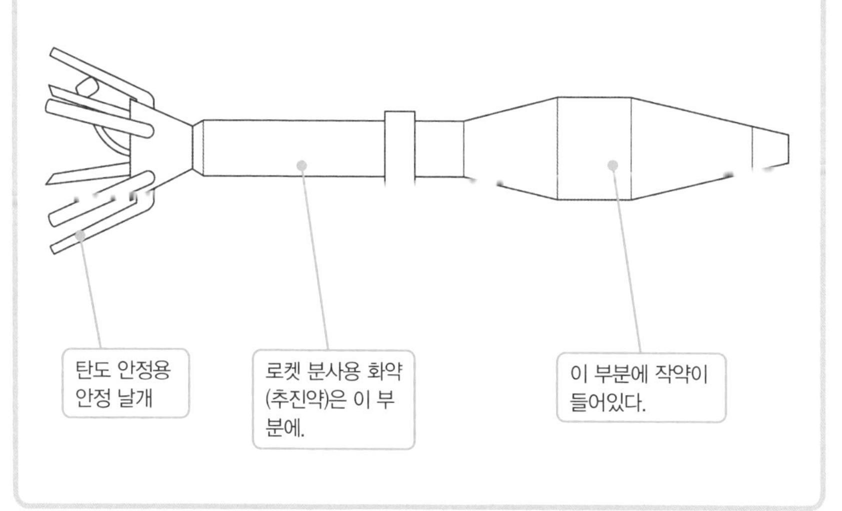

원포인트 잡학상식

로켓런처나 무반동포는 탄 몸체의 사이즈가 크기 때문에 기본적으로는 단발이다. 사정거리도 짧고 후방 폭풍의 문제도 있어서 「반드시 명중시켜야만 하는」 병기이다.

No.080

로켓탄은 어떤 원리로 날아가는가?

바주카와 같은 「로켓 런처」가 발사하는 탄 몸체는 로켓탄이라 불리며, 그 이름대로 로켓 추진으로 날아간다. 로켓이란 「프로펠러」나 「제트」와 같은 추진 방식의 명칭이다.

● 가스의 압력에 따른 반작용

로켓 추진의 「로켓」이란, 스페이스 셔틀이나 인공위성을 쏘아 올리기 위한 로켓과 본질적으로 동일한 것이다. 진행하고 싶은 방향의 역방향으로 연료를 태우고 가스를 분출하여, 그 반동(반작용)으로 앞으로 나아가는 장치이다. 양자의 차이라면, 우주를 향하여 물건을 쏘아 올릴 것인가 적을 향하여 폭탄을 쏠 것인가 정도이다.

로켓 내부에 만들어진 튼튼한 「껍데기」의 내부에서 연료를 연소시키면, 껍데기 내부의 압력이 높아진다. 여기서 껍데기의 한쪽을 개방하면, 압력이 그 방향으로 빠져 나오기 때문에 압력에 편차가 생긴다. 그러면 개방되어 있지 않은 쪽의 압력이 반작용이 되어 로켓을 앞으로 밀어내어, 그 방향으로 진행한다는 원리이다.

노즐에서 격렬하게 불꽃을 분사하다보니 후방을 향하여 분출된 가스가 공기를 밀어서 앞으로 전진하는 것처럼 보인다. 그러나 힘의 원천은 어디까지나 반작용이라 로켓은 공기가 없는 우주에서도 앞으로 전진할 수 있다. 반작용을 사용한 추진 방식으로 「제트 추진」이라는 것도 있지만, 이쪽은 제트 엔진의 작동에 필요한 공기를 외부에서 가지고 와야만 하기 때문에 우주에서는 사용할 수 없다.

우주 로켓과 같은 대형 로켓에는 액화수소나 케로신과 같은 「액체 연료」를 사용하는데, 관리가 어렵기 때문에 병기로 사용하기에는 불편하다. 그래서 로켓 런처나 미사일 런처에는 화약에 가까운 성질의 「고체 연료」가 사용된다.

고체 연료 로켓은 한번 점화하면 연소를 제어할 수 없고 연소 효율도 액체 연료에 비하여 나쁘(연소 시간이 짧)지만, 어느 정도 방치하더라도 금방 사용할 수 있어서 탄약으로 사용하기에는 적합하다. 구식 대륙간 탄도탄에는 액체 연료 로켓식인 것도 있었으나, 장기 보관과 즉시 발사가 중요시 되는 현재의 미사일은 고체 연료 로켓을 이용하고 있다.

로켓 분사의 원리

로켓 내부에서 연료가 연소되어 압력(가스)가 발생하여, 그 반작용에 의해 앞으로 전진한다.

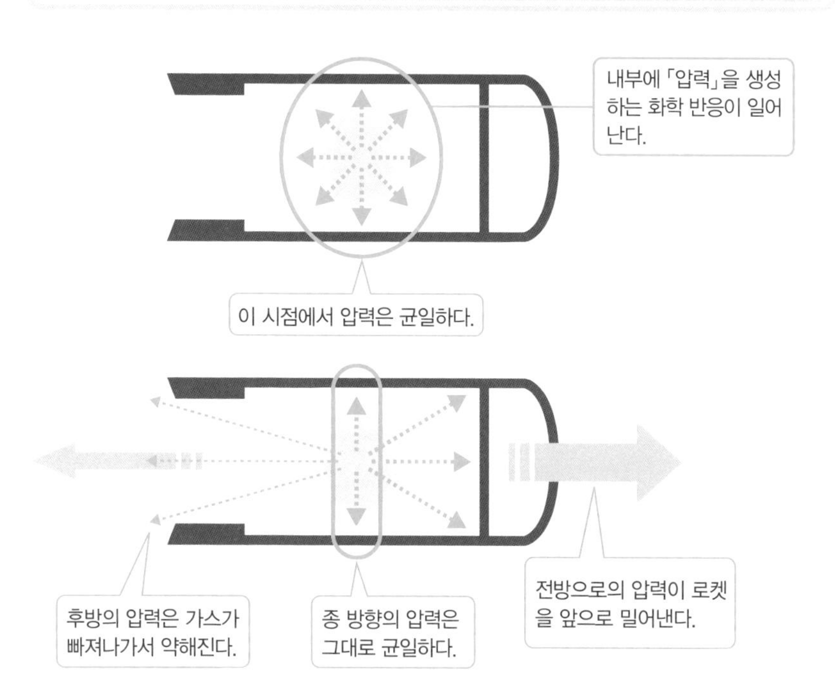

로켓은 연소시키는 연료의 종류에 따라 구별된다

액체 연료 로켓

- 연소 효율이 좋다.
- 연료의 관리에 손이 많이 간다.
- 인공위성을 쏘아 올릴 때 사용되는 우주 로켓에 쓰인다.

고체연료 로켓

- 화학적으로 안정되어있어 보관하기 쉽다.
- 화약에 가까운 것이라 한 번 점화하면 제어를 할 수 없다.
- 무기나 병기에 사용된다.

원포인트 잡학상식

미사일의 비행 원리도 로켓 분사에 의한 것인데, 병기로 구분하는데 있어서는 「유도 가능한 것이 미사일」, 「유도할 수 없는 것이 로켓」으로 보는 것이 일반적이다.

No.081

「후폭풍」의 위험성이란?

바주카와 같은 로켓 런처를 발사하면, 통 뒤쪽에서 커다란 화염이 분출된다. 이것은 「후폭풍(「백 블래스트」 라고 도 함)」 이라는 것으로, 로켓탄을 발사하는 병기에서는 피할 수 없는 현상이다.

● 로켓탄 뒤에 서지마라

로켓 런처라 불리는 병기에서는, 크건 작건 「후폭풍(백 파이어)」이 반드시 일어난다. 그 정체는 로켓탄의 분사 화염이다. 로켓 분사의 위력을 병사 한 명이 조준을 하면서 감당하는 것은 어렵기 때문에, 분사 화염을 후방으로 빼내어 반동을 감쇄시키는 것이다. 즉 로켓 런처는, 바람총의 통을 두껍고 크게 만든 것 같은 파이프 형태로 되어있다. 이러한 형태라면 전체의 구조도 단순화 시킬 수 있고, 탄약 역시 장전하기 쉽다.

그러나 후폭풍은 매우 "화려" 했다. 로켓의 분사 화염 그 자체는 물론이고 화염 때문에 생기는 흙먼지나 연기는 적이 보고 바로 알 수 있을 정도라, 사수의 장소를 알려주는 꼴이 된다. 한 발 쏘고 즉시 장소를 이동하지 않으면, 적에게 맹렬한 반격을 받게 된다.

이 문제는, 같은 **바주카** 타입의 병기인 **무반동포**에도 해당된다. 무반동포는 로켓탄을 발사하는 병기는 아니지만, 포신의 후방에서 가스를 분출시켜서 발사할 때 반동을 감쇄시키는 개념은 같기 때문이다.

후폭풍이 발생하는 병기는 건물이나 참호, 토치카 안과 같이 「좁고 후방에 충분한 공간을 확보할 수 없는 장소」에서는 사용할 수 없다. 사수나 동료들이 후폭풍에 말려들 가능성이 높기 때문이다. 장갑차의 해치를 열어서 상반신만 내놓고 로켓 런처나 무반동포를 발사하려는 경우에는 겨누는 각도나 방향을 주의하지 않으면 폭풍의 영향이 차 안까지 미칠 위험이 있다.

독일의 『팬저 파우스트III』 나 『암브루스트』 와 같은 모델은, 후폭풍을 「카운터 마스」 라고 불리는 추나 수천 개의 플라스틱 파편으로 바꾸는 방식으로 좁은 공간에서도 발사가 가능하도록 설계되었다. 그렇다고 해도 "후방에 서 있어도 절대 안전" 하다는 것은 아니지만, 기존의 모델에 비하여 안전성이 몇 단계 향상된 것은 틀림 없는 사실이다.

후방주의!

후폭풍이란?
로켓탄의 분사 화염이 통의 뒤쪽으로 분출되는 것.

로켓 분사의 위력을 「받는 것」이 아니라 「흘려버리는 것」으로 바꾸면 발사할 때의 반동을 부드럽게 할 수 있으나……

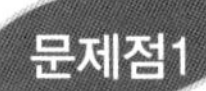

하여튼 눈에 띈다

- 로켓탄의 분사 화염은 밝다. 야간 전투에서는 최악이다.
- 야외에서는 흙먼지나 연기를 멀리서도 확인할 수 있다.

문제점2

좁은 장소에서는 사용할 수 없다

- 벽에 맞아서 반동되는 폭풍이 사수의 등에 화상을 입히거나, 뒤에 있던 아군에게 직격한다.

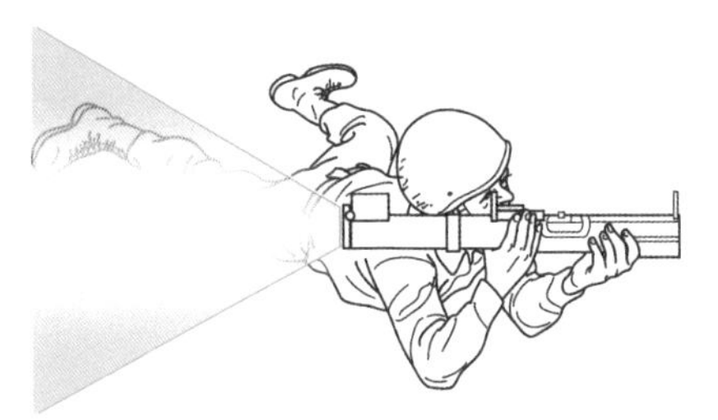

사용할 때는 후방 15m의 여유를 가지고, 아군에게 혼나지 않도록 주의하며 사격하자.

원포인트 잡학상식

지금은 후폭풍을 낮추기 위하여, 일단 소량의 화약으로 포신에서 로켓탄을 사출시키고 이후에 로켓 모터에 점화하는 「소프트 런치 방식」이 보급되기 시작했다.

No.082

런처의 포신은 어떤 재질로 되어 있나?

총과 포의 「포신」은 화약의 압력에 견딜 수 있도록 튼튼하게 만들 필요가 있다. 포신 직경이 40mm나 80mm 정도는 되어야 하는 「로켓탄」이나 「미사일」의 런처 포신은, 틀림없이 튼튼하게 만들어졌을 것이다.

● 경합금이나 수지 재질이 표준

총포의 포신은 발사되는 탄의 사이즈가 크면 클수록 튼튼하게 만든다. 크기가 큰 탄을 발사하기 위해서는 그만큼 대량의 화약을 연소해야 할 필요가 있고, 발생하는 발사 가스의 압력도 강해지기 때문이다.

그러나 『**바주카**』나 **휴대SAM**의 포신이 「강철」로 만들어졌다는 이야기를 들어본 적은 없다. 이런 병기에서 발사되는 탄은 **로켓 추진**을 이용하여 자신이 스스로 비행하는 것으로서, 총이나 포와 같이 화약을 연소시켜 탄을 쏘는 압력을 발생시킬 필요는 없다. 즉 포신이 가스 압력을 받지 않기 때문에, 탄의 사이즈가 크더라도 튼튼하게 만들 필요는 없다.

런처의 포신은 총포와 같이 탄을 가속시키기 위한 것이 아니라 발사 방향을 지시하는 가이드 레일과 같은 것이라 할 수 있다. 초기의 로켓 런처는 사수가 로켓 분사 화염이나 뜨거운 가스를 뒤집어 쓰지 않도록 포신 앞 부분을 나팔 모양으로 만들거나 조준 시에 사수의 얼굴 부근을 커버하는 방패(실드)가 달려있는 것도 있었지만, 지금은 화약의 성능이 개선된 덕분에 이러한 장치는 모습을 감추었다.

포신 소재는 알루미늄과 같은 경합금부터 글래스 파이버와 같은 수지로 진화하고 있다. 이 포신은 재사용 되지 않아 사격한 뒤에는 그 장소에 버려진다. 그렇기에 더욱 내구성에 신경을 쓸 필요가 없어져서, 1발을 발사할 수 있을 정도의 강도만 있으면 충분하다고 여겨졌다.

포신에 경합금이나 수지를 사용하는 것은 로켓 추진탄을 사용하기 때문에 "튼튼하게 만들 필요가 없다"는 이유도 분명 있으나, 부피가 커지기 쉬운 로켓&미사일과 같은 장치 그 자체를 경량화 하려는 목적도 있다. 이런 사상으로 개발된 미군의 일회용 런처 『M72 LAW』은, 병사 1명이 여러 자루를 휴대하고 수류탄처럼 사용하는 것도 가능하게 되었다.

런처의 재질

종이나 포의 포신

➡ 발사 가스의 압력에 견디며 탄을 가속시키는 것이다.

로켓탄이나 미사일 런처 포신

➡ 로켓 분사의 방향을 결정하는 가이드 레일.

런처의 포신은 어느 정도의 강도만 있으면 OK!

대표적인 소재

- 알루미늄 같은 경합금
- 글래스 파이버 등의 수지

▼ M72 LAW (라이트 안티탱크 웨폰)

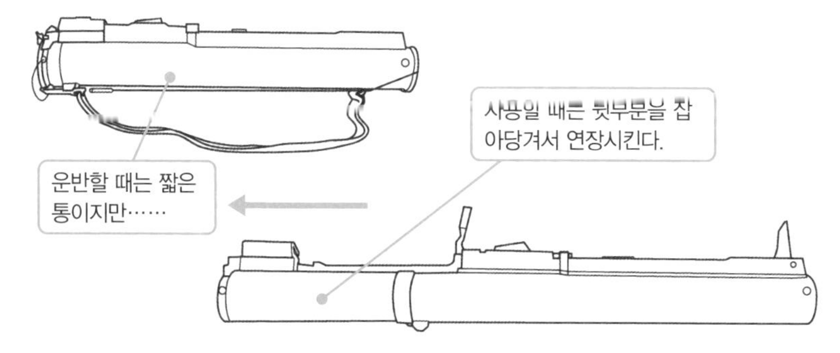

현대에는 런처 포신(통)이 일회용인 것이 많아서, 발사하고 나서는 조준기만 떼어내 새로운 포신에 장착한다.

원포인트 잡학상식

런처의 통은 경합금이나 플라스틱 수지 등 「포신」이라 부르기에는 미덥지 못한 재료를 사용하고 있기 때문에, 「발사통」이나 「발사튜브」라고 표기되기도 한다.

No.083

바주카에는 탄창이 없다?

로켓 런처는 원거리에서 불시에 습격할 때 쓰이는 경우가 많기에, 몇 발씩이나 탄을 연속해서 사격하는 사용법은 고려하지 않았다. 그 때문에 기본적으로는 단발이라 한 발만 사격하면 그걸로 끝이다.

● 편리한 사용성과 사이즈를 겸비

『바주카』에 국한되지 않고, 대부분의 보병 휴대용 로켓 런처나 **휴대SAM**은 탄(로켓탄이나 미사일)을 한 발 밖에 장전할 수 없다.

이것은 탄 몸체 사이즈의 문제로, 한 발 사이즈가 수류탄 레벨인 **그레네이드 런처** 중에는 **『오토매틱 그레네이드 런처』**와 같은 연발식 런처가 개발되어 있으나 아무래도 포탄 수준의 크기를 가진 로켓탄이나 미사일을 연발로 하기에는 무리가 있다. 미군의 『M202』와 같은 다탄수 로켓 런처도 일부 존재하지만, 이 역시 단발 런처를 묶은 것에 불과하여 탄창식(매거진)이라고 부르기 힘들다.

탄을 한 발 밖에 사격할 수 없는 「런처의 사수」가 어떻게 싸우느냐는 문제는, 예비 로켓탄을 장전해주는 탄약수(장전수)와 팀으로 행동하도록 하여 해결한다. 로켓탄 컨테이너를 짊어진 탄약수는, 사수가 런처를 겨누면 뒤쪽으로 탄약을 한 발 장전한다. 이것이 끝나면 사수의 머리를 살짝 치거나 어깨를 두드려서 장전 완료 사인을 보낸다.

또한 최근의 모델은 포신이 탄약 컨테이너를 겸한 일회용 사양으로 되어있는 것이 많기 때문에, 차례로 새로운 포신과 교환하면 탄약수가 없더라도 재빠르게 다음 탄을 발사할 수 있도록 만들어져 있다. 사격 후에는 조준 장치를 떼어내고 다시 사용하는 것과 전부 버리는 것이 있는데, 이러한 일회용 런처는 관리, 조달시 「무기」가 아닌 「탄약」 카테고리로 취급된다.

또한 총의 경우는 나중에 출연한 연발총과 혼동되지 않도록 장탄수 한 발의 모델을 「싱글샷 권총」, 「싱글샷 라이플」로 구별하여 호칭하지만, 로켓 런처 종류는 당연히 단발이기 때문에 「싱글샷 바주카」라고 부르지는 않는다.

바주카(로켓 런처)는 기본적으로 단발

바주카(로켓 런처)나 휴대SAM (대공 미사일 런처)는 기본적으로 단발이지만……

이렇게 특수한 것도 있다.

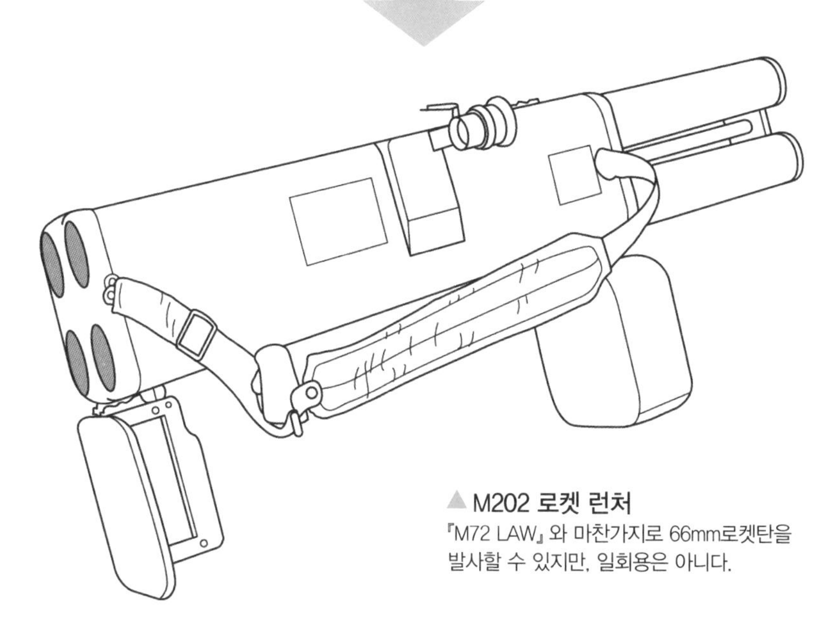

▲ M202 로켓 런처
『M72 LAW』와 마찬가지로 66mm로켓탄을 발사할 수 있지만, 일회용은 아니다.

탄을 한 발 밖에 쏠 수 없는 일반 로켓 런처는 어떻게 하는가?

예비탄을 짊어진 파트너와 팀으로 행동한다. ◀ 비교적 대구경 런처나 구식 모델에 많다.

경량 런처를 2~3발 준비해서 일회용으로 사용한다. ◀ 보병이 「여분의 무기」로 장비하는 경우가 많다.

원포인트 잡학상식

총의 탄약과는 다르게 로켓탄이나 미사일은 탄의 조달이 어렵다. 보급이 될 때까지 탄이 떨어진 런처를 계속 짊어지고 다닐 수는 없기 때문에, 현재는 일회용 런처가 주류를 이룬다.

No.084

런처는 어떻게 조준하는가?

제2차 세계대전에서 등장한 로켓 런처의 조준 방법은, 당시의 일반적인 라이플이나 권총과 마찬가지였다. 즉「가늠쇠」와「가늠자」를 합치는 오픈 사이트 방식이었다.

● 오픈 사이트와 옵티컬 사이트

로켓 런처가 등장한 제2차 세계대전 무렵은 로켓탄의 사정거리도 짧고 운용 방법도 확립되어 있지 않았기 때문에 사수가 목표에 상당히 접근하여 발사해야만 했다.

원거리 조준이 가능한 것도 있긴 했지만 기본적으로는「오픈 사이트」나「아이언 사이트」라 불리는 단순한 조준기만 장착되어 있었기 때문에 명중을 시키려면 훈련이 필요했다. 로켓탄의 탄도는 낮게 뻗어나가는「저신탄도低伸彈道」이기 때문에, 세세한 것은 고려치 않고 숨어들어가서 조준기를 사용하지 않고 수평으로 사격하는 방법도 많이 사용되었다.

로켓탄의 능력이 향상되어 원거리에서 사격이 가능하게 되자, 라이플의 조준경 같은 통 형태의「옵티컬 사이트」로 조준을 하게 되었다.

광학조준기라 불리기도 하는 이러한 조준 장치의 안을 들여다 보면 가로 세로 선 사이에 눈금이 들어가 있다. 이 눈금은 목표까지의 거리나 목표의 이동 속도, 풍향이나 풍속 등을 감안하여 조준을 조절하기 위한 기준이 되는 만큼, 정확한 데이터의 수집이 광학조준기를 사용한 사격에는 반드시 필요하다.

로켓 런처보다 더욱 장거리 휴대 미사일 병기(대전차 미사일이나 **휴대SAM**)의 조준기는, TV카메라맨이 짊어지는 것과 같은 대형 최첨단 조준기로 되어있다. 이것은 옵티컬 사이트의 기능을 향상시킨 것으로 수집되는 데이터가 순간적으로 화면에 비추어지는 적외선 영상에 반영되기 때문에 정확한 조준이 가능하도록 만들어준다.

로켓 런처나 휴대 미사일에는 일회용 모델이 늘어나고 있지만, 광학조준기는 고가이면서 여러 가지 기능이 들어가 있기 때문에 함부로 버릴 수 없다. 이 때문에 런처는 버려도, 조준기만은 떼어내서 가지고 돌아간다.

런처의 조준 방법

예전에는 총과 마찬가지로 「가늠쇠」와 「가늠자」를 사용하였으나, 지금은 최첨단 조준기를 이용하는 것이 일반적이다.

오픈사이트를 이용한 조준

최첨단 광학조준기를 이용한 조준

원포인트 잡학상식

최첨단 조준기에 탑재된 적외선 암시장치는, 전장의 감시나 파악 등 조준 이외의 용도로도 좋은 평가를 받았다.

No.085

휴대미사일은 어떤 목표를 공격하는가?

휴대 미사일은 위력, 사정거리, 명중률을 모두 겸비한, 개인 휴대용 무기에서는 최고 클래스의 무기이다. 무엇을 공격하여도 기대에 벗어나지 않는 결과를 보여주겠지만, 1발 단가가 높기 때문에 가격에 걸맞은 목표를 고르지 않으면 아까운 무기이다.

● 노리는 것은 고가의「항공기」나「전차」

유도장치를 탑재한 미사일은 최첨단 무기의 집결체로, **바주카**(무유도 로켓 런처)에서 발사되는 로켓탄에 비하여 1발의 비용이 많이 비싸다. 고가의 병기를 사용하는 이상, 더욱 고가의 목표를 파괴하여야 하는 것은 당연한 것이다. 어떠한 곳에서도 비용대비 효과라는 것은 따라다니기 마련이다.

고가의 목표라 한다면 먼저, 전투기나 수송기, 공격 헬리곱터와 같은 항공기이다. 항공기를 노리는 휴대미사일은「휴대SAM」이라 불리며(SAM을 샘이라 발음하는 경우도 있다),「지대공 미사일」이라는 범주로 분류된다.

기존의 SAM은 차량에 탑재하거나 지면에 설치하고 사용하는 것이 일반적이었다. 그러나 화약 기술이 발전하여 폭파시 위력이 증가한 점과 유도장치의 소형화가 진행된 점, 그리고 목표가 되는 항공기의 최첨단화에 의하여 조금만 피해를 입어도 치명상이 되는 경우가 늘어난 점 덕분에 보병 사이즈의 미사일이라도 "쓸만할 물건" 이라는 평가를 받았다.

또한 전차 역시 미사일에 있어서 비용대비 효과가 높은 것이다. 중장갑이기 때문에 중량이 무거운 전차와 같은 지상차량은「급격한 고속 이동」을 하는 것이 불가능하다. 고속으로 3차원 이동을 하는 항공기의 경우는 명중 직전에 슬쩍 회피를 해버리는 경우도 많지만, 전차는 그러한 회피 행동을 취하는 경우는 없다. 장갑이 있는 만큼 항공기보다 방어력은 높지만, 명중시키기 쉽다는 면에서는 좋은 사냥감이다.

대전차 미사일은 전차의 장갑을 뚫기 위한「성형작약」탄두를 사용하고 있기 때문에, 한정적이지만 강화 콘크리트 등을 파괴하는데도 사용할 수 있다.

포클랜드 분쟁에서는 아르헨티나 군이 사용한 "**중기관총**을 사용한 저격" 에 애를 먹은 영국군이, 대전차 미사일『밀란』을 기관총 진지에 때려 넣는 전술로 대응하였다.

휴대 미사일의 범주와 그 표적

미사일은 매우 비싸기 때문에「무엇을 노리는가」는 매우 중요하다.

비용대비 효과를 생각하면, 미사일 1발의 단가보다
비싼「항공기」나「전차」를 목표로 하는 것이 이상적이다.

휴대SAM

SAM이란「Serface to Air Missile」의 앞 문자를 딴 것으로, 서피스(지상)에서 에어(공중)으로 쏴 올리는 미사일 이라는 의미가 있다.

- 전투기, 수송기, 헬리콥터와 등을 노린다.
- 목표가 취약하기 때문에 충격파나 파편을 사방에 퍼트리는 탄두를 사용한다.
- 대공 기총 대신으로 저고도 방공임무를 담당한다.

지상을 의미하는 표기가「Ground」가 아니라「Surface(윗면)」인 이유는, 함선의 갑판 위도 포함하기 때문이다.

대전차 미사일

분류적으로는「대지미사일」이 되지만, 진지를 쓰러트리기 위한 선봉탄두를 사용하고 있기 때문에「ATM=Anti Tank Missile」이라 불린다.

- 목표는 전차와 같은 장갑전투차량
- 대장갑용「성형작약」탄두를 사용
- 아깝긴 하지만 건물이나 진지와 함께 적병을 날릴 때도 사용한다.

원포인트 잡학상식

포클랜드 분쟁에서는 영국군은 고작 기관총 진지에 고가의 미사일을 사용하는 상황에 처하게 되지만, 이 교훈이 후일「안티 벙커」라는 범주의 대진지 공격 미사일을 만들어 냈다.

No.086

「파이어 & 포겟」이란?

「Fire & Forget」이란 의미에 중점을 두고 번역하면 "쏘고, 그리고 잊어라" 라는 분위기의 말이다. 미사일 사격에 관련하여 사용되는 것으로, 사수에 의한 「발사부터 명중할 때까지의 미사일 컨트롤」이 필요가 없다는 것을 나타낸다.

● 최신 미사일 유도방식

유도식 로켓탄—말하자면 미사일에 들어가 있는 유도장치는, 매우 높은 수준의 기술이다. 제2차 세계대전에서는 기술이 부족하였기 때문에, 인간이 직접 폭탄을 가득 실은 항공기나 잠수함을 조작하여 적에게 직접 부딪혀야만 했다. 물론 이러한 「인력유도」는 전쟁에서 패색이 짙은 쪽이 취할 수밖에 없었던 고육책이고, 전후에는 당연히 「기계」에 의한 미사일 컨트롤 기술의 연구, 개발이 각국에서 이루어지게 되었다.

초기의 미사일 유도는 "리모콘 조종으로 미사일 궤도를 제어하는" 방식이었다. 그러나 이러한 방법으로는 날아가는 미사일에서 눈을 뗄 수가 없고, 유도 중에 사수가 저격을 당하기라도 한다면 그걸로 끝이다. 이 외에도 여러 방법이 고안되었으나, 공통적인 것은 사수가 "미사일 발사 후, 명중할 때까지 그 장소에서 움직이지 않는다"는 것이다. 이것은 피아를 판단하는데 목표를 조준기에 계속 넣고 있어야 하거나, 레이저 광 등을 계속 맞춰야 하는 필요가 있었기 때문이다.

호밍 기능을 가진 「파이어 & 포겟=쏘고 놔두는」 미사일의 경우, 사수는 "미사일 발사와 동시에 몸을 숨기는" 것이 가능하다. 일단 처음에 목표를 조준기로 잡은 다음, 조준 레이저를 맞춘다. 목표를 포착(록온)하고 미사일을 발사하면, 적외선 탐지에 의한 호밍 기능 덕분에 자동적으로 목표에 명중하는 것이다.

발사 후 망각 능력의 유무는 「미사일의 명중률」이란 점도 당연하지만, 그 이상으로 사수의 정신적인 면에 좋은 영향을 미친다. 미사일이 명중하면 적의 전차건 진지건 확실하게 파괴할 수 있다. 그러나 **후폭풍**으로 인하여 자신의 사격 장소를 들키게 되고, 적들로부터 반격을 당하는 것이 당연하기 때문이다. 쏘고 나서 바로 숨어도 괜찮다면, 사수의 이러한 공포를 조금은 경감시킬 수 있기 때문이다.

쏘고 나서의 일은 생각하지 않는다

Fire & Forget = "쏘고, 그리고 잊어라"라는 의미.
「발사 후 망각 능력」이라고도 불리며, 미사일 발사 후에 사수가 유도할 필요가 없고 곧바로 몸을 숨기거나 이동을 할 수 있다.

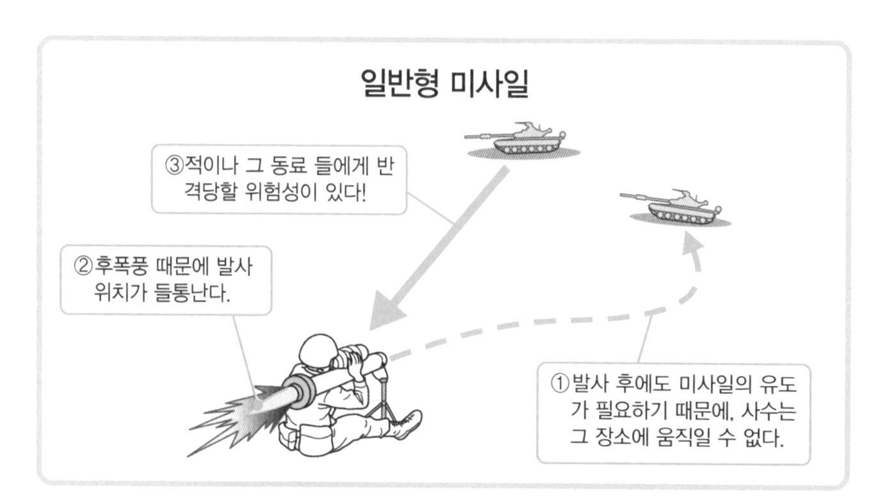

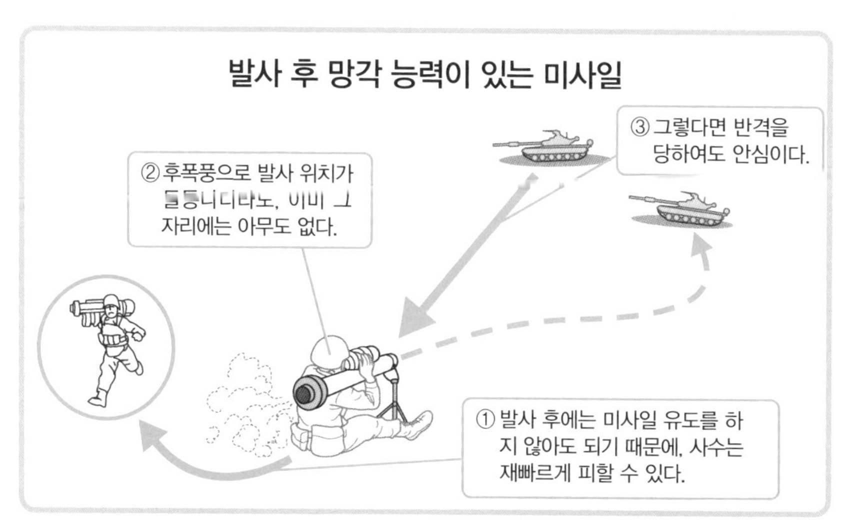

원포인트 잡학상식

기술후진국 에서도 개발이 가능한 리모콘식에는 와이어 케이블에 의한 유선식과 라디오 컨트롤 무선식이 있으나, 미사일의 속도를 고속으로 하면 컨트롤이 어려워지는 결점도 가지고 있다.

No.087

미사일은 어떻게 목표를 추적하는가?

미사일이란 로켓 추진으로 하늘을 날고, 명중과 동시에 내장된 폭약으로 목표에 데미지를 주는 병기이다. 유도 없이 직진하는 로켓탄이 진화한 것으로, 여러 가지 유도 장치를 탑재하고 있는 것이 특징이다.

● 지금의 주류는 액티브 계열

미사일은 노리는 대상에 따라 「대지 미사일」, 「대공 미사일」, 「대함 미사일」, 「대전차 미사일」 등으로 종류를 분류 할 수 있는데, 이러한 목표를 미사일이 자동적으로 추적하고, 명중 궤도에 올라가기 위하여 스스로 진로를 변경하는 기능을 「호밍」이라 한다.

호밍에는 기술적으로 단계가 있지만, 그 중에서도 초보적인 것이 「패시브 호밍」이라 불리는 것이다. 이것은 목표의 열원(지상차량의 경우에는 엔진열, 항공기의 경우에는 배기 화염 등)을 미사일 센서로 잡아서, 그쪽으로 방향을 돌리는 방식이다. 차량의 경우는 커버로 엔진을 싸두거나, 항공기라면 「플레어」와 같은 거짓 열원을 방출하는 것과 같은 회피 방법이 확립되어 있어, 확실성의 면에서는 그렇게 뛰어나지 않다.

상대가 내보내는 단서를 수동적(패시브)으로 캐치하는 것이 아닌, 미사일 자체가 레이더 파를 발사하여 "능동적(액티브)으로" 목표를 찾는 것이 「액티브 호밍」 방식이다. 1발당 미사일의 가격은 고가이지만, 목표 탐지용의 TV카메라나 영상인식장치 등과 같이 조합된 타입은 신뢰성이 높다. 또한 미사일 자체뿐만 아니라 지상의 별동대나 항공기 등이 유도용 레이더 파나 레이저 광선을 발사하는 타입의 것은 「세미 액티브 호밍」이라 부르며 구별된다.

보병 휴대형이 아닌 대형, 장거리 미사일의 경우, 처음부터 목표를 입력하고 비행 코스를 결정하는 「프로그램 유도」나 미사일 발사 후에 외부에서 신호를 송신하여 진로를 수정하는 「지령 유도」와 같은 방식이 있다. 양쪽 다 호밍식보다 가격이 저렴한 시스템이지만, 프로그램식은 이동 목표에는 사용할 수 없고, 지령 유도 방식은 목표를 발견하는 레이더나 미사일에 지령을 보내는 송신 장치가 대형이 되어 버리는 문제가 있다.

호밍 기능의 종류

미사일이 목표를 추적하고, 명중 궤적에 올라가기 위하여 자기 스스로 진로를 변경하는 기능을 「호밍(Homing)」이라 한다.

패시브 호밍

- 목표의 열원을 포착하여 추적하는 「수동적(패시브)인」 유도 방식.
- 목표가 열을 내지 않도록 조치를 취하거나, 다른 방향으로 열원을 투사하는 「플레어」 등을 사용하면 판별할 수 없다.

액티브 호밍

- 미사일 자체에서 레이더 파를 방출하여, 그 반사로 목표를 구별하는 「능동적(액티브)인」 유도 방식.
- 최첨단 기술이 사용되기 때문에 1발의 단가가 매우 비싸다.

세미 액티브 호밍

- 액티브 호밍의 간략형인 유도 방식.
- 레이더 파의 반사로 목표를 식별하는 것은 마찬가지 이지만, 레이더 파를 쏘는 것은 미사일이 아닌 발사기나 별동대이다.

호밍 이외의 유도 방식

프로그램 유도 = 가격이 저렴하지만 정해진 궤적만을 비행할 수 있기 때문에, 이동하는 목표에는 통용되지 않는다.

지 령 유 도 = 가격이 저렴한 것은 미사일 본체뿐이고, 레이더나 지령 장치는 대형이 된다.

원포인트 잡학상식

호밍(Homing)이란 "전서구의 귀환 본능"을 의미하는 말에서 유래되었다.

No.088

박격포탄은 하늘에서 떨어진다?

곡사탄도로 적을 포격하는 박격포는, 보병에서 있어서 든직한 병기이다. 언덕 너머나 차폐물에 숨어있어서 직접 노릴 수 없는 적병도, 박격포를 사용하면 구축하거나 박살낼 수 있다.

● 박격포는 참호 공격용 병기

제1차 세계대전에서는 피아가 참호에 숨어서 싸웠기 때문에, 라이플이나 대포로는 서로에게 유효한 데미지를 주지 못하였다. 그래서 적진에 수류탄을 던지는 「척탄병」이 등장하였으나, 그들 역시 철조망이나 **중기관총**에 막혀서 수류탄의 투척거리까지 접근하지 못하였다.

어떻게 하면 적의 참호선에 접근하지 않고 멀리서 폭탄을 때려 넣는 것이 가능할까? 이러한 목적으로 개발된 것이 독일의 『미넨베르퍼Minenwerfer』나 영국의 『스톡스 박격포(Stokes Mortar)』이다. 박격포의 시초라고도 할 수 있는 이러한 병기는 포탄을 강력한 힘으로 상대를 향하여 직선으로 발사하던 지금까지의 포와는 다르게, 힘을 조절해서 상대의 머리 위로 포탄을 쏘아 올려, 중력에 의해 낙하하여 목표 부근에 착탄시키는 것이었다. 이때 대포의 궤도를 「곡사탄도」라고 하여, 수직에 가까운 각도로 포탄이 떨어지기 때문에 산이나 언덕 너머에 있는 적이나 지면을 파고 구멍 안(참호)에 숨어있는 적이라도 공격할 수 있었다.

박격포는 캐넌포와 같은 「포탄의 속도에 의한 관통력」을 노린 병기가 아니라 포탄 안의 작약이 폭발하여 주위에 데미지를 주는 병기이다. 탄두 안의 추진약 비율이 같은 클래스의 다른 포와 비교하면 작고, 사정거리도 짧다.

포탄을 적의 머리 위로 "떨어트리는" 병기이기 때문에, 낙하시의 탄도를 안정시키기 위하여 포탄 꼬리 부분에 안정날개가 달려있다. 포탄이 떨어질 때 바람을 가르는 소리로 적이 공격 타이밍을 알아챌 위험성이 크고, 탄도 역시 느리기 때문에 옆바람을 맞으면 착탄점이 벗어난다. 핀 포인트 공격에는 적당하지 않기 때문에, 사용시에는 박격포를 많이 모아놓고 몇 발이고 계속 발사한다.

탄의 장전 방법이 포신에서 미끄러트려서 넣는 「전장식」이기 때문에, 짧은 시간에 많은 포탄을 비처럼 퍼붓게 만들 수 있다. 또한 시한신관을 사용하여 목표의 머리 위에서 작렬시켜서, 골고루 파편을 뿌리는 것 역시 가능하다.

박격포의 개념

박격포는 「목표의 머리 위로 포탄을 쏘아 올려」 낙하시킨다.

다른 화포는 각도를 많이 주지 않고 포탄을 발사하지만,

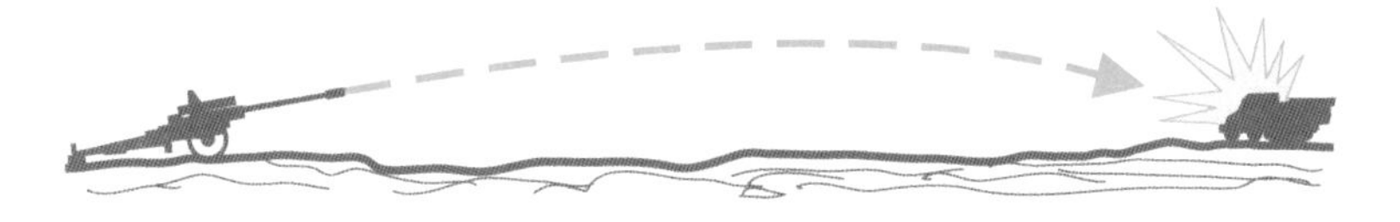

박격포는 45도 이상의 각도로 사용된다.

포신이 언제나 위를 향하고 있기 때문에, 포탄의 장전은 위로 한다.

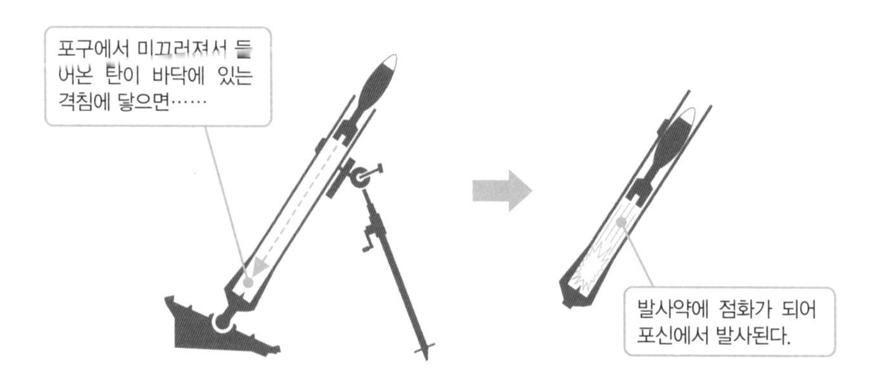

원포인트 잡학상식

박격포는 탄을 "쏘아 올리고 나서 떨어지는" 병기이기 때문에 강선 효과가 크지 않다. 그렇기 때문에 일부 예외를 제외하고는 포신은 강선이 새겨져 있지 않은 단순한 통이다.

No.089

박격포의 조준은 매우 어렵다?

박격포는 「곡사탄도」로 목표를 포격하는 병기이다. 곡사탄도란 목표를 향하여 똑바로 날아가는 평사(저신)탄도와는 다르게, 일단 머리 위로 쏘아 올리고 나서 포물선을 그리며 낙하하여 목표에 명중하는 것이다.

● 전문 기능이긴 하지만……

박격포는 산 너머에 있는 목표나 차폐물에 숨어있는 적의 머리 위로 포탄을 떨어트리는 것이 가능한 병기이다. 이것은 장점이기도 하지만, 동시에 「눈앞에 없는 목표」를 조준하여 명중시켜야만 한다는 것을 의미한다.

중형 이상의 박격포에는 「토목공사에서 사용하는 측량 기구」와 같은 조준기가 달려있다. 이것을 보고 조준을 조절하면서 포신의 방향과 각도를 조절하는 것이지만, 목표를 직접 노리고 조준을 하는 것은 아니다. 곡사탄도병기의 조준에는, 위로 쏘아 올리는 각도나 포탄의 비행거리를 계산하여 잘 맞도록 조절하는 「간접 조준」이라는 방법을 사용하기 때문이다.

포의 사이즈(구경)에 따라 다르지만, 60mm 클래스의 박격포는 일반적으로 5명 전후로 이루어진 팀(분대)으로 사격을 한다. 관측수(일반적으로는 지휘관)가 포에서 떨어져서 관측 지점까지 이동하여, 컴퍼스를 이용해 목표까지의 거리나 방위각 등 사격에 필요한 정보를 측정한다. 목표가 가까이 있으면 직접 관측도 가능하고, 멀리 있으면 중계지점을 만들어서 정보를 보내도록 한다.

그 사이에, 남은 팀은 분해하였던 포를 조립하여 발사 지점에 설치한다. 포수와 장전수는 발사 준비를 하고, 남은 인원은 탄약수로서 탄약 보급이 원활하게 이루어 질 수 있도록 대기한다. 관측수가 보내는 정보로 각도를 조절하여, 사격개시 명령이 내려오면 발사한다.

간접 조준은 목표를 눈으로 보고 확인할 수 없기 때문에, 제대로 명중시키기가 어려울 것처럼 여겨진다. 그러나 목표까지의 거리나 풍향과 같은 데이터가 전부 갖춰져 있다면, 그 다음은 계산식을 사용하여 각도를 산출하여 사격할 수 있다.

박격포의 포신은 단순한 구조로 되어있는 것이 많고, 오히려 조준 장치의 정밀도나 구조에 신경을 쓴 병기이다. 박격포란 병기는 기술과 경험만을 의지하여 사용하는 것이 아니라 지식과 정보가 뒷받침되는 것이다.

박격포의 구조와 조준기

박격포의 특징

- 포탄이 크기 때문에 대량의 화약(작약)을 채워 넣을 수 있다.
- 포의 구조가 단순하기 때문에 조립이나 조작이 간단하다.
- 가격이 싸고, 대량으로 생산할 수 있다.

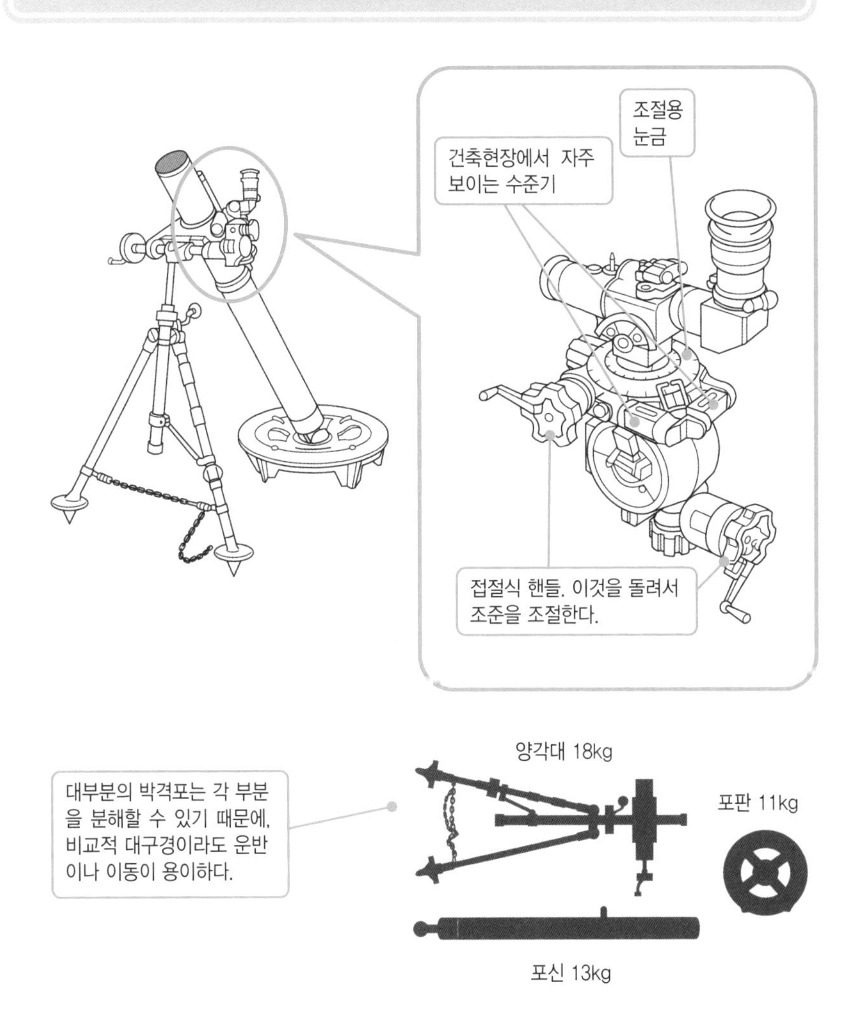

※중량은 미국 『M29』의 경우이다.

원포인트 잡학상식

현재의 박격포는 탄도 컴퓨터나 GPS 등을 이용하여, 더욱 정확하게 조준을 할 수 있게 되어있다.

No.090

라이플 그레네이드는 어떤 무기인가?

발사 장치를 이용하여 수류탄과 같은 폭발물을 쏘는 병기에는 박격포가 있지만, 개인이 운용하기에는 너무 크다. 비교적 소형으로 병사 1명이서 운반 할 수 있을 것 같은 경량박격포라도, 중량이 10~15kg에 가깝다.

● 수류탄과 박격포의 사이를 메우는 병기

박격포는 보병에게 있어서 든든한 병기이지만, 사이즈나 중량의 문제로 개인이 취급하기에는 무리가 있다. 보병 개인은 각각 **수류탄**을 장비하고 있지만 이것도 인간이 손으로 던지는 이상, 사정거리는 짧고 명중 정밀도 역시 기대할 만한 것이 아니다.

그래서 등장한 것이, 보병들 모두가 가지고 있는 「라이플」을 폭발물의 투사 장치로 이용할 수 는 없을까 라는 생각이었다. 처음에는 수류탄을 라이플의 앞에 장착한 컵 안에 넣고, 공포탄의 압력으로 날려보자는 단순한 것이었다. 사고 방식으로는 "코르크 마개를 쏘는 장난감 공기총" 과 같은 것으로, 라이플+수류탄(핸드 그레네이드)의 조합으로 「라이플 그레네이드」 라고 부르게 되었다.

그레네이드는 탄 몸체가 무겁기 때문에 수평으로 겨누면 멀리 날아가지 못한다. 발사할 때는 박격포와 같이 각도를 주고, 포물선을 그려서 목표에 착탄하도록 한다. 제1차 세계대전에서는 박격포와 같이 참호전에서 활약하였고, 제2차 세계대전에서는 독일이 이 병기를 열심히 사용하였다(위력이 부족해진 **대전차 라이**플을, 라이플 그레네이드가 사용 가능하도록 적극적으로 개조하였다).

수류탄을 손으로 던지는 것보다 멀리, 정확하게 발사할 수 있는 라이플 그레네이드는 손쉽게 보병의 화력을 증가시켰으나, 실제로 사용할 때는 일단 실탄을 뺀 다음에 공포탄을 장전해야만 했다. 이것은 "그레네이드 발사 준비 중에는 라이플을 사용할 수 없다" 는 것을 의미하였다.

현재의 라이플 그레네이드는 공포탄을 사용하지 않는 「탄환 트랩(Bullet Trap)」 이라는 방식이 채용되어 있으나, 발사의 충격으로 인하여 라이플 자체에 데미지를 줄 위험성도 크다. 유럽의 **어설트 라이**플에는 라이플 그레네이드를 사용하는 모델도 적지 않으나, 미국의 M203과 같은 **애드온 그레네이드**를 장착할 수 있도록 가공된 것도 볼 수 있다.

라이플을 사용하여 그레네이드를 발사

박격포는 믿음직하지만 너무 무겁다.
보병 개인이 들고 다니는 발사기가 필요하다.

라이플로 폭발물을 발사하는 라이플 그레네이드가 등장하였다

컵 방식

겁 모양의 어태치먼트 내부에 그레네이드를 넣는다.

스피고트(Spigot)방식

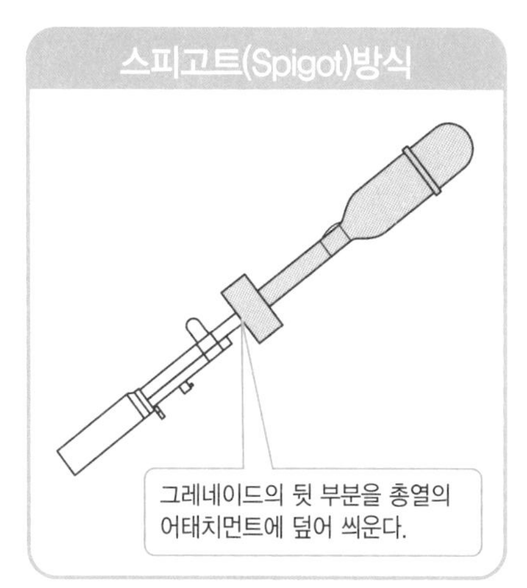

그레네이드의 뒷 부분을 총열의 어태치먼트에 덮어 씌운다.

라이플 그레네이드 발사 자세

무거운 라이플 그레네이드의 탄 몸체는 박격포와 같이 곡사탄도를 그리기 때문에, 각도를 주어서 발사한다.

개머리판을 지면에 대서 충격을 흡수 한다.

어깨에 대고 쏠 때에는 개머리판을 겨드랑이 밑으로 끼운다.

원포인트 잡학상식

현재의 라이플 그레네이드는 총구의 바깥 지름과 그레네이드의 삽입구 구경이 규격화 되어있기 때문에, 어태치먼트를 장착하지 않고 발사할 수 있다.

No.091

이색적인「개인 휴대형 박격포」?

제2차 세계대전에서 일본군이 사용한 『89식 척탄통』은, 보병 1명이 들고 다니며 사격을 할 수 있는「간이 박격포」와 같은 병기였다. 당시의 일본군은 정글이나 산악지대를 말이나 도보로 이동하였기 때문에, 무거운 포는 사용할 수 없었다.

● 숙련된 병사가 사용을 하면 상당히 위협적인 무기였다

제2차 세계대전 당시, **박격포**는 보병의 지원용 화기로서 발달하였다. 외국의 경우 전장이 된 지형의 문제도 있었기 때문에 사정거리가 짧은 소형 박격포는 그렇게 중시되지 않았으나, 일본군은 경량의 개인 휴대형 박격포로서 『89식 척탄총』을 장비하였다.

89식은 방아쇠가 달려있는 짧은 포신과 지면에 고정하기 위한 판을 지주로 연결한 간단한 구조의 병기였다. 발사하는 포탄은「89식 유탄」이라는 전용 탄도 개발되었으나, 장약통을 연결하면 일반 수류탄도 발사할 수 있었다.

중량이 약 4.7kg밖에 되지 않았기 때문에, 지금의 **그레네이드 런처**와 같이 휴대할 수 있었다. 또한 당시의 보병 라이플인 『38식 보병총』(구경 6.5mm)의 설계가 **라이플 그레네이드** 발사에 적합하지 않았던 이유도 있어서, 얼마 되지 않는 지원화기의 역할을 수행하였다.

이러한 종류의 박격포는 적에게「대량의 포탄을 비처럼 퍼붓는」병기이기 때문에, 포도탄도 숫자를 갖춰야 위력을 발휘한다. 그러나 일본군에서는 "제반 사정"으로 인하여「박격포로 조준사격」이라는 전술을 택해야만 했다.

포신 안에는 탄도안정용 강선이 들어가 있었으나 그런 주제에 조준기나 윈디지Windage(바람 방향에 따라 포신의 방향을 조절하는) 기구와 같은 장치는 장착되어 있지 않았기 때문에, 조준은 사수가 감각과 경험을 바탕으로 조절하였다. 거리가 가까운 목표를 노릴 때는 포신을 세로로 세우고, 멀리 있는 적을 노릴 때는 포신을 눕혀서 조절을 하는 것이다.

그래도 당시의 일본 병사들은 이러한 무기를 잘 사용하여, 백발백중이라고 불릴 정도의 척탄총 사수들도 다수 존재했다고 한다. 그러나 원래 병기라 하는 것은「누가 사용을 하더라도 같은 성능」을 내야 하는 것으로, 개인의 능력에 의지한 89식 척탄총은 당시에도 이색적인 병기였다고 할 수 있다.

숙달된 병사라면 백발백중?

외국에는 그렇게까지 중시되지 않았던 개인 휴대형 박격포

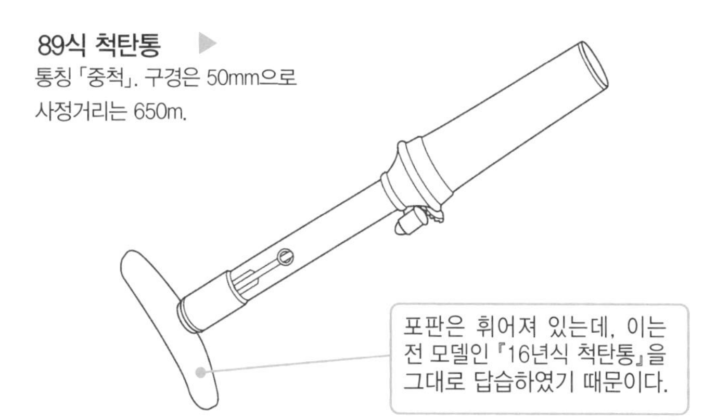

일본에서는 라이플 그레네이드가 발달하지 않았기 때문에 이러한 병기가 보병들의 화력을 증가시키는 역할을 담당하였다.

원포인트 잡학상식

이 병기를 포획한 미군 병사는, 휘어진 포판의 형태가 허벅지나 무릎에 올려놓기 딱 좋은 형태인 것을 보고는 「무릎 박격포(니 모탈 Knee Mortar)」라는 별명을 지었다.

No.092

그레네이드 런처는 어떤 이유로 개발되었는가?

그레네이드 런처는 제2차 세계대전 후에 일반화된 개인 휴대형 그레네이드 발사기이다. 라이플 그레네이드와 마찬가지로 수류탄 사이즈의 폭발물을 발사할 수 있지만, 어태치먼트 방식이 아닌 독립적인 총기이다.

● 라이플이 필요 없는 그레네이드 발사 장치?

제1차 세계대전에서 보병이 **수류탄**을 장비하게 되면서, 1명의 보병이 한 번에 많은 적병을 쓰러트릴 수 있게 되었다. 그러나 「손으로 던지기」 때문에 사정거리의 한계가 있고, 명중률도 투척하는 사람의 재량에 따라 차이가 많이 났다.

그레네이드 런처라 불리는 병기가 대대적으로 실전에 투입이 된 것은 베트남전쟁이었지만, 이것은 한국전쟁에서 배운 교훈이 크게 영향을 미쳤다고 생각할 수 있다. 이 전쟁에서 미군은 「보병이 돌격하기 전에 후방에서 포병이 원거리 포격을 하여 지원한다」는 이론에 따른 전술을 사용하였지만, 북한군을 지원하는 공산군의 인해전술에 의해 적과 아군의 거리가 가까워져서 아군에게도 피해를 입히는 것을 우려한 포병부대가 지원 포격을 하지 못하는 사태가 일어난 것이다.

포병은 전장의 후방에 있기 때문에 전장의 상황을 잘 알지 못한다. 전선의 병사가 자신이 판단하여 사용할 수 있는 폭발물 발사기에는 **라이플 그레네이드**가 존재하지만, 이것은 라이플과 겸용이었기 때문에 사용하기에 불편하였다.

라이플 그레네이드 말고 보병의 화력을 올려주는 병기가, 이미 제2차 세계대전 시점에서 존재하였다. 신호권총을 발전시킨 독일의 **『캄프 피스톨』**과, 소형 박격포라고도 할 수 있는 일본의 **『89식 척탄통』**이 바로 그것이다. 양쪽 다 박격포보다 간편, 경량, 거기에 수류탄을 손으로 던지는 것보다 멀리 정확하게 폭발물을 날릴 수 있는 병기이다. 미군은 이러한 선례를 참고하여, 라이플도 공포탄도 사용하지 않는 독립된 그레네이드 투사기인 『M79』를 개발하였다.

M79는 캄프 피스톨과 같이 중간이 접히는 방식으로, 40mm 사이즈의 그레네이드를 장전할 수 있다. 탄두가 무겁기 때문에 평소에는 각을 주어서 발사하지만, 근거리의 경우에는 수평으로 사격하는 것도 가능하다. 탄두는 안전을 위하여 20m 이내에서는 신관이 작동하지 않게 되어있다. 이것은 아군이 말려들지 않도록 하기 위한 것과, 발사시의 충격으로 자폭하는 것을 막으려는 조치이다(20m 이내의 거리에서는 수류탄이나 라이플을 사용한다).

시조는 독일인가? 일본인가?

라이플 그레네이드는 역시 사용하기 불편하다!
……라고 미군은 한국전쟁에서 뼈저리게 느꼈다.

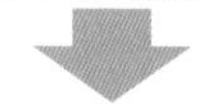

제2차 세계대전에서는 이미 이런 병기가 있었다.

독일제

여러 가지 탄약을 사용하는 권총형 런처

일본

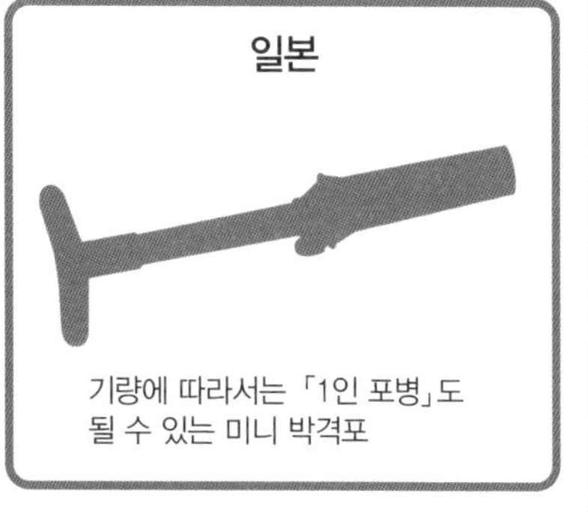

기량에 따라서는 「1인 포병」도 될 수 있는 미니 박격포

이리하여 만들어진 것이 『M79 그레네이드 런처』이다.

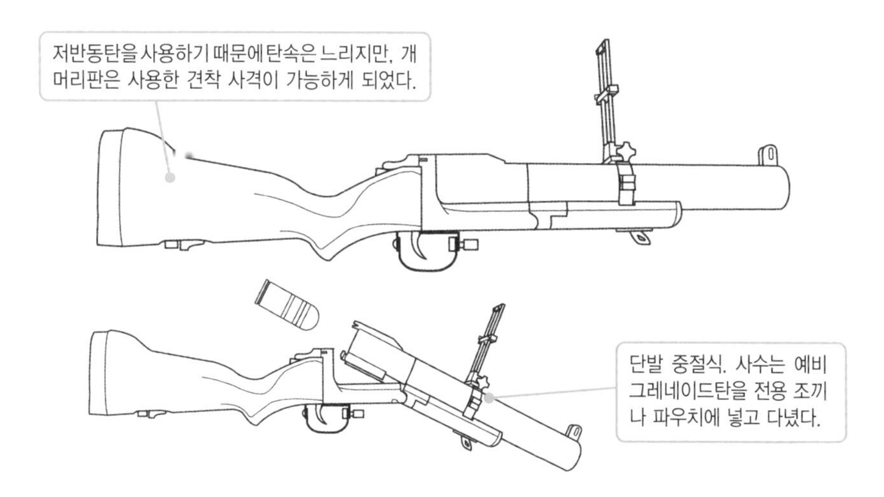

원포인트 잡학상식

단발 중절식 그레네이드 런처는 경찰, 치안부대에서도 많이 사용되어, 고무탄이나 가스탄을 발사하는데 있어 매우 중요한 무기이다.

No.093

어설트 라이플과 그레네이드가 합체했다?

그레네이드 런처는 보병의 화력을 증가시켜 주지만, 탄을 재장전하기가 번거롭기 때문에 사수의 자기 방어 수단이 문제가 되었다. 이 문제를 해결하기 위하여, 보병 라이플과 합체한 그레네이드 런처가 개발되었다.

● 애드온 그레네이드

수류탄=핸드 그레네이드의 사정거리와 명중률을 높이는 방법으로 만들어진 것이, 공포탄을 사용하여 탄을 발사하는 **『라이플 그레네이드』**였다. 그러나 이 방법은 라이플의 총구에 그레네이드 발사용 어태치먼트를 장착할 필요가 있어서, 그 사이에 사격을 할 수가 없었다. 결국 개발된 『M79』와 같은 **그레네이드 런처**도 사이즈 때문에 라이플과 같이 장비하기 어려워서, 그레네이드탄을 장전할 때는 사수가 무방비가 되는 점도 문제였다.

그래서 고안된 것이, 그레네이드 런처를 라이플과 합체시키자는 아이디어였다. 「그레네이드 런처 장착형 라이플」은 당연히 그레네이드 런처나 라이플 각각에 비하면 무겁고 부피가 커지지만, 양쪽을 같이 장비하는 것보다는 가볍고 사용하기 쉽다는 것이다.

이러한 타입의 그레네이드 런처는 「애드온 그레네이드」나 「언더 배럴 그레네이드」라 불린다. 라이플 그레네이드의 경우, 가뜩이나 긴 라이플의 총구 끝 부분에 어태치먼트를 장착해야 하기 때문에 전장이 너무 길어지는 단점이 있었지만, 애드온 타입에서는 라이플의 총신 밑 부분에 장착하기 때문에 전장이 라이플보다 길어지지는 않는다.

이러한 타입의 런처로 유명한 것이, 미군의 『M16』 시리즈에 장착하는 『M203』이다. 총열을 덮는 커버(총열 덮개)를 교환하는 것으로 직접 장착이 가능하여, M16 시리즈 이외에 서구 세력의 **어설트 라이플**에도 사용할 수 있다. 거기에 피스톨 그립이나 신축식 개머리판이 달려있는 옵션과 조합하면, 척탄총(그레네이드 건)으로도 사용할 수 있다.

이와 같은 생각은 소련에도 있었는지 『AK』시리즈에 별도의 가공 없이 장착할 수 있는 『GB15』 계열의 40mm 애드온 그레네이드가 존재하지만, 이쪽은 탄피식이 아닌 탄 몸체 자체에 추진약이 들어가 있는 로켓 타입이다.

M203 그레네이드

M4+M203 ▼

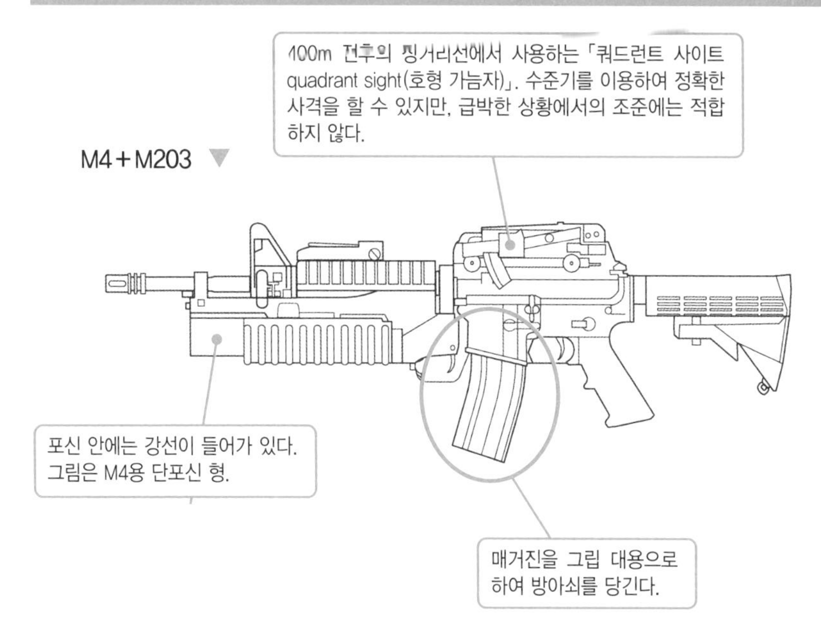

M16+M203 ▼

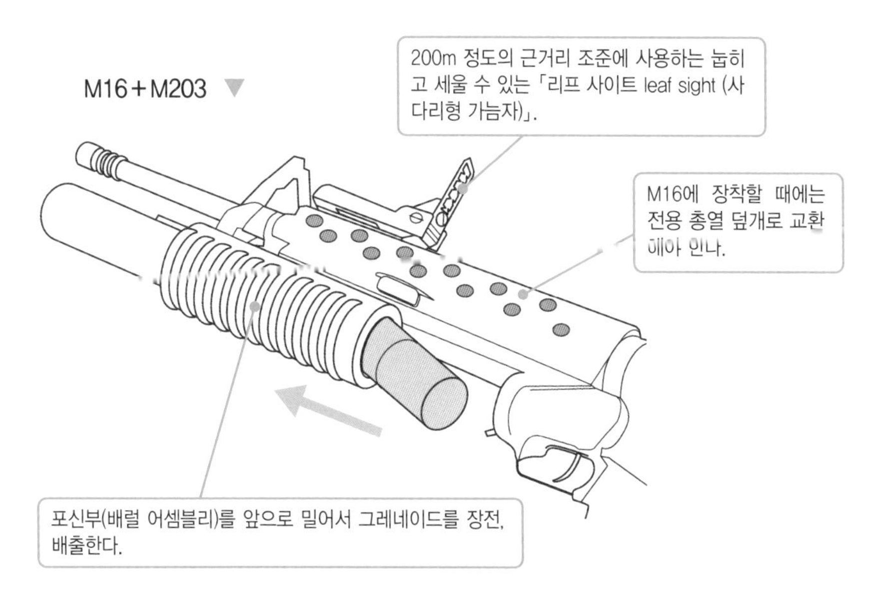

원포인트 잡학상식

M203의 40mm 그레네이드는 사수나 아군이 폭발에 말려들지 않기 위한 「안전거리」가 정해져 있다. 그 거리는 약 30m로, 30m 이내에 명중을 하여도 신관이 작동하지 않는다.

No.094

연속 사격이 가능한 그레네이드 런처가 있다?

베트남 전쟁에서 활약한 그레네이드 런처는 보병부대의 전력 향상에 공헌을 하였지만, 기본적으로는 단발이다. 많은 모델은 1발을 사격할 때마다 손으로 빈 탄피를 배출시키고 새로운 그레네이드탄을 재장전해야만 했다.

● 그레네이드 런처의 풀 오토화

그레네이드 런처를 기관총처럼 연사하려는 시도는, 이미 베트남전쟁 때부터 이루어졌다. 미 해군의 초계정을 공격하는 강 기슭의 게릴라를 그레네이드탄으로 쓸어버리는데, 단발로는 아무래도 불안했기 때문이다.

오토매틱 그레네이드 런처는 **중기관총**의 발사 메커니즘을 그레네이드 탄에 응용한 것이라도 할 수 있는 단순한 구조이다. 대형 탄으로 **풀 오토** 사격을 하려고 하면 총열과 기관부에 큰 부담을 주지만, 동시기에 나온 단발 그레네이드 런처인 『M79』나 『M203』과 마찬가지로 「고저압이론(high low pressure)」을 이용한 저반발탄을 사용하는 것으로 이 문제를 해결하고 있다.

그러나 그레네이드 런처는 라이플이나 매거진과는 다르게 발사하는 탄의 사이즈가 크기 때문에, 다탄수를 휴대, 발사하려고 하는 시점에서 대형화가 되는 것은 피할 수가 없다. 이 때문에 **삼각대**를 이용하여 안정시키거나, 차량이나 함정에 탑재되는 것이 일반적이다.

구경은 대략 40mm 사이즈이지만, 단발 런처에서 사용되는 40mm탄과는 다른 것으로 호환성은 고려하지 않았다. 오토매틱 그레네이드 런처에 사용되는 그레네이드는 같은 40mm 사이즈라도 탄속이 빠르고, 대인, 대장갑차량의 다목적 유탄으로 되어있다. 장탄방식은 대부분이 **탄띠 방식**으로, 30~50발 정도를 탄약상자에서 꺼내서 장전한다.

풀 오토는 아니지만 여러 발의 그레네이드 탄을 연사할 수 있는 모델로서 **리볼버**와 같이 회전식 탄창(매거진)을 갖추고 있는 것도 있어, 이쪽은 「리볼빙 그레네이드」라고도 불린다. 이러한 타입의 연발식 런처는 풀 오토 모델보다 중량이 가벼워서 경찰, 공안 관계의 부대 등에 배치되어 있다.

단발이 아닌 그레네이드 런처

폭발하는 「그레네이드」를 연발로 사격할 수 있다면, 강 기슭이나 수풀에 숨어있는 적을 기관총보다 효율적으로 쓸어버릴 수 있다.

오토매틱 타입

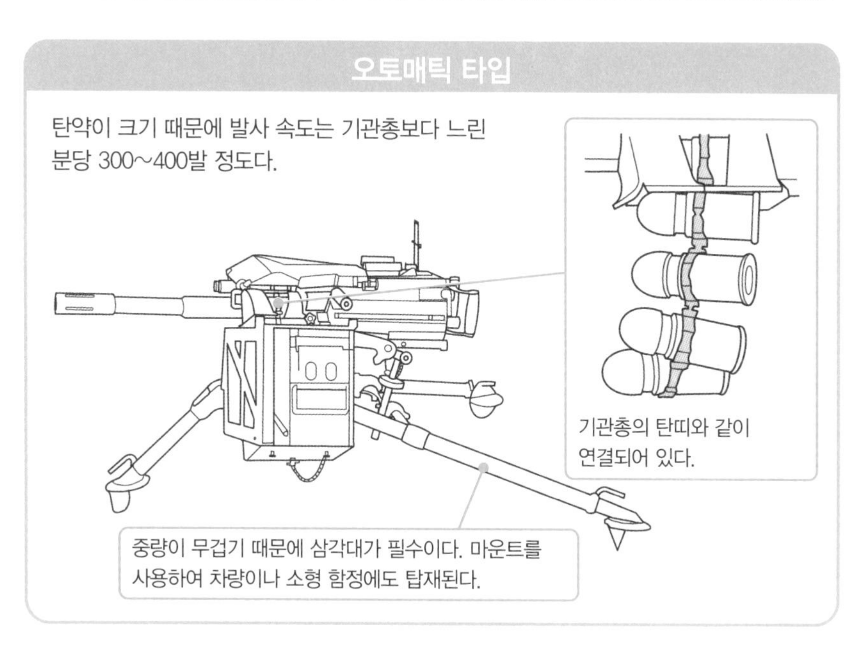

리볼빙 타입

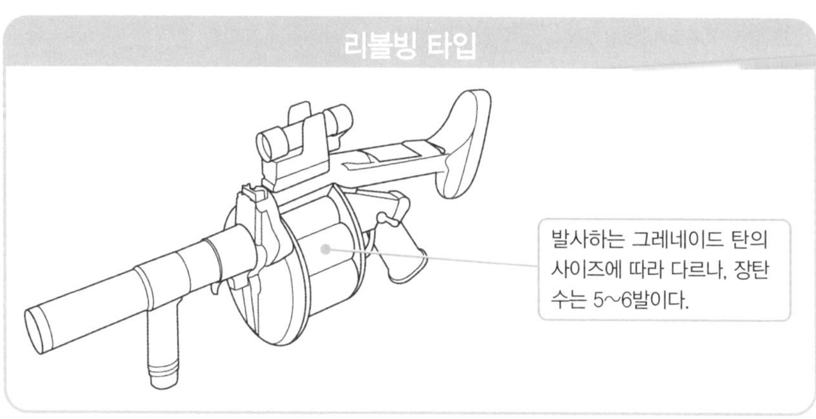

원포인트 잡학상식

오토매틱 그레네이드 런처는 가스 탄과 같은 비 치사성 탄약을 사용할 수 있다는 점에서, 치안 유지 부대의 장갑차량에 탑재되는 경우가 많다.

No.095

그레네이드 탄의 종류는 하나가 아니다?

그레네이드 탄은 기관총 탄이나 샷건 탄약(샷쉘)과 마찬가지로, 탄 몸체의 사이즈 자체가 크기 때문에 여러 가지 가공이 가능하다. 발사기의 구조를 단순하게 만든 것도 있어서, 그레네이드 탄 자체는 여러 가지 종류의 탄이 만들어 졌다.

● 전투용에서 비 치사성 탄까지

수동 발사식 **그레네이드 런처**는 구경 40mm 사이즈가 표준이다. 개발 컨셉이 「보병에게 포병의 화력을 주자」는 것이었기 때문에, 발사되는 그레네이드 탄도 대포탄이나 **수류탄**과 마찬가지로 착탄시의 충격이나 내장된 시한장치(시한신관)에 의해 폭발하는 「유탄」이 사용되었다.

유탄은 파편과 폭풍에 의하여 인원을 살상하는 「대인유탄」이 일반적이지만, 모델과 구경에 따라서는 차량과 같은 목표에도 유효한 「다목적유탄」을 발사하는 것도 가능하다. 또 그렇게 일반적인 것은 아니지만, 샷건과 같이 「산탄」이나 작은 화살과 같은 것을 뿌리는 「화살촉탄(flechette탄)」, 소이제를 채워 넣은 「소이탄」과 같은 특수탄약도 제작되었다. 그리고 경찰, 공안 관계 조직에서 사용하는 「발연탄」이나 「최루탄」, 「조명탄」, 고무나 스폰지를 발사하는 비 치사성 탄도 존재한다.

그레네이드 탄은(소련과 같은 일부 모델은 제외하고) 총의 탄약(카트리지)과 같이 탄 몸체와 탄피가 세트로 이루어져 있으나, 피스톨이나 라이플 탄약과는 다르게 탄피 내부의 구조가 특수하다. 이것은 「고저압이론(high low pressure)」이라 불리는 구조로, 탄피 내부에서 발상한 발사약의 고압가스가 서서히 포신 안에 흘러 들어가 탄 몸체를 밀어내도록 되어있다. 그래서 포신에 걸리는 압력이 약해지기 때문에, 얇고 가벼운 런처를 제작할 수 있게 되었다.

그레네이드 탄은 사이즈 때문에, 라이플이나 기관총과 같이 100발이나 200발 단위로 예비탄을 들고 다닐 수가 없다. 베트남 전쟁에서 라이플 등 다른 무기를 장비하지 않았던 전문 척탄수(그레네이터)라도, 많아 봤자 20발 정도의 탄 밖에 휴대할 수 없었다. 그 때문에 현장에서는 사용이 끝난 클레이모어 지뢰가 들어있던 포셰트 모양의 케이스를 사용하여 그레네이드를 휴대하였다(이 케이스에는 40mm 그레네이드를 30발 정도 집어넣을 수 있었다).

그레네이드 탄의 종류

그레네이드 탄은 40mm 사이즈가 표준으로 공간에 여유가 있다. 여러 가지 가공이 가능하기 때문에 많은 종류의 탄이 만들어 졌다.

자주 사용되는 그레네이드 탄

군용으로는

대인유탄	다목적유탄	
산탄	「화살촉탄(flechette탄)」	소이탄

경찰, 공안용으로는

발연탄	최루탄	조명탄
스폰지탄	고무탄	

※물론 필요하다면 군대에서도 발연탄이나 조명탄을 사용하고, 경찰의 특수부대에서도 산탄을 사용하는 경우도 있다.

「고저압이론(high low pressure)」에 따라 발사약의 압력을 서서히 개방하여 탄 몸체를 밀어낸다.

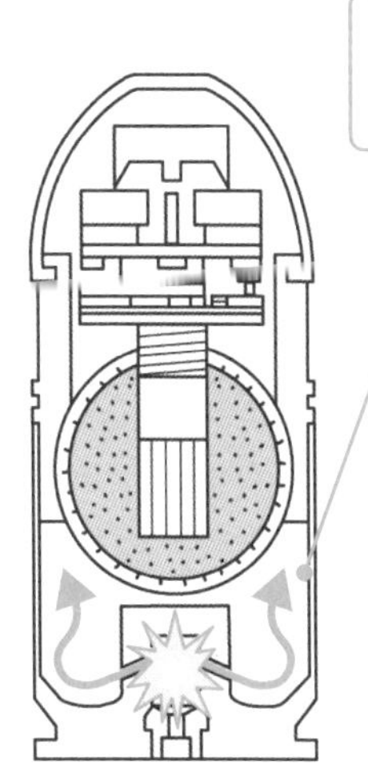

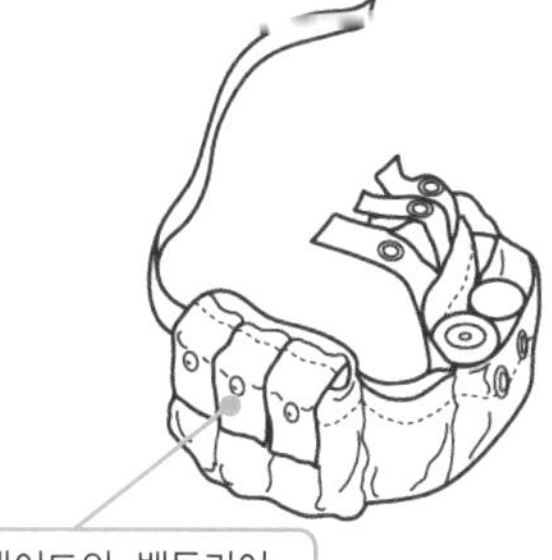

40mm 그레네이드의 밴들리어. 1개에 6발의 탄이 들어간다.

원포인트 잡학상식

소련제 그레네이드 런처는 로켓분사식 그레네이드 탄을 채용하고 있지만, 지금은 탄피 타입의 탄도 나왔다.

No.096

수류탄과 척탄의 차이는?

수류탄은 영어로 「Hand grenade」 라고 표기되지만, 유탄이 되면 「Hand」 가 빠진 그냥 「Grenade」 가 된다. 한편, 척탄의 일반적인 표기도 유탄과 마찬가지로 「Grenade」 이다. 그레네이드라는 이름이 붙는 이 둘에는 어떤 차이가 있는가?

● 척탄의 척은 투척의 척

1발로 많은 적을 쓰러트릴 수 있는 「수류탄」은 제1차 세계대전을 경계로 많은 군대에서 일반적으로 장비를 하게 되었다. 공격 범위가 던져서 닿는 범위로 한정된다 하더라도, 보병 개인이 폭발물을 휴대할 수 있다는 것은 부대의 전력 향상에 크나큰 공헌을 할 수 있기 때문이다.

그리고 제2차 세계대전에서는, 수류탄을 보다 멀리 날리기 위하여 "라이플의 총구 끝에 장착한 수류탄을 공포탄의 압력으로 날리는" 방법을 고안해냈다. 인간의 손으로 던지는 「수류탄(핸드 그레네이드)」, 라이플을 사용하는 것을 「소총척탄(라이플 그레네이드)」이라고 부르는데, 여기서 사용되고 있는 「그레네이드」는 유탄, 즉 대포나 전차포와 같은 포탄이다. 「폭발하는 탄」과 같은 의미로 사용되고 있다.

유탄도 척탄도 본질적으로는 동일한 것이면서, 일본어로 하였을 때는 어째서 다른 한자가 사용되는 것인가? 이것은 두 개의 병기를 어떻게 사용하는가 라는 문제가 연관되어있다.

수류탄은 "손으로 들 수 있는 크기의 유탄(그레네이드)", "손으로 던지는 유탄(그레네이드)"이라는 의미로 번역된 말이다. 이에 비하여 척탄이란 투척의 "척擲"이란 글자가 들어간 것에서 알 수 있듯이, 특히 「던지다, 발사한다」는 점을 중요시하고 있다. 「수류탄도 적한테 던지는 것이잖아?」라는 사고 방식도 있으나, 수류탄은 상황에 따라 "던지지 않고 그 장소에서 폭파시키는" 것도 가능하다. 척탄의 경우는 기본적으로 「투사무기」이고, 부비트랩과 같은 사용 방법은 불가능하다.

라이플 그레네이드와 마찬가지로 폭발물을 발사하는 「**그레네이드 런처**(=척탄발사기)」나 「그레네이드 건(=척탄총)」, 연사식의 「**오토매틱 그레네이드 런처**(=자동척탄발사기)」에도, 일본어로는 전부 「척탄」이라는 글자가 사용된다.

수류탄과 척탄

= 사이즈나 위력에서 차이가 있어도,
이 둘은 본질적으로는 같은 것이다.

영어로도

(핸드 그레네이드) **수류탄** (그레네이드 런처) **척탄발사기**

라고 하는 것이 일반적이다.

즉……

군용폭발물로 파편이나 충격에 의하여 목표를 파괴하는 것

=「유탄」

유탄 중에서도, 병기를 사용하여 투척되는 것의 특징을 따와

=「척탄」

……이외에도

- 라이플 그레네이드를 「소총척탄」
- 피스톨 형과 같은 총 모양을 한 그레네이드 런처는 「척탄통」
- 일본의 척탄총은 「그레네이드 디스챠저」
- 자동척탄발사기는 「오토매틱 그레네이드 런처」나 「그레네이드 머신건」
  등 여러 가지 호칭이 혼재하고 있다.

원포인트 잡학상식

일본에서는 유탄의 유(榴)나 척탄의 척(擲) 한자가 상용한자*에 포함되어 있지 않기 때문에, 수류탄을 「手投げ弾(손으로 던지는 탄)」, 척탄을 「てき弾」이라 표기하는 경우가 많다.

*일본에서 사용하는 한자는 현대 일본어의 표기에 사용되는 한자 가운데 일본 문부과학성 문화심의회 국어분과회가 '한자와 관련한 정책'에 따라 발표한 표준 한자이다. 2010년 6월 개정이 이루어져 종전의 1945자에서 5글자가 빠지고 196자가 늘어나 현재는 2136자이다.

No.097

공격 수류탄과 방어 수류탄이란?

수류탄이 전쟁에서 사용되기 시작한 것은 제1차 세계대전 때이다. 「손으로 던지는 방식의 소형 폭탄」 만을 이야기하면 좀 더 역사가 오래되어 15세기 때부터 존재하였으나, 보병의 표준 장비품으로 사용된 신관이 들어간 것이 등장한 것은 이 무렵이다.

● 보병의 친구

제1차 세계대전의 복잡하게 얽힌 참호전에 있어서, 참호 벽에 숨은 적병을 라이플이나 권총으로 노리는 것은 매우 어려웠다. 그러나 수류탄이라면 적의 머리 위로 던질 수 있다. 또한 적이 토치카나 건물의 내부와 같은 차폐물의 내부에서 진을 치고 있는 경우라도, 창문이나 틈새로 수류탄을 던져 넣으면 일망타진할 수도 있다.

당시의 수류탄은 그렇게 복잡한 구조로 되어있지 않았으나, 진화를 거듭한 현재의 수류탄은 공격용인 「폭렬(폭발)수류탄」과, 방어용인 「파편수류탄」의 2종류가 나뉘어 사용되고 있다.

폭렬수류탄은 "작약이 폭발하였을 때의 충격파"로 데미지를 주는 수류탄이다. 화약을 감싸고 있는 껍질(탄각)은 얇게 만들어져 있어, 위력은 크지만 살상 반경은 약 10m 정도로 억제되어 있다. 이것은 투척수가 몸을 숨길 장소가 없을 경우 사용하여도 피해를 입지 않도록 범위를 한정시켰기 때문이다.

파편수류탄은 폭발과 함께 탄 껍질이 주위로 비산하여, 그 파편으로 데미지를 주는 수류탄이다. 파인애플이라 불리는 예전 모델은 겉 껍질 주의에 홈이 파져 있었지만, 지금의 공 모양 수류탄은 내부에 「칼자국이 나있는 금속 띠」가 말려져 있다. 살상 범위는 폭렬수류탄보다 큰 15m 정도로, 기본적으로 차폐물에 숨어서 던진다. 파편은 착탄점에서 위로 퍼져나가기 때문에, 3m이상 떨어진 장소에서 엎드린 상대에게는 거의 효과가 없다.

폭발 타이밍을 제어하는 신관에도 종류가 있다. 닿은 충격으로 폭발하는 「착발신관」이나, 작동시키고서 정해진 시간이 흐르면 (대부분 3.5~4.5초 정도) 폭발하는 「시한신관」 등이 대표적으로, 각각 사용 목적에 따라 바꿔서 달 수 있다. 핀을 뽑은 순간에 폭발하도록 만들어진 것도 있어서, 철사와 조합하여 지뢰(부비트랩)처럼 사용한다.

수류탄의 용도

수류탄은 용도에 따라 「공격용」과 「방어용」으로 구별된다.

공격용으로는

폭렬수류탄

- 폭풍과 풍격파로 데미지를 주는 수류탄,
- 충격파를 효과적으로 넓히기 위하여 겉껍질은 얇다.
- 효과 범위(살상 반경)은 좁다.

방어용으로는

파편수류탄

- 폭풍과 파편으로 데미지를 주는 수류탄
- 파편을 효과적으로 비산시키기 위하여 겉 껍질에 홈이 파져있다.
- 내부에는 폭발할 때 찢어져서 사방으로 퍼지는 금속 띠나 금속 파편 등이 들어가 있는 것도 있다.
- 효과 범위는 폭렬수류탄보다 넓다.

수류탄의 신관

착발신관 : 착탄과 동시에 폭발한다. 예전에 대전차용 수류탄에 사용되었다.

시한신관 : 일정 시간(3.5～4.5초 정도)이 경과하면 폭발한다. 타이밍이 너무 빠르면 적이 되던지는 경우도 있다.

원포인트 잡학상식

최근의 미국제 수류탄이 둥근 형태를 하고 있는 것이 많은 것은 「야구공과 비슷한 모양이라면 병사들도 익숙하니까 던지기 쉽지 않겠나?」라고 생각했기 때문이다.

No.098

폭약과 화약은 같은 것이다?

폭약과 화약은 화학적인 성질이 다르다. 화약류는 충격을 받거나 가열이 되면 「발화 분해 온도」에 도달하여 분자 안의 원자의 배열이 바뀌기 시작한다. 이 때 발생하는 열에너지의 전파 속도에 따라 이 둘은 구별되는 것이다.

● 폭약은 화약의 일종이지만……

총이나 대포의 탄은 화약의 「폭발」에 의해 발생하는 압력으로 발사되는 것이라 생각하기 마련이지만, 엄밀하게 말하자면 화약이 "매우 빠른 속도로 불타고" 있을 뿐이다. 화약뿐만 아니라 사물이 불에 타면 열이 발생하지만, 화약의 경우는 이 열에너지의 전파 속도가 다른 가연물보다 빠르다.

일반적으로 물건을 태울 때, 말하자면 「연소」의 경우, 이 속도는 고작 초속 수cm 정도이다. 이것이 로켓탄의 추진약이나 포탄의 발사약이 되면, 반응열의 전파 속도는 초속 10~100m 정도가 된다. 화약을 태울 때의 급속한 연소 반응을 「폭연爆燃」이라 한다

이에 비하여, TNT로 대표되는 폭약은 "파괴를 목적으로 한 화약" 이다. 반응열의 전파 속도는 음속(초속 약 340m)을 여유롭게 돌파하여, 빠른 경우에는 3,000~8,500m까지 도달한다.

폭약이 연소할 때, 단번에 가스화가 되거나 폭발하는 반응을 「폭굉爆轟(디터네이션 detonation」이라 하여, 파괴력이 있는 충격파가 발생한다. **플라스틱 폭약**에도 사용되는 고성능 폭약 「RDX」의 폭굉 속도는 초속 약 8,700m, 「HMX(옥토겐)」은 초속 약 9,200m에 이른다. 폭굉시에 발생하는 에너지는 어마어마하여, 순간 온도는 섭씨 1,500~4,500도에 이른다.

추진약이나 발사약은 폭약에 비하여 연소 속도가 늦기 때문에, 파괴 목적으로는 사용되지 않는다. 예를 들어 수류탄 안에 권총용 발사약을 집어넣어서 점화를 시키더라도, 파열은 하지만 다른 물체를 산산조각 내는 에너지를 만들어 내지는 못한다.

충격파에 의해 파괴 에너지를 만들어내는 것이 폭약, 고속 연소로 만들어진 가스로 탄환이나 포탄을 가속시키는 것이 추진약이라 할 수 있을 것이다. 전문적으로는 포탄이나 폭발물 내부에 채워져 있는 것을 「폭약, 작약」, 총포의 발사에 사용되는 것을 「추진약, 발사약」, 「건 파우더」라는 호칭으로 구별한다.

화약류의 연소 속도

「폭약」과 「화약」은
「연소 속도 (열에너지의 전파 속도)」
가 다르다.

물체가 불타면 열에너지가 발생한다.

화약류

추진약(속칭 화약)

- 연소 속도는 초속 10~100m 정도.
- 대량으로 이용하여도 파괴력은 그저 그렇다.
- 총포의 탄약이나 로켓탄의 연료로 사용된다.

밑으로 갈수록 연소 속도가 빠르다.

폭약(작약이라고도 한다)

- 연소 속도는 초속 1,000m 이상.
- 폭발하면 충격파를 발생시켜서 파괴력이 크다.
- 수류탄용 화약이나 로켓탄의 탄두, 기폭약으로 사용된다.

고성능폭약

- 연소 속도는 초속 8,000~9,000m대
- 플라스틱 폭약 등에 사용된다.

원포인트 잡학상식

화약 폭발시에는 대량의 가스가 발생한다. 그 양은 화약 1g당 600~1,000리터 정도이다.

No.099

플라스틱 폭약은 젖어도 괜찮다?

플라스틱 약은 소량이어도 폭발력이 크고 안정되어 있기 때문에 발화장치 없이는 폭발하지 않는다. 스파이나 특수부대원들이 여러 가지 터무니 없는 방법으로 사용하고 있지만, 그래도 폭탄은 폭탄. 물에 젖더라도 폭발하는 것일까?

● 물에 젖어도 밟아도 괜찮다

영화에서는 적에게 잡힌 스파이가 구두 뒤축에서 점토와 같은 폭약을 꺼내어, 문에 붙여서 탈출을 시도하는 장면이 있다. 또한 교량 등을 폭파하기 위하여 공작원이 물속에서 접근하여, 사다리로 기어올라가서 폭약을 설치하는 작전도 빈번하게 실행된다.

이러한 장면에서 자주 사용되는 것이 미군의 『C4』로 대표되는 「플라스틱 폭약」이다. 충격과 습기 등 "화약의 천적"이라 할 수 있는 가혹한 환경에 처해져서도 폭파의 순간에는 확실하게 반응하는 신뢰성을 갖추고 있어서, 특히 군용 폭약으로서 중요한 위치를 차지하고 있다.

플라스틱 폭약의 베이스가 되는 것은 「고성능 폭약」이라는 화약류이다. 이것은 맹성화약이라고도 불리는 연소 속도가 빠른 폭약으로, 그 폭속(폭굉 속도)은 초속 8,000~9,000m대에 달한다. 폭파시 발생하는 충격파에 의해 범위 안의 물체를 찢어버리거나 박살내는 강력한 폭약인데, 이 화약에 왁스나 유지류와 같은 가소제를 더하면 점토와 같이 변형시켜서 어떤 모양의 목표에도 밀착시킬 수 있게 되었다.

화학적으로는 **감도**가 낮아져서 안정된 물질이 되기 때문에 환경 변화의 영향을 잘 받지 않는다. 즉 물에 적셔도 해머로 때려도 아무런 변화를 일으키지 않으나, 이러한 상태라도 신관을 꽂아 넣고 기폭 시키면 확실하게 폭발한다.

사용할 때는 필요한 양 만큼 나이프로 잘라내서, 폭파 대상의 표면에 점착 테이프를 이용하여 고정시킨다. 플라스틱 폭약은 대상에 밀착해 있을 때 가장 뛰어난 파괴력을 발휘하기 때문에, 제대로 고정 시켜야만 한다.

폭약을 포장하고 있는 패키지에 테이프가 같이 들어있는 것도 있으나, 대개의 경우 최소한의 양 밖에 들어있지 않기 때문에 일반적으로 예비용 점착테이프를 준비해둔다.

폭발하는 점토

플라스틱 폭약은「고성능 폭약에 가소제를 더한 것」

점토와 같은 물질이 되어, 물이 들어가거나 하지 않는다.

젖는 것 정도로 못쓰게 되거나 하지는 않는다.

고성능 폭약 + 가소제 = C4폭약

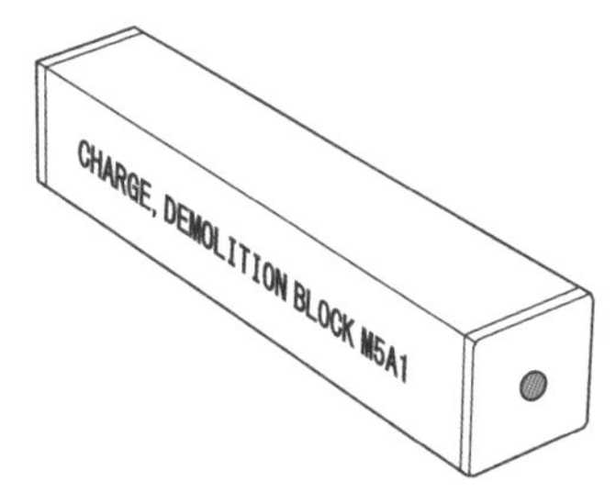

▲ M5A1
플라스틱으로 포장된 백색의 점토 형태. 중량은 약 1kg 정도이다.

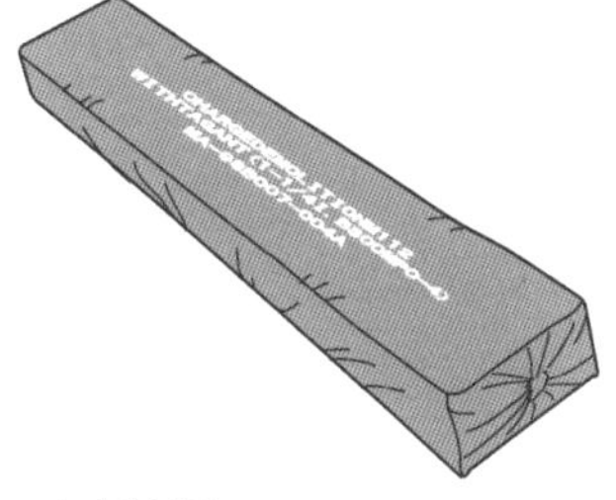

▲ M112
패키지에는 점토 테이프가 같이 들어가 있다.

사용 방법

나이프로 필요한 양만큼 떼어낸다.

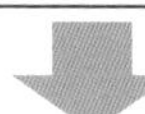

폭파 대상에 밀착시킨다(필요하면 점착 테이프로 고정한다).

신관(기폭 장치)을 꽂아 넣고 안전한 장소까지 대피한다.

원포인트 잡학상식

플라스틱 폭약은 신관을 사용하지 않으면 폭발하지 않는다. 불을 붙여도 불에 탈 뿐이기 때문에 연료를 대신해서 사용할 수 있는 것도 있다.

No.100

폭약의 「감도」란?

폭발물에는, 어느 정도로 신중하게 다루어야 하는지를 기준으로 하여 「감도」가 설정되어 있다. 감도가 높은(안정성이 낮다고도 할 수 있다) 폭발물은, 마찰열이나 정전기의 불꽃만으로도 간단하게 폭발해 버린다.

● 고감도의 폭약일수록 매우 섬세하다

폭약이라는 것은 매우 취급하기 힘들고 작은 불꽃이나 살짝 충격만 주어도 간단하게 폭발해버리는 것이라는 인상이 강하지만, 반드시 모든 폭약이 그런 것은 아니다. 군대나 경찰에서 사용되는 많은 종류의 화약류는 실제로 전투에서 사용할 때보다 일상에서 관리하는 시간이 더 길어서, 취급하는데 신경을 너무 많이 쓰면 그만큼 비용이 들어가고 사고도 많이 일어나기 때문이다.

불안정한 폭약으로는, 액체폭약이라는 별명을 가진 「니트로글리세린」이 대표격이라 할 수 있다. 예전 영화나 드라마에서는 「니트로글리세린을 스포이드로 바닥에 한 방울만 떨어뜨린다 → 폭발」과 같은 장면이 나오는데, 이것은 낙하의 충격(마찰)에 반응한 것이다. 폭약의 종류에 따라서는 카메라의 플래시와 같이 "순간적으로 발생하는 강한 빛이나 열"에도 폭발한다.

다이너마이트는 이렇게 매우 위험한 니트로글리세린의 감도를 떨어트리고 안정화 시킨 것으로, 이러한 저감도의 폭약은 이후 군용 폭약으로서 많이 사용되는 TNT(트리니트로톨루엔)이나 **플라스틱 폭약**으로 발전해 나간다.

플라스틱 폭약과 같은 「안정화」된 폭약은, 해머로 내리치거나 사격 자세를 박아 넣어도 폭발하지 않는다. 그중에는 불로 태워도 불에 타서 가스가 발생할 뿐 폭발하지 않는 것도 있다. 안정화된 폭약을 폭발시키기 위해서는, 기폭 장치로서 뇌관이나 도화선과 같은 발화 장치를 준비해야만 한다.

또한 화약류의 감도는 폭발력과는 관계가 없다. 감도가 높으니까 위력이 강한 것은 아니고, 거꾸로 저감도 폭약이라고 위력이 약한 것도 아니다. TNT는 저감도이지만 폭발력이 강하여, 미군에서는 이것을 1파운드(약 453g)나 1/2파운드(약 227g)의 긴 직사각형 블록, 1/4파운드(약 113g)의 건전지 형태 폭약을 두꺼운 종이에 싸서, 도로나 다리, 동굴 등을 폭파하는데 사용한다.

폭발물의 감도

「감도가 높으면」 작은 불꽃이나 충격에도 폭발한다.

고감도의 화약류

니트로글리세린

글리세린과 질산, 황산 등의 화합물. 폭약의 제조에 사용된다.

니트로셀룰로오스

셀룰로오스와 질산이 원료. 포탄의 추진약으로 사용된다.

TNT(트리니트로톨루엔)

톨루엔과 질산으로 만든다. 주용도는 폭약이지만, 다른 폭탄과 혼합해서 사용되는 경우도 있다.

흑색화약

질산칼륨, 탄소, 황산 등이 원료. 용도가 다양하여, 현재에도 도화선 등에 사용된다.

저감도의 화약류

「감도가 낮으면」 작거나 조금이거나 정도로는 폭발하지 않는다.

원포인트 잡학상식

탄약의 뇌관에 사용되는 「뇌산 수은」도 꽤나 감도가 높아서, 화염이나 불꽃, 마찰, 충격에 의하여 간단하게 발화한다.

No.101

화염방사기의 불꽃은 어디까지 퍼지는가?

화염방사기가 군대에서 사용되기 시작한 것은 제1차 세계대전 무렵으로, 연료로는 가솔린과 타르를 섞은 것이 사용되었다. 이 연료는 방사기에서 나와서 점화되자마자 단번에 연소가 되기 때문에, 겉보기에는 화려했지만 사정거리가 짧았다.

● 점도가 높은 연료일수록 멀리까지 날아간다

제2차 세계대전에서는 연합군 추축군 양쪽 다 화염방사기를 사용하였다. 이 무기는 연료 탱크와 발사를 위한 가압 시스템, 그리고 화염의 방향을 정하는 방사기(방사총)와 점화 장비로 구성된다.

독일군에서 사용한 화염방사기의 방사 범위는 25~30m 정도였다. 연합군 쪽도 처음에는 똑같은 방사기를 사용하였으나, 가솔린에 「알루미늄 스테아르산염」을 섞으면 연료의 점도가 높아져서 봉 상태의 화염을 날릴 수 있다는 것을 발견하였다. 첨가제의 양을 조절하면 방사 범위를 조절할 수도 있어서, 결국 미군 화염방사기의 방사 범위는 단번에 1.5배 가까이(45m) 확대되었다. 이 "봉 상태의 화염"은 목표에 닿으면 불이 붙은 채로 엉겨 붙거나 튕겨나가서, 주위에 불을 확대하는 효과를 보였다.

화염은 연료가 없어질 때까지 계속 방사를 할 수 있는 것은 아니고, 일정 시간만큼만 연속으로 사용할 수 있다. 이 시간은 연료의 양이나 가압 시스템에 따라 다르지만, 대략 10초 정도가 한계이다.

점화 시스템은 밖으로 노출되어 있는 불씨를 발화구에 가져다 대는 방법부터 전기 코일을 열점으로 이용하는 방식으로 진화하였지만, 전원으로 사용하였던 소형 배터리가 자주 고장이 났다. 일부 국가에서는 공포탄의 화약으로 착화하는 「카트리지 형」 점화 장치가 개발되어, 신용할 수 없었던 전기식 착화 방식을 카트리지 형으로 교환하였다.

화염방사기를 등에 짊어진 병사는 지휘관이나 통신병, 기관총 사수와 마찬가지로, 적의 표적(보복의 대상)이 되기 쉽다. 무겁고 부피가 큰 연료 탱크는 화염방사병의 움직임을 둔하게 만들고, 1발 맞으면 사수가 순식간에 불덩어리가 되었다. 탱크에 장갑을 대는 것은 중량의 문제로 불가능했다.

방사 장치의 사정거리가 짧았기 때문에 화염방사병은 항상 전선의 앞에 서야 할 필요가 있었다. 그러나 단독으로 행동하는 것은 위험했기에, 항상 아군의 원호가 필요하였다.

적에게 집중공격 당하는 것에 주의하라

화염방사기의 범위(사정거리)는 연료의 질에 따라 다르다.

독일군의 화염방사기	25~30m
미군의 화염방사기(첨가제 포함)	22~45m

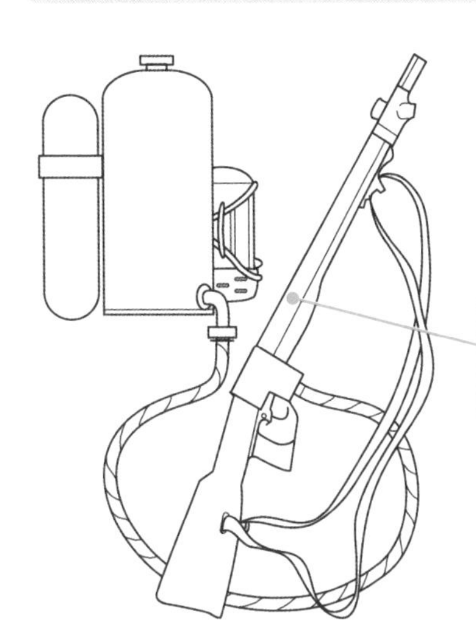

방사병이 적에게 발각되어 집중공격 당하는 것을 막기 위하여, 방사기는 라이플 모양으로 위장되어 있다. 방사 범위는 36~45m 정도.

▲ 소련군의 화염방사기 『ROKS-2』

영국군의 「구명 부표」형 화염방사기

고압가스 봉입용기의 형태로서 구체가 가장 적합하다고 하여 개발되었지만, 성능은 그렇게 뛰어나지 않았다. 주위의 「튜브」 형태의 것은 연료 탱크이다.

원포인트 잡학상식

화염은 연소를 할 때 주위의 산소를 빼앗기 때문에, 동굴 안에 숨어있는 적을 잡아낼 때도 사용되었다.

중요 단어와 관련 용어

영어 · 숫자

■+P카트리지

발사약의 양을 늘린 강장탄(핫 로드)을 가리키는 말로 「오버로드 카트리지」라고도 한다. P는 가스압을 의미하는 프레셔(Pressure)의 이니셜로, 더욱 발사약을 늘린 것은 「+P+」나, 「++P」라고도 불린다.

■00팩

00은 더블 오라고 읽는다. 샷건에 사용되는 사슴 사냥용 탄(벅샷)을 가리키는 말로 사이즈는 약 8.38mm. 일반적으로는 「12게이지의 00벅샷」이라 하면, 하나의 샷쉘에 8.38mm의 납탄이 9개 정도 들어간다고 계산할 수 있다. 더욱 큰 19.5mm사이즈가 되면 「000(트리플 오)」라고 읽는다.

■50BMG

「50구경 브라우닝 머신건」의 약자로, 미국의 12.7mm 중기관총 『브라우닝 M2』의 통칭이다. (또는 사용 탄약을 가리킨다)

■DShk

소련(러시아)의 12.7mm 중기관총으로 「드슈카」라고 읽는다. 미국의 『브라우닝 M2』에 해당하는 모델이다.

■HMG

「Heavy Machine Gun=헤비 머신건」의 약자로 중기관총을 의미한다. 일본어로는 「중기(重機)」라고도 표기한다.

■LMG

「Light Machine Gun=라이트 머신건」의 약자로 경기관총을 의미한다. 일본어로는 「경기(軽機)」라고 표현된다.

■SOPMOD

「Special Operations Peculiar Modification」의 약자로, 특수작전용으로 개발, 개편된 장비이다.

■TNT

톨루엔을 질산, 황산으로 니트로화 하는 것으로 얻을 수 있는 화합물로 대표적인 군용폭탄. 플라스틱 폭약 등에 사용되는 고성능 폭약에는 미치지 못하나. 강력한 폭발력을 가지고 있다.

■T마인

제2차 세계대전 말기의 독일이 사용한 대전차지뢰. 직경 30cm 정도의 원반형으로, 시한신관을 이용하여 수류탄처럼 사용하기도 하였다.

가

■갈색화약

흑색화약의 연소 속도를 늦춘 화약으로, 총포의 발사약으로 사용된다. 무연화약의 등장으로 사라졌지만, 현재는 TNT를 가리켜 갈색화약이라 부르기도 한다.

■강선

총열 안에 파져있는 몇 개의 홈. 발사된 탄은 대각선으로 파인 이 홈에 끼워져 회전력을 얻어서, 탄도가 안정된다. 비거리를 늘려주는 효과도 있다.

■개머리판

라이플이나 샷건을 겨누었을 때, 사수의 어깨에 닿는 부분. 군용 총기에서는 내부의 총의 청소용구(클리닝 키트)를 수납하는 모델도 있다. 영어로는 「스톡」이라 한다.

■게이지

샷건의 구경. 1파운드의 납알이 채워진 구경 사이즈가 「1번(1게이지)」로, 1/2파운드라면 「2번(2게이지)」, 1/4파운드라면「4번(4게이지)」가 된다. 일본어로는 「번경」이라 한다.

■기사의 총

『은하철도 999』에서 등장하는 하이파워 총으로, 외관이 콜트사의 구식 리볼버와 많이 비슷하다. 「코스모드래군」이라 불리는 이 총은 No.0~No.4까지 5자루 밖에 존재하지 않고, 실린더 측면에 시리얼 넘버가 각인되어 있다.

나

■「나, 오늘 병원에 갔다 왔어요」

독신 남성을 매우~ 심각한 상황에 빠트리는 말이다. 이후의 대화가 「어디 아프기 라도 한거야?」, 「아니요. 매우 건강하다고 의사 선생님이 이야기했어요, 후후후」와 같이 진행되면, 파괴력은 더욱 증가한다.

■뇌관

카트리지 바닥 부분에 있는 "점화 장치"이다. 뇌관이 폭발하는 것으로 카트리지내부의 발사약이 불타서, 그 연소가스가 탄두를 가속시킨다. 영어로는 「프라이머 primer」.

다

■다이너마이트

니트로셀룰로오스를 이용한 폭약. 처음에는 니트로글리세린을 규조토에 적신 것이었으나, 지금은 겔 상태나 분말 상태의 것으로 교체되고 있다.

■대AT라이플

『장갑기병 보톰즈』 시리즈에 등장하는 대구경 라이플로, 신축식 말뚝으로 적기의 장갑을 뚫는 「파일 벙커」라는 옵션장비가 장착 가능하다. 비슷한 무기로 『기동경찰 패트레이버』에 등장하는 대 레이버 라이플이 있다.

■대전차병기

보병이나 포병이 전차를 잡기 위한 병기로, 전차 그 차체는 포함되지 않는다. 초기의 대전차병기는 대구경전차포 등 "힘으로 밀어붙이는" 것이 주류였으나, 성형작약탄의 실용화에 의하여 소형화가 진행되어, 결국 휴대용 로켓런처나 대전차 미사일, 대전차지뢰 등 "보병이 1명(혹은 여러명)으로 운용가능" 한 병기로 점차 바뀌었다.

■더블베이스 화약

니트로셀룰로오스와 니트로글리세린을 베이스로 하여 첨가제를 더하여 만든 무연화약. 연소 속도나 추진력은 싱글 베이스 화약보다 크지만, 급속한 온도의 변화로 특성이 변하기 쉽다. 총포의 발사약으로 사용된다.

■덤덤탄

인도의 「덤덤병기창(병기의 제조나 수리를 하는 국영시설)」에서 만들어진 라이플 탄. 영국 식민지 시대의 탄약으로 체내에 들어가면 찢어지거나 변형을 하여 관통하지 않고, 큰 데미지를 준다. 비인도적이라 하여 군용탄으로는 사용되지 않지만, 공용이나 사냥용으로는 같은 효과의 탄이 다수 개발되었다.

라

■라인버

리볼버용 하이파워 탄약. 원래는 개인이 수작업으로 만든 와일드캣 카트리지 였지만, 현재는 475구경과 500구경의 탄이 호너디에서 발매되었다.

■레이저 사이트

총구의 방향에 가시광선(레이저)를 비춰서 조준을 하기 쉽게 만든 조준 장치. 전원이 필요하거나 어두운 곳에서는 적에게 발각되기 쉬운 약점도 있지만, 재빠른 조준이 가능하다.

■로드 블럭

「10번 게이지의 매그넘 샷쉘을 발사하는, 총열 길이 20인치의 샷건」의 통칭. 대구경이면서 위력이 큰 샷건이기 때문에, 적은 인원의 경관이라도 도로 봉쇄(=로드 블럭)가 가능하다는 의미에서 이름이 붙여졌다.

■로켓 모터

고체연료를 이용한 로켓분사 장치. 액체를 이용한 것은 그냥 「로켓 엔진」이라 부른다.

■리볼버 캐넌

리볼버에 사용되는 「실린더」 모양의 약실을

가진 단포신 기관총. 복수포신을 가진 회전식 기관포(발칸이나 개틀링 건)보다 싼 가격이고 정비도 간편하지만, 발사 속도는 떨어진다. 전원이나 모터와 같은 외부동력을 사용하지 않기 때문에 경량이며, 가동할 때까지 시간이 걸리지 않는다. 주로 항공기 탑재용 기관포로 이용된다.

■리시버

총의 기관부(발사 메커니즘)을 내장한 중심부분. 라이플 클래스 이상 사이즈의 총에서 사용되는 용어로, 권총과 같은 경우에는 「프레임」이라고만 한다.

마

■마운트

중기관총 등을 차량이나 함정, 헬리콥터에 장착하기 위한 받침대로, 일본어로는 「총가(銃架)」라고도 한다. 용도나 기능에 따라서 「차재(기총)~」, 「대공~」등으로 구별된다.

■머쉬루밍

목표에 명중한 탄이 "버섯의 갓" 형태로 변형하는 현상. 목표를 관통하지 않고 내부에서 에너지를 전부 소비하기 때문에, 이 현상을 일으키는 탄은 생물에 대하여 살상력이 높다.

■머즐 디바이스

「소염기」나 「머즐 브레이크」, 「컴펜세이터」 등, 총구에 장착하거나 가공하여 기능 향상을 꾀하는 부품의 총칭.

■머즐 브래스트

사격할 때 총구에서 뿜어져 나오는 "발사약의 가스나 연기"이다. 총열이 짧은 총일수록 강력하여, 미연소 화약가스는 「초연 반응」의 원인이기도 하다.

■머즐 점프

사격 직후 총구가 튀어 오르는 현상. 점프를 할 때에는 탄은 총구를 빠져 나왔기 때문에 명중률에는 크게 영향을 주지는 않지만, 다음 탄을 조준하는 것이 어려워지기 때문에 「컴펜세이터」 등을 장착한다.

■머즐 플래시

사격할 때 총구에서 뿜어져 나오는 "발사약의 불꽃과 섬광"으로, 「발사염」, 「발포염」이라고도 한다. 영화에서는 화려하게 묘사되기도 하지만, 이것이 강하면 사수의 눈이 보이지 않게 되어 전투를 할 수 없게 된다.

■무연화약

폭발(연소)시의 연기가 거의 나지 않는 화약. 니트로셀룰로오스나 니트로글리세린 등에 각종 첨가물을 더한 것으로 「스모크 리스 파우더」라고도 불린다. 주로 총포의 발사약(추진약)으로서 사용되어, 성분의 조합에 따라 「싱글 베이스」, 「더블 베이스」, 「트리플 베이스」등으로 구분된다.

바

■바이너리 식

액체 폭약 등을 하나로는 무해한 2개의 상태로 만들어 두고, 사용할 때 섞어서 가스로 만들거나 폭발하도록 만든 것. 「2액 혼합식」이라 불리기도 한다.

■바주카

미군의 휴대 로켓 런처 『M1』, 『M9』, 『M20』등에 붙여진 별명. 그 중에서도 M20은 구경사이즈가 확대된 대형 모델로 「슈퍼 바주카」라 불린다.

■바주컵

남성이 보는 주간지나 사진집에서 사용되는 "여성의 바스트사이즈"를 표현하는 언어. 엄격한 규격은 정해져 있지 않지만, 일반적으로 「G컵(톱과 언더의 차이가 25cm)」클래스에 대하여 사용된다. 비슷한 표현으로 「수박컵」 등이 있다.

■배틀 라이플

7.62mm 구경의 어설트 라이플에 대한 통

칭. 「라이플탄을 풀 오토 사격할 수 있는 군용 총기」란 기능은 같지만, 현재 주류인 5.56mm의 모델과는 구별하기 위하여 이렇게 부르는 경우가 있다.

■번트라인 스페셜

서부극으로 유명한 권총인 「콜트 싱글액션 아미(피스 메이커)」의 베리에이션 모델. 작가인 네드 번트라인이 와이어트 어프에게 보낸 것이라던가, 세계에서 5자루밖에 존재하지 않는다던가, 여러 가지 전설이 있다. 총열은 12~17인치(약30cm~43cm)로 매우 긴 것이 특징이다.

■보디아머

흔히 말하는 「방탄 조끼」이다. 옷 아래에 장착하여 기동성을 중시한 것부터, 금속판이 들어가 있어 목 부분까지 방어하는 것 등 여러 가지가 있다.

■보탄판

기관총의 급탄 방식 중 하나. 탄약을 금속판 위에 늘어놓고, 플레이트의 이동과 함께 기관부에 보내는 형식이다. 탄창식과 탄띠식의 중간적 방식이지만, 현재는 이 방식을 채용한 기관총은 없다.

■볼트 액션 라이플

「볼트」라고 불리는 부품을 조작하여 탄약을 장전하거나 배출하는 라이플. 볼트의 조작은 수동이기 때문에 연발속도에는 한계가 있지만, 구조가 튼튼하여 강력한 탄약을 사용할 수 있다.

사

■샘택스

플라스틱 폭약의 일종으로 체코에서 만들었다. 발견하기 어려운 특징에서 테러리스트나 동구권의 공작원들이 많이 사용하였으나, 지금의 폭약은 성분을 조정하여 탐지기에 걸리기 쉽게 만들고 있다.

■성형작약탄

탄의 질량이나 관성이 아닌 「먼로 효과」나 「노이먼 효과」와 같은 화학 반응을 이용하여 데미지를 주는 특수포탄. 주로 대전차(장갑) 공격에 사용된다.

■세미 오토

「세미 오토매틱」을 줄인 말로, 반자동 총이다. 방아쇠를 당기면 1발만 탄이 발사되어, 그 후 자동적으로 다음 탄이 장전된다.

■소이탄

탄두 내부에 가연성 소이제를 채워서, 명중한 물체를 태우는 군용탄. 「인센디어리 블릿」이라 하기도 한다. 철갑탄과 합친 것은 「소이철갑탄」이나 「철갑소이탄」이라고도 불린다.

■스마트 건

영화 『에일리언2』에 등장하는 풀 오토 방식의 하이파워 라이플. 총열은 전자(電磁) 배럴로 구경 10mm. 본체는 무겁기 때문에 사수의 허리 부분에 장착된 「가동팔」에 의하여 조정되어, 사격할 때는 "삼각대를 이용한 사격"과 같이 총열의 방향을 정해주기만 하면 된다.

■스택 배럴

오버 언더(상하 2연) 총열의 별칭이다. 현재는 그렇게 일반적인 표현은 아니다.

■싱글베이스 탄약

니트로셀룰로오스를 베이스로 첨가제를 더해서 제조된 무연화약. 주로 총포 등의 발사약으로 사용된다.

아

■아머

「아머니션=Ammunition」의 약자로 탄약 전반을 가리키는 말이다. 탄 하나 하나를 지칭할 경우에는 「카트리지」라고 부른다.

■아머박스

탄약 상자. 탄띠 급탄 방식의 기관총은 아머

박스를 탄창 대신 사용하는 것도 가능하다. 아머(Ammo)란 탄약을 의미하는 아머니션의 약자.

■안티모니

원자번호 「51번」, 원소기호 「Sb」의 원소로 납을 섞어서 합금으로 만들면 경도가 증가한다. 백납의 원료로도 사용되어, 「안티몬」이라고 불리는 경우도 있다.

■약실

총이나 탄을 발사할 때, 카트리지가 들어가는 장소를 지칭한다. 영어로는 「쳄버chamber」라고 부른다.

■오토 로더

「셀프 로더」라고도 부른다. 오토매틱 방식 권총이나 라이플, 샷건 등을 말할 때도 사용된다.

■오토매틱 라이플

오토매틱 동작 방식의 라이플이다. 군용모델의 경우에는 「어설트 라이플」이나 「배틀 라이플」이라 부른다.

■오토매틱 방식

발사시의 반동이나 화약의 연소 가스압을 이용하여, 배출과 다음 탄 장전을 자동적으로 수행하는 동작방식으로 「자동식」이라고도 한다. 「세미 오토매틱」과 「풀 오토(풀 오토매틱)」이 있다.

■와일드 캣 카트리지

규격 외의 탄약. 와일드 캣이란 살쾡이라는 뜻으로 "난폭", " 무모함" 과 같은 이미지에서 「메이커에서 만든 것이 아닌, 신용이 갈만한 근거가 없는」이란 의미로 사용된다.

■워터 재킷

수냉기관총용 배럴 재킷을 워터 재킷이라 부른다. 재킷 내부에는 냉각수가 들어가 있어, 연속 사격으로 과열된 총열을 냉각시킨다.

■유탄

탄 몸체 내부에 채워져 있는 화약의 폭발에 의하여 충격파와 파편을 사방에 퍼트려서 목표에 데미지를 주는 포탄이다. 대구경의 화포에 사용되는 것이 일반적이지만, 보병용 수류탄이나 그레네이드 런처 탄과 같은 것은 소형의 유탄이라 할 수 있다.

■익스프레스 카트리지

일반탄보다 강력한 탄약을 가리키는 말. 흑색화약의 시대부터 사용된 명칭이지만, 현재는 그렇게 일반적이지는 않다.

자

■자동권총(오토 피스톨)

「오토로딩 피스톨」의 약자로, 방이쇠를 당길 때 마다 「발사→배출→다음 탄 장전」이 자동적으로 이뤄지는 권총을 가리킨다. 자동권총이라고도 불리지만, 기관총처럼 완전 자동으로 탄이 나가는 것은 아니기 때문에, 정확히는 「반 자동 권총(세미 오토매틱 피스톨)」이라 표기한다. 유럽에서는 「셀프 로딩 피스톨(셀프로더)」라고 불리는 경우가 많다.

■작약

포탄, 폭탄, 미사일 등의 탄두에 들어가있는 화약. 총포의 탄을 발사하기 위한 화약(발사약, 장약)과는 차원이 다른 속도로 연소하여, 폭발시에 발생하는 충격파에 의하여 목표에 데미지를 준다.

■장약

철포의 발사약(탄을 가속시키기 위한 화약)을 가리키는 말로 「추진약」이라고 불린다. 연소 할 때 발생하는 가스(압력)에 의하여 탄을 쏘는 것으로, 폭탄이나 수류탄 안에 채워져 있는 종류의 화약과는 성질이 다르다.

■장탄

샷건의 탄약, 샷쉘. 예전에 나온 장탄 중 두꺼운 종이를 사용한 것은 물기나 습기에 약하다.

■잭 캐넌

미국의 전 육군대령으로 「글레이저 세이프티 슬러그」를 만든 사람. 제2차 세계대전 후 일본에 암약했던 방첩부대 「캐넌 기관」의 우두머리로서도 알려져 있다.

■잼

「재밍」, 「피딩 트러블」로도 불리는 상태로, 총의 탄약이 어떠한 이유로 정확하게 급탄, 배출되지 않는 상태.

■조조 바주카

자택이나 호텔에서 곤히 잠들어 있는 유명인의 방에 예능 프로의 진행자가 들어가서, 무작정 바주카를 쏘는 몰래카메라 식 기획. 바주카의 통은 대형 폭죽과 같은 구조로 되어있어서, 요란한 발사음과 같이 흰색 연기와 잘게 자른 종이가 발사된다.

■지뢰

상자나 통, 원반형의 용기에 작약을 채운 설치병기로, 밟거나 가까이 다가가면 폭발한다. 일상 생활에 있어서도 「책이나 영화, 게임 등이 예상 외로 재미없는 경우의 자학적 표현」으로 사용되기도 한다.

차

■참호전

참호(지면에 파놓은 좁고 긴 통로)에 틀어박혀서 싸우는 전투. 빅커스나 중기관총은 참호전을 유리하게 진행시키기 위하여 만들어 졌다.

카

■카빈

라이플의 총열이나 개머리판 등을 짧게 하여, 기동성을 높인 모델이다. 어설트 라이플 『M16』을 짧게 한 『M4』을 「어설트 카빈」이라 부르는 경우도 있다. 일본어에서는 「카빈=기총(기병총)」이라는 말을 사용하지만, 현재 이런 표현은 거의 쓰이지 않는다.

■카트리지

탄두(탄약), 탄피, 화약, 뇌관 등으로 구성되는 「탄약」을 가리킨다.

■캐줄

리볼버용 하이파워 탄약. 454캐줄탄은 "44 매그넘탄의 2배 가까운 위력이 있다" 라고 한다.

■캔버스 벨트

초기의 기관총에 사용되었던 탄띠. 천으로 만든 띠에 탄약을 끼워 넣은 것으로, 기관부 안에서 탄약을 뺀 다음에는 흐물흐물하게 배출된다. 현재는 사용하지 않는다.

■캘리버50

미국의 12.7mm중기관총 『브라우닝M2』의 통칭. 이름의 유래는 단순히 「구경(캘리버).50인치」이다.

■코브라 포

영화 『로보캅』에 등장하는 대구경 라이플. 안티 머티리얼 라이플 『바렛M82(초기형)』과 매우 닮았다. 작열탄과 같은 기세로 명중한 물체를 날려버린다.

■콕 오프

이상과열에 의한 탄약의 자연격발. 기관총 등의 연속 사격에 의하여 과열된 부품이 탄약에 달구어서, 방아쇠에서 손가락을 떼도 계속 사격이 되는 상황. 스펠링은 「Cook-off」이기 때문에, 발음은 "쿡 오프" 가 된다.

타

■탄띠 급탄

탄띠 + 급탄의 의미로 기관총 등의 급탄 방식. 「탄약을 연결한 탄약 벨트」로 탄약을 장전한다.

■탄막

탄을 적이 있다고 추정되는 방향으로 난사하는 것. 용법으로는 「탄막을 치다」, 「탄막을 전개하다」와 같이 사용된다. 적을 쓰러트리는 것(살상하는 것)보다 나오지 못하게 하는 것에 중점을 둔 전술로, 기관총과 같은 풀 오토 사격이 가능한 총이라면 더욱 유효하다.

■탄피

탄의 발사약을 채우는 금속 통. 말하자면 "빈 카트리지"로 「케이스」라고도 불린다. 주로 황동으로 되어있어, 리볼버와 자동권총, 라이플에서 사용되는 것이 각각 형태가 다르다.

■텅스텐

원자번호 「74번」, 원소기호 「W」의 금속원소. 딱딱하고 무거운 성질을 가지고 있는 희소금속(레어 메탈)으로, 철갑탄의 탄 심지로 이용되는 것 이외에도, 드릴의 소재로서도 사용된다.

■토치카

세로로 긴 구멍 위를 콘크리트(베톤) 등으로 감싼 방어용 진지로, 측면에 구멍이나 홈에서 기관총 등으로 공격한다. 여러 명이 들어가는 소규모인 것부터 거대한 포를 수납 할 수 있는 사이즈의 것까지 다양하며, 「토체카」라는 "점" 이나 "지점" 을 의미하는 러시아어가 어원이다. 같인 방어용 진지를 영국어로는 「벙커」, 독일어로는 「분커」라고 부른다.

■트리플 베이스 탄약

니트로셀룰로오스와 니트로글리세린과 니트로구아니딘을 베이스로 첨가제를 더해 제작한 무연화약. 안정성이 높고 발사 가스의 발생량도 많다. 총포 등의 발사약으로 사용된다.

파

■파이어 파워

군대 용어인 「화력」을 가리키는 말로, 단위시간 안에 목표에 들어가는 탄약의 양을 표시하고 있다. 발사 속도(연발 속도)가 빠르고 장탄수가 많이 총은 화력을 발휘하기 쉽다(당연히, 총기의 머릿수가 많은 경우도 마찬가지이다). 협의적으로는 총기의 「파괴력 그 자체」를 표현하는 말로 사용된다.

■패이로드 라이플(payload rifle)

안티 머티리얼 라이플로 유명한 바렛사에서, 자사 50구경 라이플을 가리키는 말이다. 패이로드란 "미사일의 탄두 중량" 에 빗댄 말이다.

■팬 매거진

경기관총 등에 장착되는 드럼 매거진의 일종. 프라이팬과 같이 넓적한 원반형으로 되어있어, 총의 밑이 아닌 위에 장착한다.

■팬저슈렉

독일판 바주카 『라케텐 판저 뷔크세』 에 붙여진 별명. 팬저는 「전차」, 슈렉은 「공포」를 의미한다.

■팬저파우스트

제2차 세계대전 말기의 독일이 사용한 대전차병기. 대형 성형작약탄두를 무반동포와 같이 쏘는 병기로, 장갑 목표에 대하여 수류탄과 같은 감각으로 사용한다. 팬저는 「전차」, 파우스트는 「철권」 이란 의미이다.

■퍼포먼스 센터

S&W사내의 독립부서. 고객의 요구에 따라서 자사제품의 튠업이나 오래된 모델을 수리하고 있다. 또한 제품 개발에도 참여하고 있어, 50구경 리볼버인 『M500』 도 여기서 만들어 졌다.

■펌프 건

펌프 액션식의 작동 방식을 가진 총. 포어엔드를 앞뒤로 움직이는 것이 펌프 조작과 닮은 것이 이름의 유래가 되었다.

■포스터 슬러그

슬러그탄의 일종으로 탄 몸체가 종 모양이다. 탄 몸체 앞쪽에 중심이 있기 때문에 70m 근처까지 똑바로 날아가지만, 역시 원거리가 되면 정밀도는 떨어진다.

■포어엔드

일본어로는 「선대(先台)(사키다이)」라고 한다. 라이플이나 샷건 등의 총열 밑 부분에 있는 나무나 수지로 된 부품으로, 오른손잡이 사수는 이 부분을 왼손으로 잡고 총을 안정시킨다. 펌프 액션식의 샷건에는 포어엔드를 앞뒤로 움직여서 탄약의 장전, 배출을 한다.

■포테이토 메셔(Potato masher)

제2차 세계대전 말기의 독일이 사용한 「자루가 달린 수류탄」의 닉네임으로, 감자를 으깨는 것과 닮은 것에서 이러한 이름이 붙여졌다. 점화 방식은 성냥과 같은 마찰식.

■풀 메탈 재킷

납을 금속으로 코팅한 군용 탄약. 「Full Metal Jacket」의 이니셜을 따서 「FMJ」라고도 불린다. 국가에 따라서는 「볼(밀리터리 볼)」, 「보통탄」이라고도 불리지만, 본질적으로는 같은 것이다. 경찰의 특수부대에서도 사용되지만, 관통력이 높기 때문에 사용하기 쉽지 않다.

■풀 오토

「풀 오토매틱」의 줄임말로, 전자동 사격을 가리킨다. 방아쇠를 당기고 있으면 탄이 없어질 때까지 연속해서 탄이 발사된다.

■피딩(급탄)

일본어로는 급탄이라던가 장탄이란 의미이다. 탄창이나 벨트로 탄약을 총으로 보내는 것을 지칭한다.

하

■홀로우 포인트

탄두의 끝 부분이 凹모양으로 파인 탄약. 「Hollow Point」의 이니셜에서 「HP」라고도 불린다. 주로 권총탄에 사용되는 관통력은 낮은 탄이지만, 몸 안에서 멈추기 때문에 사람이나 동물을 사격하는 데는 유효하다. 탄두의 납이 바깥으로 드러나 있는 것이 특징으로, 탄두 끝 부분 이외를 금속으로 코팅한 것을「 재킷드 홀로우 포인트」라고 구분해서 부른다.

■화살촉탄

플렛셰트(flechette)는 「화살」이란 뜻으로, 둥그런 산탄 대신 다트 형태의 작은 화살을 뿌리는 샷쉘이다. 군용 샷건에 사용되는 특수탄으로 연구되었으나 일반화는 되지 않았다. 12번 게이지의 경우 20개 정도의 화살이 들어가 있다.

■화포

일반적으로 "구경 20mm을 넘는 총이나 대포(화기)"를 가리킨다.

■흑색화약

나무숯의 분말과 유황, 초석 등을 섞어서 만든 화약으로 「블랙 파우더」라고도 불린다. 총포의 화약이나 탄약을 채워 넣은 작약으로 이용되지만, 더욱 고성능인 무연화약의 등장 후에는 광산용 폭약이나 도화선의 소재로 사용된다. 습기에 약하여 젖으면 폭발하지 않는다.

■흙 포대

삼베나 합성 섬유의 포대(10kg 사이즈의 쌀 포대 정도)에 흙을 채워 넣은 것. 꽉꽉 채운 흙은 적탄이나 포탄의 파편을 막아주기 때문에, 기관총 진지를 만들 때는 주위에 쌓아 올려서 즉석으로 벽을 구축한다. 포대 상태라면 운반하기도 쉽고 흙은 현지에서 채우면 되기 때문에, 방어용 재료로서 자주 사용된다.

색인

영자, 숫자

가

마

바

사

아

자

차

카

타

파

하

참고문헌 자료일람

『세계의 중화기(世界の重火器)』 ワールドフォトプレス編 光文社
『세계의 군용 총기(世界の軍用銃)』 ワールドフォトプレス編 光文社
『세계의 권총(世界の拳銃)』 ワールドフォトプレス編 光文社
『세계의 미사일(世界のミサイル)』 ワールドフォトプレス編 光文社
『기관총의 사회학(機関銃の社会学)』 ジョン·エリス 越智道雄 訳 平凡社
『권총 · 소총 · 기관총(拳銃·小銃·機関銃)』 ジョン·ウィークス 小野佐吉郎 訳 サンケイ新聞社出版局
『대포격전(大砲撃戦)』 イアン·V·ウィークス 小野佐吉郎 訳 サンケイ新聞社出版局
『수류탄 · 박격포(手榴弾·迫撃砲)』 ジョン·ウィークス 小野佐吉郎 訳 サンケイ新聞社出版局
『현대 군용권총 도감(現代軍用ピストル図鑑)』 床井雅美 徳間書店
『현대 권총 도감(現代ピストル図鑑)』 床井雅美 徳間書店
『최신 군용라이플 도감(最新軍用ライプル図鑑)』 床井雅美 徳間書店
『최신 머신건 도감(最新マシンガン図鑑)』 床井雅美 徳間書店
『최신 군용 총기 사전(最新 軍用銃事典)』 床井雅美 並木書房
『올 컬러 군용 총기 사전 '개정판'(オールカラー 軍用銃事典「改訂版」)』 床井雅美 並木書房
『병기진화론(兵器進化論)』 野木恵一 イカロス出版
『무기와 폭약(武器と爆薬)』 小林源文 大日本絵画
『현대병기사전(現代兵器事典)』 三野正祥／深川孝行 朝日ソノラマ
『쓸 수 있는 병기 못 쓰는 병기(使える兵器 使えない兵器)』 〈上·下〉 江畑謙介 並木書房
『병기 메커니즘 도감(兵器メカニズム図鑑)』 出射忠明 グランプリ出版
『병기 도감(兵器図鑑)』 小橋良夫 池田書店
『현대병기총집(現代の兵器総集)』 高野弘 湖書房
『일본병기총집 태평양전쟁판(日本兵器総集 太平洋戦争版)』 『丸』編集部 偏 光人社
『도해 · 일본육군[보병편](図解·日本陸軍[歩兵偏])』 中西立太 画 田中正人 文 並木書房
『세계의 특수부대(世界の特殊部隊)』 グランドパワー編集部 偏 光人社
『U.S.밀리터리 잡학 대백과(U.S.ミリタリー雑学大百科)』 〈Part1·Part2〉 菊月俊之 グリーンアロー出版社
『최신전투병기 전투메뉴얼(最新兵器戦闘マニュアル)』 坂本明 文林道
『세계의 군용 총기(世界の軍用銃)』 坂本明 文林道
『미래병기(未来兵器)』 坂本明 文林道
『현대 특수부대(現代の特殊部隊)』 坂本明 文林道
『세계최강 대테러부대(世界の最強対テロ部隊)』 レロイ·トンプソン 毛利元貞 訳 グリーンアロー出版社
『SAS전술, 병기 실전메뉴얼(SAS戦術·兵器実戦マニュアル)』 スティーブ·クロフォード 長井亮祐 訳 原書房
『경찰 대테러부대 테크닉(警察対テロ部隊テクニック)』 毛利元貞 並木書房
『특수부대의 장비(特殊部隊の装備)』 坂本明 グリーンアロー出版社
『컴벳 바이블(コンバットバイブル)』 〈1·2〉 上田信 日本出版社
『대도해 세계의 무기(大図解 世界の武器)』 〈1·2〉 上田信 グリーンアロー出版社
『THE 건 & 라이플(ザ·ガン＆ライフル)』 大藪春彦 監修 ワールドフォトプレス
『GUNS of the ELITE』 ジョージ·マーカム 床井雅美 訳監修 大日本絵画
『전쟁의 법칙(戦争のルール)』 井上忠男 宝島社
『'대포'쏴라 100!(「鉄砲」撃って100!)』 かのよしのり 光人社
『소화기독본(小火器読本)』 津野瀬光男 かや書房
『총기사회 일본 엄습하는 사격 자세의 공포(銃社会ニッポン 忍び寄る銃弾の恐怖)』 津田哲也 全国朝日放送
『GUN용어사전(GUN用語事典)』 Turk Takano 監修·編集 国際出版
『일본육군병기(日本陸軍兵器)』 新人物往来社

『최신육상병기도감(最新陸上兵器図鑑)』 学習研究社
『[도설]세계의 특수부대([図説] 世界の特殊部隊)』 学習研究社
『[도설]미군의 모든 것([図説] アメリカ軍のすべて)』 学習研究社
『[도설]세계의 총 퍼팩트 바이블([図説] 世界の銃パーフェクトバイブル)』 〈1·2·3〉 学習研究社
『[도설]독일군용 총기 퍼팩트 가이드([図説] ドイツ軍用銃パーフェクトバイブル)』 学習研究社
『서바이벌 바이블(サバイバル·バイブル)』 柘植久慶 原書房
『SWAT 공격 매뉴얼(SWAT攻撃マニュアル)』 グリーンアロー出版社
『FIRE POWER[**총화기**part Ⅰ] [**총화기**part Ⅱ](FIRE POWER[銃火器part Ⅰ] [銃火器part Ⅱ])』 同朋舎出版
『FIRE POWER[**총화기**partⅢ] (FIRE POWER[銃火器partⅢ])』 同朋舎出版
『별책 Gun(別冊Gun)』 〈Part1～3〉 国際出版
『WEAPONS UPDATED EDITION』 THE DIAGRAM GROUP ST.MARTIN`S GRIFFIN
『WEAPON & ARMOR』 Harold H.Hart DOVER PUBLICATIONS.INC
『GUNS』 Chris McNab THUNDER BAY
『SMALL ARMS OF THE WORLD』 W.H.B.SMITH THE STACKPOLE COMPANY
『Military Small Arms of the 20th century』 ian V.Hogg and John Weeks Arms & Armour Press
『THE COMPLETE MACINE-GUN』 ian V.Hogg EXETER BOOKS
『월간 암즈 매거진(月刊アームズマガジン)』 各号 ホビージャパン
『컴벳 매거진(コンバットマガジン)』 各号 ワールドフォトプレス
『월간 Gun(月刊Gun)』 各号 国際出版
『J그라운드(Jグランド)』 イカロス出版
『역사군상(歴史群像)』 各号 学習研究社
『주간 월드 웨폰(週間ワールド·ウェポン)』 各号 デアゴヅティーニ

AK Trivia Book No. 10

도해 헤비암즈

개정판 1쇄 인쇄 2022년 2월 20일
개정판 1쇄 발행 2022년 2월 25일

저자 : 오나미 아츠시
번역 : 이재경

펴낸이 : 이동섭
편집 : 이민규, 탁승규
디자인 : 조세연, 김현승, 김형주
영업 · 마케팅 : 송정환, 조정훈
e-BOOK : 홍인표, 서찬웅, 최정수, 김은혜, 이홍비, 김영은
관리 : 이윤미

㈜에이케이커뮤니케이션즈
등록 1996년 7월 9일(제302-1996-00026호)
주소 : 04002 서울 마포구 동교로 17안길 28, 2층
TEL : 02-702-7963~5 FAX : 02-702-7988
http://www.amusementkorea.co.kr

ISBN 979-11-274-5152-3 03390

図解 ヘビーアームズ
"ZUKAI HEAVY ARMS" by Atsushi Ohnami